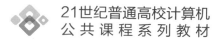

21世纪普通高校计算机
公共课程系列教材

大学计算机
基础教程

丁革媛 主编

郑宏云 魏丽丽 赵金玉 任少执 宋扬 朱世丰 编著

U0360656

清华大学出版社
北京

内 容 简 介

本书根据原教育部高等学校计算机科学与技术教学指导委员会《关于进一步加强高等学校计算机基础教学的意见暨计算机基础课程教学基本要求》,并结合全国计算机等级考试大纲(二级)的具体要求而编写。本书以操作系统 Windows 10 和办公软件 Office 2016 为平台,共分为 8 章,主要内容包括计算机基础知识、Windows 10 操作系统、文字处理软件 Word 2016、电子表格处理软件 Excel 2016、演示文稿制作软件 PowerPoint 2016、计算机网络、软件技术基础和常用工具软件等。特别值得一提的是,在各章均配有大量习题并在书末给出参考答案,而且还提供了内容丰富的上机实验,在每个实验项目中配有大量的应用案例和详尽的操作步骤供教师和学生使用。本书实例丰富、图文并茂,注重反映计算机技术的发展趋势,具有先进性和创新性。

本书可作为高等学校非计算机专业"大学计算机基础"课程的教学用书,也可作为计算机爱好者及企事业单位计算机应用能力培训的教学用书。

图书在版编目(CIP)数据

大学计算机基础教程/丁革媛主编.—北京:清华大学出版社,2023.10
21 世纪普通高校计算机公共课程系列教材
ISBN 978-7-302-64111-7

Ⅰ.①大…　Ⅱ.①丁…　Ⅲ.①电子计算机—高等学校—教材　Ⅳ.①TP3

中国国家版本馆 CIP 数据核字(2023)第 131061 号

责任编辑: 贾　斌
封面设计: 刘　键
责任校对: 韩天竹
责任印制: 刘海龙

出版发行: 清华大学出版社
网　　　址: https://www.tup.com.cn, https://www.wqxuetang.com
地　　　址: 北京清华大学学研大厦 A 座　　　邮　编: 100084
社 总 机: 010-83470000　　　邮　购: 010-62786544
投稿与读者服务: 010-62776969,c-service@tup.tsinghua.edu.cn
质量反馈: 010-62772015,zhiliang@tup.tsinghua.edu.cn
课件下载: https://www.tup.com.cn,010-83470236
印 装 者: 三河市龙大印装有限公司
经　　销: 全国新华书店
开　　本: 185mm×260mm　印　张: 22.5　　　字　数: 551 千字
版　　次: 2023 年 11 月第 1 版　　　印　次: 2023 年 11 月第 1 次印刷
印　　数: 1～1500
定　　价: 69.80 元

产品编号: 098416-01

前　言

　　信息技术在社会各领域的应用不断增多，对高等学校计算机教育的质量提出了更高的要求。当前，信息技术已经成为制约社会发展的重要因素之一，对社会的经济发展、产业结构调整等各方面起到了积极的推进和支撑作用。"大学计算机基础"是高等学校的公共基础课程，也是学习其他计算机相关课程的前导课程。为了适应社会需求，满足计算机教育的发展需要，我们编写了本书。

　　本书根据原教育部高等学校计算机科学与技术教学指导委员会《关于进一步加强高等学校计算机基础教学的意见暨计算机基础课程教学基本要求》，并结合全国计算机等级考试大纲（二级）的具体要求而编写。"大学计算机基础"是高校各专业的公共基础课程，旨在对计算机科学的知识体系作概略介绍。通过对该课程的学习，学生能对计算机科学研究的主要问题有概略性的了解，为今后的深入学习打下基础。本书力求反映计算机技术发展的趋势，充分反映本学科领域的最新科技成果，系统深入地介绍计算机科学的基本概念、基本原理、操作方法和使用技术，并配合相应的实验强化学生的实践技能，使学生不仅具备计算机的基本操作技能，还能掌握计算机的基本工作原理、基础知识和运用计算机解决实际问题的能力，为后续课程的学习打下坚实的基础。

　　为了编写此书，我们充分吸收了全国各高等学校在计算机基础教育方面宝贵的教学经验和教学改革成果，并融进了工作在教学一线教师的宝贵教学经验。全书注重体系的完整性、内容的科学性和编写理念的先进性，力求基于系统理论，注重实际应用，强化综合应用和操作技能的培养。全书共分 8 章，各章主要内容如下。

　　第 1 章　计算机基础知识，主要包括计算机的发展与应用、计算机中的数制和编码、硬件系统、软件系统、键盘输入方法和多媒体技术等内容。

　　第 2 章　Windows 10 操作系统，主要包括 Windows 10 操作系统概述、基本操作、文件管理、控制面板和系统维护等内容。

　　第 3 章　文字处理软件 Word 2016，主要包括 Word 2016 的特点、工作窗口简介、文档的建立和编辑方法、表格的应用、页面排版等内容。

　　第 4 章　电子表格处理软件 Excel 2016，主要包括 Excel 2016 的特点、工作簿和工作表的建立及编辑方法、公式与函数的使用、图表的使用和编辑等内容。

　　第 5 章　演示文稿制作软件 PowerPoint 2016，主要包括 PowerPoint 2016 的特点、演示文稿的基本操作、演示文稿的编辑、动画和超链接的使用及演示文稿的放映与打印等内容。

　　第 6 章　计算机网络，主要包括计算机网络概述、Internet 基础、电子邮件服务、文件传输服务、网络搜索、网络信息安全和当前网络研究热点等内容。

第 7 章　软件技术基础，主要包括基本数据结构与算法、线性表、树与二叉树、查找和排序技术、软件工程基础和数据库设计基础等内容。

第 8 章　常用工具软件，主要包括主流压缩软件 WinRAR 的相关知识介绍和使用方法、PDF 文件阅读软件的介绍和使用方法、常用下载工具和杀毒软件的使用等内容。

其中，第 7 章是本书的特色，包括全国计算机等级考试(二级公共基础知识)的所有内容，完全按照全国计算机等级考试大纲(二级)的要求编写。其内容充实，详略得当，条理清晰，逻辑性强，在内容的组织和讲解方面，力求使复杂问题简单化、理论知识通俗化，以方便读者阅读和理解。

本书实例丰富、讲解细致、图文并茂、重点突出，注重反映计算机技术的发展趋势，具有先进性和创新性。书中内容注重叙述的逻辑性、条理性和清晰性，力求通俗易懂。为便于读者的学习和实践，每章都配备了大量的习题和上机实验，并且在书末给出了参考答案。

本书的第 1、2 章由郑宏云编写，第 3 章由宋扬、丁革媛、朱世丰编写，第 4 章由魏丽丽编写，第 5、8 章由任少执编写，第 6 章由赵金玉编写，第 7 章由丁革媛编写。全书由朱世丰统稿，丁革媛审校。

本书的出版得到了沈阳工业大学辽阳分校领导、化工过程自动化学院领导、计算机系全体教师及清华大学出版社的大力支持和帮助，在此表示衷心的感谢!

由于计算机知识和技术的飞速发展，加之编者水平所限，书中难免有不妥或疏漏之处，恳请读者批评指正。

编　者

2023 年 8 月于沈阳工业大学

目 录

第1章 计算机基础知识

计算机作为信息处理的工具，能自动、高效、精确地对各种信息进行存储、传输和加工等操作。目前，计算机已经广泛应用在生产、生活和社会的各个领域，更好地推动了社会的发展与进步。

本章的主要内容包括：计算机的发展历史与应用；计算机中的数制与编码；计算机的系统组成；计算机病毒等相关知识。

1.1 概 述

计算机的发展与分类

1.1.1 计算机的发展

计算机是一种由电子器件构成的、具有计算能力和逻辑判断能力以及自动控制和记忆功能的信息处理机器。计算机的产生与发展是20世纪最重要的科技成果之一。到目前为止，计算机的发展已经历了由电子管计算机、晶体管计算机、集成电路计算机到大规模集成电路、超大规模集成电路计算机的四代更替。

第一代——电子管计算机，从20世纪40年代末期到20世纪50年代中期。其主要元件是电子管，存储器采用磁鼓，体积大，耗电多，运算速度慢。这个时期，计算机主要用于科学计算和军事方面，使用很不普遍。

第二代——晶体管计算机，从20世纪50年代中期到20世纪60年代中期，采用晶体管作为主要器件，内存储器主要采用磁芯片，外存储器开始使用磁盘，输入和输出方式有了较大的改进。高级语言开始被使用，操作系统和编译系统已经出现。这一代计算机体积显著变小，可靠性大大提高，运算速度可达每秒百万次，并开始应用在以管理为目的的信息处理领域。

第三代——集成电路计算机，从20世纪60年代中期到20世纪70年代初期。器件采用中小规模集成电路，内存主要采用半导体存储器，计算机设计开始采用微程序设计技术。操作系统和高级语言的研制和使用已很广泛，并出现了计算机网络。这一时期的计算机在存储容量、运算速度、可靠性等方面都有了较大的提高，机器的体积进一步缩小、成本进一步降低，计算机的应用领域和普及程度进一步扩大。

第四代——大规模、超大规模集成电路计算机，从20世纪70年代初期到现在。器件采用大规模和超大规模集成电路，内存储器采用半导体存储器，器件的集成度越来越高。同时出现了微处理器，进而出现了微型计算机。计算机的出现和发展是计算机发展史上的重大事件，其发展愈加迅速，从8位机、16位机、32位机发展到64位微型机，使得计算机在存储容量、运算速度、可靠性和性能价格比等方面都比上一代计算机有了较大突破。计算机网络技术得到进一步发展，在局域网、广域网领域以及在网络标准化、光纤网等方面取得了很大的进展。

随着超大规模集成电路计算机的出现,20 世纪 70 年代,微型计算机应运而生。它是计算机的一个重要分支。按照微处理器的字长把微型计算机分为 4 位、8 位、16 位、32 位、64 位机。今后,计算机技术的发展将表现为高性能化、网络化、大众化、智能化与人性化、功能综合化等特点,其前景更加宽广、美好。

1.1.2　计算机的分类及应用

1. 计算机的分类

计算机按照其性能指标可分为巨型机、大型机、中型机、小型机和微型机。

(1) 巨型机。20 世纪 70 年代,国际上把运算速度在 1000 万次/s 以上、存储容量在 1000×10^4 bit 以上的计算机称为巨型机。到了 20 世纪 80 年代,巨型机的标准为运算速度 1 亿次/s 以上、字长达 64bit、主存储的容量达 4~16MB。中国的“银河”计算机(Ⅲ型),运算速度为 130 亿次/s,基本字长 64bit,全系统内存容量为 9.15GB。1999 年 9 月我国又研制成功最快的计算机——“神威Ⅰ”,运算速度达 3840 亿次/s。

(2) 大型机。20 世纪 80 年代大型机的标准是运算速度 100 万次/s 到 1000 万次/s、字长为 32~64bit、主存储器的容量为 0.5~8MB。大型机多为通用型机,主要用于计算机通信网。大型机上所配备的软件也比中、小型机要丰富得多。

(3) 中型机。中型机的标准是计算速度 10 万次/s 至 100 万次/s,字长 32bit、主存储器容量为 1MB 以下,主要用于中小型局部计算机通信网中的管理。

(4) 小型机。小型机是 20 世纪 60 年代中期发展起来的计算机。其特征是字长较短,存储容量一般不超过 32~64KB。后来经过不断发展,其运算速度可达 100 万次/s。

(5) 微型机。它是一种体积小、功耗低、结构简单、价格便宜的计算机。微型机已广泛应用在办公自动化、事务处理、过程控制、小型数值计算以及智能终端、工作站等领域。

2. 计算机的应用

计算机发展至今,在工业、农业、航空航天、医疗等各领域中起着重要的作用。

(1) 科学计算。科学计算,即数值计算,是计算机应用的一个重要领域。计算机的发明首先是为了完成科学研究和工程设计中大量复杂的数学计算,没有计算机,许多科学研究和工程设计(如天气预报和石油勘探)将是无法进行的。

(2) 信息处理。信息是各类数据的总称。数据是用于表示信息的数字、字母、符号的有序组合,可以通过声、光、电、磁和纸张等各种物理介质进行传送和存储。信息处理一般泛指非数值方面的计算,如各类资料的管理、查询、统计等。

(3) 过程控制。过程控制在国防建设和工业生产中都有着广泛的应用。例如,由雷达和导弹发射器组成的防空系统、地铁指挥控制系统、自动化生产线等,都需要在计算机控制下运行。

(4) 计算机辅助工程。计算机辅助工程是近几年来发展迅速的一个计算机应用领域,它包括计算机辅助设计(Computer Aided Design,CAD)、计算机辅助制造(Computer Aided Manufacture,CAM)、计算机辅助教学(Computer Assisted Instruction,CAI)等多个方面。CAD 广泛应用于船舶、飞机、汽车、建筑等各种行业的设计,CAM 则是使用计算机进行生产设备的管理和生产过程的控制,CAI 使教学手段达到一个新的水平,即利用计算机模拟一一般教学设备难以表现的物理或工作过程,并通过交互操作极大地提高了教学效率。

（5）办公自动化。办公自动化（Office Automation,OA）是指用计算机帮助办公室人员处理日常工作,如用计算机进行文字处理、文档管理、资料、图像、声音处理和网络通信等。它既属于信息处理的范畴,又是目前计算机应用的一个较独立的领域。

（6）数据通信。计算机网络被称为"信息高速公路",实现信息双向交流,同时利用多媒体技术扩大计算机的应用范围。它可在全球范围内双向传送包括电视图像在内的各种信号,把整个地球网罗起来,可与远在千里之外的友人面对面地通话。总之,以计算机为核心的信息高速公路的实现,将进一步改变人们的生活方式。

（7）智能应用。语言翻译、模式识别等工作,既不同于单纯的科学计算,又不同于一般的数据处理,它不但要求具备很高的运算速度,还要求具备对已有的数据进行逻辑推理和总结的功能,并能利用已有的经验和逻辑规则对当前事件进行逻辑推理和判断。对此,我们称为人工智能。智能化是新一代计算机的标志之一。

总之,计算机的应用已经遍及到日常生活的各个领域,随着 Internet 和多媒体技术的发展,人们将生活在一个数字化的世界中,没有计算机知识、不会使用计算机将很难适应信息社会的要求。

1.2 计算机中的数制与编码

不同进制数

1.2.1 数制的概念

数制即进位计数制,是指计数的方法,即采用一组计数符号（称为数符或数码）的组合来表示任意一个数的方法。在进位计数法中,数码序列中相同的一个数码所表示的数值大小与它在该数码序列中的位置有关。数制中常用术语有以下几个。

（1）数码:用不同的数字符号来表示一种数制的数值,这些数字符号称为"数码"。

（2）基数:数制所使用的数码个数称为"基数"。

（3）权:某数制的每一位所具有的值称为"权"。

在日常生活中经常要用到数制,通常以十进制进行计数。除了十进制以外,还有许多非十进制的计数方法。例如,60min 为 1h,用的是六十进制计数法;1 星期有 7 天,是七进制计数法;1 年有 12 个月,是十二进制计数法。当然,在生活中还有许多其他各种各样的进制计数法。

在计算机系统中采用二进制,其主要原因是由于电路设计简单、运算方便、可靠性高、逻辑性强。不论哪一种数制,其计数和运算都有共同的规律和特点。

1.2.2 常用数制及数制转换

常用的数制有十进制、二进制、八进制和十六进制。数制的进位遵循"逢 N 进一"的规则,其中 N 是指数制的基数。

不同进制数
的转换

1. 常用数制的表示方法

1）十进制数（Decimal）

十进制数有 0,1,2,…,9 共 10 个数码,后缀是 D 或不加后缀,处在不同位置上的数码所代表的值不同,按照"逢十进一"的规则计算。任何一个十进制数 N 都可以表示为

计算机基础知识

$$N = D_{n-1} \times 10^{n-1} + D_{n-2} \times 10^{n-2} + \cdots + D_1 \times 10^1 +$$
$$D_0 \times 10^0 + D_{-1} \times 10^{-1} + \cdots + D_{-m} \times 10^{-m}$$

式中,n 为整数部分的位数;m 为小数部分的位数;D_i 为十进制数字 $0 \sim 9$;10^i 为第 i 位权值;10 为十进制基数。

【例 1.1】 十进制数可以表示为

$$1235.68 = 1 \times 10^3 + 2 \times 10^2 + 3 \times 10^1 + 5 \times 10^0 + 6 \times 10^{-1} + 8 \times 10^{-2}$$

2) 二进制数(Binary)

计算机中采用二进制。二进制数只有 0、1 两个数码,后缀是 B,按照"逢二进一"的规则计算。任何一个二进制数可以表示为

$$N = B_{n-1} \times 2^{n-1} + B_{n-2} \times 2^{n-2} + \cdots + B_1 \times 2^1 +$$
$$B_0 \times 2^0 + B_{-1} \times 2^{-1} + \cdots + B_{-m} \times 2^{-m}$$

式中,n 为整数部分的位数;m 为小数部分的位数;B_i 为二进制数字 0、1;2^i 为第 i 位权值;2 为二进制基数。

【例 1.2】 二进制数 $(1101.11)_2$ 可以表示为

$$(1101.11)_2 = 1 \times 2^3 + 1 \times 2^2 + 0 \times 2^1 + 1 \times 2^0 + 1 \times 2^{-1} + 1 \times 2^{-2}$$

3) 八进制数(Octal)

八进制数有 0、1、2、$\cdots$、7 共 8 个数码。后缀是 O 或 Q。按照"逢八进一"的规则进行计算。任何一个八进制数 N 都可以表示为

$$N = O_{n-1} \times 8^{n-1} + O_{n-2} \times 8^{n-2} + \cdots + O_1 \times 8^1 + O_0 \times 8^0 + O_{-1} \times 8^{-1} + \cdots + O_{-m} \times 8^{-m}$$

式中,n 为整数部分的位数;m 为小数部分的位数;O_i 为八进制数字 $0 \sim 7$;8^i 为第 i 位权值;8 为八进制基数。

【例 1.3】 八进制 $(3276.43)_8$ 可表示为

$$(3276.43)_8 = 3 \times 8^3 + 2 \times 8^2 + 7 \times 8^1 + 6 \times 8^0 + 4 \times 8^{-1} + 3 \times 8^{-2}$$

4) 十六进制数(Hexadecimal)

十六进制数有 0、1、2、$\cdots$、9、A、B、$\cdots$、F 共 16 个数码。A、B、C、D、E、F 这 6 个数码分别代表十进指数中的 10、11、12、13、14、15,后缀是 H,按照"逢十六进一"的规则计算。任何一个十六进制数 N 都可以表示为

$$N = H_{n-1} \times 16^{n-1} + H_{n-2} \times 16^{n-2} + \cdots + H_1 \times 16^1 + H_0 \times 16^0 +$$
$$H_{-1} \times 16^{-1} + \cdots + H_{-m} \times 16^{-m}$$

式中,n 为整数部分的位数;m 为小数部分的位数;H_i 为十六进制数字 $0 \sim 9$、$A \sim F$;16^i 为第 i 位的权值;16 为十六进制的基数。

【例 1.4】 十六进制数 $(23A7.D5)_{16}$ 可以表示为

$$(23A7.D5)16 = 2 \times 16^3 + 3 \times 16^2 + 10 \times 16^1 + 7 \times 16^0 + 13 \times 16^{-1} + 5 \times 16^{-2}$$

2. 数制之间的转换

1) 任意进制数转换为十进制数

基本方法是按权展开相加求和,计算出数值,即可得到其对应的十进制数。

【例 1.5】 将二进制数 $(1101.11)_2$ 转换为十进制数。

$$(1101.11)_2 = 1 \times 2^3 + 1 \times 2^2 + 0 \times 2^1 + 1 \times 2^0 + 1 \times 2^{-1} + 1 \times 2^{-2} = 13.75$$

【例 1.6】 将十六进制数 $(A7.D)_{16}$ 转换为十进制数。

$$(A7.D)_{16} = 10 \times 16^1 + 7 \times 16^0 + 13 \times 16^{-1} = 167.8125$$

2）十进制数转换为任意进制数

（1）十进制数转换为二进制数。

十进制数转换为二进制数，可以将其整数部分和小数部分分别转换后再组合到一起。整数部分转换采用"除 2 取余，倒着写"的方法，小数部分采用"乘 2 取整，顺着写"的方法。

【例 1.7】 将 105.6875 转换成二进制数。

整数部分：

$$105 \div 2 = 52 \cdots\cdots 1$$
$$52 \div 2 = 26 \cdots\cdots 0$$
$$26 \div 2 = 13 \cdots\cdots 0$$
$$13 \div 2 = 6 \cdots\cdots 1$$
$$6 \div 2 = 3 \cdots\cdots 0$$
$$3 \div 2 = 1 \cdots\cdots 1$$
$$1 \div 2 = 0 \cdots\cdots 1$$

$$105 = (1101001)_2$$

小数部分：
$$0.6875 \times 2 = 1.375 \qquad 1$$
$$0.375 \times 2 = 0.75 \qquad 0$$
$$0.75 \times 2 = 1.5 \qquad 1$$
$$0.5 \times 2 = 1 \qquad 1$$

$$0.6875 = (0.1011)_2$$
$$105.6875 = (1101001.1011)_2$$

（2）十进制数转换为十六进制数。

十进制数转换为十六进制数，可以将其整数部分和小数部分分别转换后再组合到一起。整数部分转换采用"除 16 取余，倒着写"的方法，小数部分采用"乘 16 取整，顺着写"的方法。

【例 1.8】 将十进制数 356.56 转换为十六进制数。（保留 3 位有效数字）

整数部分：

$$356 \div 16 = 22 \cdots\cdots 4$$
$$22 \div 16 = 1 \cdots\cdots 6$$
$$1 \div 16 = 0 \cdots\cdots 1$$

$$356 = (164)_{16}$$

小数部分：
$$0.56 \times 16 = 8.96 \qquad 8$$
$$0.96 \times 16 = 15.36 \qquad 15$$
$$0.36 \times 16 = 5.76 \qquad 5$$
$$0.76 \times 16 = 12.16 \qquad 12$$

$$0.56 = (0.8F5)_{16}$$
$$356.56 = (164.8F5)_{16}$$

3) 二进制数与八进制数之间的转换

由于 1 位八进制数可以用 3 位二进制数表示,所以二进制数转换成八进制数的方法是以小数点为基准,整数部分从右到左,每 3 位一组,最高位不足 3 位时,添 0 补足 3 位;小数部分从左到右,每 3 位一组,最低位不足 3 位时,添 0 补足 3 位。然后将各组的 3 位二进制数转换成八进制数。同理,八进制数转换成二进制数可以"一位拆 3 位"。

【例 1.9】 将二进制数 $(1101101.1101)_2$ 转换成八进制数;将八进制数 $(257.64)_8$ 转换成二进制数。

$$\underline{001}\ \underline{101}\ \underline{101}.\underline{110}\ \underline{100} \qquad\qquad (\ 2\quad 5\quad 7\ .\ 6\quad 4)_8$$

$$(1\quad 5\quad 5\ .\ 6\quad 4\ )_8 \qquad\qquad \underline{010}\ \underline{101}\ \underline{111}.\underline{110}\ \underline{100}$$

所以 $(1101101.1101)_2 = (155.64)_8$ 　　　　所以 $(257.64)_8 = (10101111.1101)_2$

4) 二进制数与十六进制数之间的转换

由于 1 位十六进制数可以用 4 位二进制数表示,所以二进制数转换成十六进制数的方法是以小数点为基准,整数部分从右到左,每 4 位一组,最高位不足 4 位时,添 0 补足 4 位;小数部分从左到右,每 4 位一组,最低位不足 4 位时,添 0 补足 4 位。然后将各组的 4 位二进制数转换成十六进制数。同理,十六进制数转换成二进制数可以"一位拆 4 位"。

【例 1.10】 将二进制数 $(10110011101.110001)_2$ 转换成十六进制数;将十六进制数 $(6A5C.3D)_{16}$ 转换成二进制数。

$$(\underline{0101}\ \underline{1001}\ \underline{1101}.\underline{1100}\ \underline{0100})_2$$

$$(5\quad 9\quad D\ .\ C\quad 4\ )_{16}$$

所以 $(10110011101.110001)_2 = (59D.C4)_{16}$

$$(\ 6\quad A\quad 5\quad C\ .\ 3\quad D\ )_{16}$$

$$(\underline{0110}\ \underline{1010}\ \underline{0101}\ \underline{1100}.\underline{0011}\ \underline{1101})_2$$

所以 $(6A5C.3D)_{16} = (110101001011100.00111101)_2$

1.2.3 二进制的算术运算与逻辑运算

1. 二进制的算术运算

1) 加法运算

二进制的加法运算遵循以下法则:

$0+0=0$　$0+1=1$　$1+0=1$　$1+1=10$(按照"逢二进一"规则向高位进位)

【例 1.11】 计算 $(10110110)_2 + (11011100)_2 = ?$

解:　　　　　10110110

$$+\quad \underline{11011100}$$

1 10010010

可得 $(10110110)_2 + (11011100)_2 = (110010010)_2$

2) 减法运算

二进制的减法运算遵循以下法则:

$0-0=0$　$1-0=1$　$1-1=0$　$0-1=1$(向高位借位,"借一当二")

【例 1.12】 计算 $(11011100)_2 - (10110110)_2 = ?$

解：
$$\begin{array}{r} 11011100 \\ - \quad 10110110 \\ \hline 00100110 \end{array}$$

可得 $(11011100)_2 - (10110110)_2 = (00100110)_2$

3）乘法运算

二进制的乘法运算遵循以下法则：

$0 \times 0 = 0 \quad 0 \times 1 = 0 \quad 1 \times 0 = 0 \quad 1 \times 1 = 1$

【例 1.13】 求两个二进制数 $(1101)_2$ 与 $(1001)_2$ 的乘积。

解：
$$\begin{array}{r} 1101 \\ \times \quad 1001 \\ \hline 1101 \\ 0000 \\ 0000 \\ 1101 \\ \hline 1110101 \end{array}$$

可得 $(1101)_2 \times (1001)_2 = (1110101)_2$

4）除法运算

二进制的除法运算遵循以下法则：

$0 \div 1 = 0 \qquad 1 \div 1 = 1$

注意：除数不能为 0。

2. 二进制的逻辑运算

算术运算是将一个二进制数的所有位作为一个整体来考虑的，而逻辑运算则是对二进制数按位进行操作，这意味着逻辑运算没有进位和借位。基本逻辑运算包括"与""或""非""异或"运算。

1）"与"运算

"与"运算的规则如下：

$0 \wedge 0 = 0 \qquad 0 \wedge 1 = 0 \qquad 1 \wedge 0 = 0 \qquad 1 \wedge 1 = 1$

【例 1.14】 设 $X = 10101100, Y = 11100101$，求 $X \wedge Y = ?$

解：
$$\begin{array}{r} 10101100 \\ \wedge \quad 11100101 \\ \hline 10100100 \end{array}$$

所以 $X \wedge Y = 10100100$

2）"或"运算

"或"运算的规则如下：

$0 \vee 0 = 0 \qquad 0 \vee 1 = 1 \qquad 1 \vee 0 = 1 \qquad 1 \vee 1 = 1$

【例 1.15】 设 $X = 10101100, Y = 11100101$，求 $X \vee Y = ?$

解：
$$\begin{array}{r} 10101100 \\ \vee \quad 11100101 \\ \hline 11101101 \end{array}$$

所以 $X \lor Y = 11101101$

3)"非"运算

"非"运算的规则如下:

$\overline{0} = 1, \overline{1} = 0$

【例1.16】 设 $X = 01010011$,求 $\overline{X} = ?$

解: $\overline{X} = 10101100$

4)"异或"运算

"异或"运算的规则如下:

$0 \oplus 0 = 0$ $0 \oplus 1 = 1$ $1 \oplus 0 = 1$ $1 \oplus 1 = 0$

【例1.17】 设 $X = 10101100, Y = 11100101$,求 $X \oplus Y = ?$

解:
$$
\begin{array}{r}
10101100 \\
\oplus\ 11100101 \\
\hline
01001001
\end{array}
$$

所以 $X \oplus Y = 01001001$

1.2.4 数据在计算机内的表示方法

数据编码到
ASCII 码

1. 数据和数据单位

(1) 数据(data)。

数据是表征客观事物的、可以被记录的、能够被识别的各种符号,包括数字、字符、表格、声音、图形和图像等。

(2) 位(bit)。

音译为"比特",一个二进制位 1 或 0 就是 1 比特,它是计算机能够处理的数据的最小单位。

(3) 字节(Byte)。

字节是计算机中用来表示存储空间大小最基本的容量单位。简记为 B,音译为"拜特"。一个字节等于 8 位,即 1B=8bit。除了用字节为单位表示存储容量外,还可以用千字节(KB)、兆字节(MB)、吉字节(GB)、太字节(TB)来表示存储容量。它们之间的换算关系如下:

$1B = 8bit$ $1KB = 1024B = 2^{10}B$

$1MB = 1024KB = 2^{20}B$ $1GB = 1024MB = 2^{30}B$

$1TB = 1024GB = 2^{40}B$

2. 常用数据编码

计算机进行信息处理时,除了处理数值信息外,更多的是处理非数值信息,如字符、文字、图形等形式的数据。计算机能够通过编码的形式来表示这些符号,常用的编码有以下几种。

1) BCD 码

人们习惯使用十进制数,在计算机中用若干位二进制数码表示一位十进制数的编码方式,称为二进制编码的十进制数,即 BCD(Binary Coded Decimal)码。BCD 码的编码方案有很多,常用的一种 BCD 码是 8421BCD 码。它用 4 位二进制编码表示 1 位十进制数。BCD

码与二进制数的对应关系如表1.1所示。

表 1.1　BCD 码与二进制数的对应关系

十进制数	二进制数	BCD 码	十进制数	二进制数	BCD 码
0	0	0000	6	110	0110
1	1	0001	7	111	0111
2	10	0010	8	1000	1000
3	11	0011	9	1001	1001
4	100	0100	10	1010	0001 0000
5	101	0101	…	…	…

【例 1.18】　试把 BCD 码(0011 1001.0010 0101)$_{BCD}$转换成二进制数。

解：(0011 1001.0010 0101)$_{BCD}$ = 39.25 = 100111.01B

2) 字符的编码

对字符的编码使用最普遍的是 ASCII(American Standard Code for Information Interchange,美国标准信息交换代码)字符编码。ASCII 码用 7 位二进制数表示一个字符,共有 2^7 = 128 种不同组合,表示 128 个不同的字符,其中包括数字 0～9、26 个大写英文字母、26 个小写英文字母以及各种运算符号、标点符号和控制字符等,如表 1.2 所示。

表 1.2　7 位 ASCII 码表

$b_3b_2b_1b_0$	$b_6b_5b_4$							
	000	001	010	011	100	101	110	111
0000	NUL	DLE	SP	0	@	P	`	p
0001	SOH	DC1	!	1	A	Q	a	q
0010	STX	DC2	"	2	B	R	b	r
0011	ETX	DC3	#	3	C	S	c	s
0100	EOT	DC4	$	4	D	T	d	t
0101	ENQ	NAK	%	5	E	U	e	u
0110	ACK	SYN	&.	6	F	V	f	v
0111	BEL	ETB	'	7	G	W	g	w
1000	BS	CAN	(	8	H	X	h	x
1001	HT	EM	)	9	I	Y	i	y
1010	LF	SUB	*	:	J	Z	j	z
1011	VT	ESC	+	;	K	[	k	{
1100	FF	FS	,	<	L	\	l	|
1101	CR	GS	—	=	M	]	m	}
1110	SO	RS	.	>	N	↑	n	~
1111	SI	US	/	?	O	↓	o	DEL

ASCII 码用 7 位二进制编码,而一个字符在计算机内使用 8 位进行表示,最高位 b_7 恒为"0"。一般情况下,最高位做奇偶校验位。通常,1 字节可存放一个 ASCII 码,2 字节存放一个汉字国标码。

【**例 1.19**】 将 Hello 字符的 ASCII 码查出并存放在主存中。

解：在主存中 1 字节只能存放一个字符，所以 Hello 5 个字符需占用 5 字节。b_7 为"0"，其余各位查表 1.2 可知：

01001000	H
01100101	e
01101100	l
01101100	l
01101111	o

3. 有符号数的表示方法

数有正有负，通常用"＋"和"－"表示正数和负数，在计算机中所使用的数均是由 0 和 1 两个数字组成，所以通常规定，一个有符号数的最高位代表符号位，符号位是"0"表示正数，是"1"表示负数。通常把机器内存放的正负号数码化的数称为机器数，把原来的数值称为机器数的真值。在计算机中有符号数有 3 种表示方法，即原码、反码和补码。它们均由符号位和数值位两部分组成。现代计算机的机器数都采用补码形式。

1）原码

如上所述，最高位表示数的符号，若为 0，代表正数；若为 1，代表负数，数值部分为真值的绝对值。例如：

十进制	二进制（真值）	原码
＋45	＋0101101	00101101
－45	－0101101	10101101
＋127	＋1111111	01111111
－127	－1111111	11111111
＋0	＋0000000	00000000
－0	－0000000	10000000

零在原码中有两种形式：$[+0]_原 = 00000000$；$[-0]_原 = 10000000$

2）反码

对于一个正数来说，其反码表示方法与原码相同。但对负数来说，符号位是 1，其反码的数值部分为真值的各位按位取反。例如：

十进制	反码
＋45	00101101
－45	11010010
＋127	01111111
－127	10000000
＋0	00000000
－0	11111111

零在反码中也有两种形式：$[+0]_反 = 00000000$；$[-0]_反 = 11111111$

3）补码

对于一个正数来说，其补码表示方法与原码相同。但对负数来说，补码的符号位是 1，数值部分为真值的各位按位取反再加 1。例如：

十进制	补码
+45	00101101
-45	11010011
+127	01111111
-127	10000001
+0	00000000
-0	00000000

在补码的表示方法中,零有唯一的形式:$[+0]_补=[-0]_补=00000000$

1.3　计算机硬件系统

计算机硬件系统

微型计算机(Micro-computer)又称为个人计算机(Personal Computer,PC),由硬件系统和软件系统两部分组成,合称为微型计算机系统。硬件系统指用电子器件和机电装置组成的计算机实体;软件系统指为计算机运行工作服务的全部技术和各种程序。其组成如图 1.1 所示。

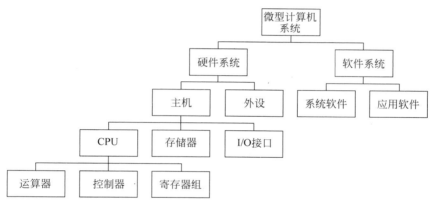

图 1.1　微型计算机系统组成

1.3.1　计算机的工作原理

现在使用的计算机,其基本工作原理是存储程序和程序控制。它是由著名数学家冯·诺依曼提出的,冯·诺依曼被称为"计算机之父"。他提出计算机由五部分组成,包括运算器、控制器、存储器、输入输出设备。数据、指令采用二进制;指令和数据可一起放在存储器里。

指令是指示计算机执行某种操作命令的一组二进制代码,它是由计算机硬件理解并执行的。为解决某一问题而设计的指令序列称为程序。计算机的工作过程是原始数据和程序通过输入设备送入存储器,在运算过程中,数据从内存储器读入运算器进行运算,运算结果再存入内存储器,必要时再经过输出设备输出。指令也以数据形式存于存储器中,运算时指令由存储器送入控制器,由控制器控制各部件的工作,如图 1.2 所示。

计算机基础知识

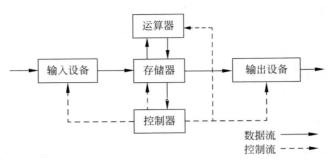

图 1.2　冯·诺依曼计算机基本结构

1.3.2　计算机硬件系统的概述

目前的各种微型计算机系统从概念结构上来说都是由运算器、控制器、存储器和输入输出设备等几个部分组成。但在具体实现上这些组成部分往往被合并或分解为若干个功能模块,分别由不同的部件来实现。从大的功能部件来看,微型计算机的硬件主要由 CPU、存储器、输入/输出接口(I/O 接口)和输入/输出设备(I/O 设备)组成,各组成部分之间通过地址总线(Address Bus,AB)、数据总线(Data Bus,DB)、控制总线(Control Bus,CB)联系在一起,AB、DB、CB 统称为系统总线。系统总线是各部件之间传送信息的公共通道。微型计算机的硬件系统结构如图 1.3 所示。

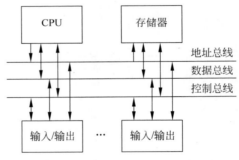

图 1.3　微型计算机硬件系统结构框图

1.3.3　主机

在硬件系统中主机包括 CPU、存储器和 I/O 接口,并用总线实现系统连接。

1. 微处理器(中央处理单元,CPU)

CPU 是微型计算机的核心部件,是整个系统的运算和指挥控制中心。CPU 的内部结构包括运算器、控制器和寄存器组 3 个主要部分。

(1) 运算器:又称为算术逻辑单元(Arithmetic and Logic Unit,ALU)。运算器在控制信号的作用下可完成加、减、乘、除四则运算以及各种逻辑运算和浮点运算。

(2) 控制器:由指令寄存器、指令译码器和时序控制电路组成。它是整个 CPU 的指挥控制中心,对协调整个微型计算机有序工作极为重要。它从存储器中依次取出程序的各条指令,并根据指令的要求,向微型计算机各个部件发出相应的控制信号,使各部件协调工作,从而实现对整个系统的控制。

(3)寄存器组:分为专用寄存器和通用寄存器。用来存放一些操作数或中间结果,避免对存储器的频繁访问,从而缩短指令执行时间。

目前,广大用户使用最多的CPU是由Intel和AMD两大公司生产的。Intel公司的酷睿Ⅱ双核CPU主频可达3GHz,AMD公司的Athlon64 X2 7750主频是2.7GHz。

2. 存储器(Memory)

存储器又叫内存或主存,是微型计算机的存储和记忆部件,用以存放数据和当前执行的程序。按照工作方式不同,内存可分为两大类,即随机存取存储器(Random Access Memory,RAM)和只读存储器(Read Only Memory,ROM),它们是由半导体材料制成的。

(1)随机存取存储器(RAM)。RAM在系统正常工作的情况下,既可从中读出信息,也可随时写入信息。系统掉电之后,RAM中的信息都会消失。因此,用户在操作过程中,应养成随时存盘的习惯,以防断电后丢失数据。

计算机中构成内存条的存储芯片就是RAM,主流的内存DDR2 800容量可达2~4GB。

(2)只读存储器(ROM)。ROM在系统正常工作的情况下只能读出信息,而不能写入信息。系统掉电之后,ROM中的信息不会消失,利用这个特点将操作系统基本输入输出程序固化其中。ROM的发展经历了几个不同的阶段,包括掩膜ROM、可编程只读存储器(PROM)、可擦写可编程只读存储器(EPROM)、电可擦写可编程只读存储器(EEPROM)以及Flash Memory。目前,很多数码产品,如数码相机、手机、MP4等用来存储信息的部件都是由Flash Memory制成的。存储速度很快,信息保存稳定。

3. I/O接口

计算机的I/O设备种类繁多,结构、原理各异;与CPU比较,I/O设备的工作速度较低,处理的信息从数据格式到逻辑时序一般都不可能与计算机直接兼容。因此,微型计算机和I/O设备间的连接与信息交换必须通过一个中间部件作为两者的桥梁,该部件就叫做I/O接口。

4. 总线(Bus)

总线是由一组导线和相关电路组成,是各种公共信号线的集合,用作微型计算机各部分传递信息所共同使用的"信息高速公路"。采用总线结构可以使系统扩充容易,维修简单,便于集成。总线按照传递信息的不同,可分为地址总线(AB)、数据总线(DB)、控制总线(CB)。

(1)地址总线(AB)。地址总线用于传送CPU发出的地址信息,是单向总线。传送地址信息的目的是指明与CPU交换信息的内存单元或I/O设备。

(2)数据总线(DB)。数据总线用来传输数据信息,是双向总线。CPU既可通过DB从内存或输入设备输入数据,又可通过DB将数据送至内存或输出设备。

(3)控制总线(CB)。控制总线用来传送控制信号、时序信号和状态信号等。其中,有的是CPU向内存和外设发出的信息,有的是内存或外设向CPU发出的信息。由此可见,CB中每一根线的方向是单向的、固定的,但CB作为一个整体是双向的。

1.3.4 外部存储器

微型计算机的外部存储器存储容量大,常用来存放能够暂时不用的程序及信息,存取速度慢,外部存储器的程序只有调入内存后才能执行。外部存储器种类很多,常用的外存包括软盘、硬盘、光盘等。

1. 软盘存储器

软盘存储器是由软盘、软盘驱动器组成。

1) 软磁盘

现在看到的软盘都是 3.5 英寸的,通常称其为 3 寸盘,容量为 1.44MB。软盘都有一个塑料外壳,用来保护里面的盘片。盘片是表面涂有磁性材料(如氧化铁)的聚酯塑料薄膜圆盘,磁性材料是记录数据的介质。从外观上看,它由读写口、写保护口和外壳组成。读写口能完成数据读、写操作。写保护口可防止误写操作,也避免病毒对它的侵害。打开写保护就可以往文件里面写入数据了。

软盘存储的信息是按磁道和扇区组织的,如图 1.4 所示。

磁道是一组同心圆,每个磁道大约有几微米宽度,从外向内依次编为 0 磁道、1 磁道、2 磁道……共 80 个磁道。扇区是等分的圆弧,是磁盘存储的基本单位。对磁盘进行读写时,无论数据是多少,总是读写一个或几个完整的扇区。每个扇区 512B,共 18 个扇区。

$$磁盘容量＝512B×扇区数×磁道数×面数＝512B×18×80×2＝1.44MB$$

2) 软盘驱动器

软盘驱动器对软盘进行读、写操作,其主要组成部分有磁头、读写电路、盘片驱动机构、磁头定位机构和控制电路组成。

它的工作过程:主轴带动盘片转动,转速大概为 300r/min,磁头定位器负责把磁头移动到正确的磁道,由磁头完成读、写操作。磁头在读、写操作时是接触磁片的。

2. 硬盘存储器

硬盘主要由盘片、驱动器、磁头三部分组成,如图 1.5 所示。

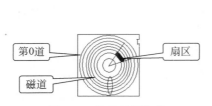

图 1.4　软盘存储格式　　　　图 1.5　硬盘结构

硬盘中的盘片是在精密加工的铝合金基片上涂覆磁性材料,再进行精密研磨和抛光制成的。盘片都装在主轴上,每张盘片之间是平行的,在每个盘片的存储面上有一个磁头,磁头与盘片之间的距离比头发丝的直径还小,所有的磁头连在一个磁头控制器上,由磁头控制器负责各个磁头的运动。磁头可沿盘片的半径方向运动,加上盘片每分钟几千转的高速旋转,磁头就可以定位在盘片的指定位置上进行数据的读、写操作。

硬盘驱动器加电正常工作后,进行初始化,磁头置于盘片中心位置,初始化完成后主轴电机将启动并高速旋转,装载磁头的小车机构移动,将浮动磁头置于盘片表面的 0 磁道,处于等待指令的启动状态。当接收到微型计算机系统传来的指令信号时,对盘片数据信息进行正确定位,并将接收后的数据信息解码,反馈给主机系统完成指令操作。

在硬盘的一端有电源插座、硬盘主从状态设置跳线器和数据线连接插座。数据线连接的接口有 IDE 接口、SATA 接口和 SAS 接口等。

硬盘内部结构由固定面板、控制电路板、盘头组件、接口及附件等几部分组成,而盘头组件(Hard Disk Assembly,HDA)是构成硬盘的核心,封装在硬盘的净化腔体内,包括浮动磁头组件、磁头驱动机构、盘片及主轴驱动机构、读写控制电路等。

硬盘性能指标包括以下几个。

(1) 主轴转速,是决定硬盘内部数据传输率的决定性因素之一,它在很大程度上决定了硬盘的速度,同时也是区别硬盘档次的重要标志。

(2) 寻道时间,是指硬盘磁头移动到数据所在磁道所用的时间,单位为 ms。

(3) 道至道时间,表示磁头从一个磁道转移至另一磁道的时间,单位为 ms。

(4) 高速缓存,指在硬盘内部的高速存储器。

(5) 最大内部数据传输率,也叫持续数据传输率,单位为 MB/s。它是指磁头至硬盘缓存间的最大数据传输率,一般取决于硬盘的盘片转速和盘片线密度。

(6) 连续无故障时间,是指硬盘从开始运行到出现故障的最长时间,单位为 h。

(7) 外部数据传输率,该指标也称为突发数据传输率,它是指从硬盘缓冲区读取数据的速率。在硬盘特性表中常以数据接口速率代替,单位为 MB/s。

目前,广泛使用的硬盘容量均超过 500GB,接口类型为 Serial ATA,缓存能达到 16MB,转速多为 7200r/min。

3. 光盘存储器

光盘存储器是利用激光技术存储信息的装置,由光盘片和光盘驱动器构成。

1) 光盘片

光盘片由 3 层组成,即透明的碳酸酯塑料衬底、记录信息的铝反射层和涂漆保护层。标准尺寸是外径 120mm,内孔直径 15mm,厚度为 1.2mm。光盘利用铝反射层上的凹坑和非凹坑来存放信息。聚集的激光束照射到光盘上,利用反射角度的不同来记录所存信息。用凹坑的前后沿表示 1 的个数,用凹坑和非凹坑的持续长度表示 0 的个数。

光盘从读写方式上讲,主要有以下几种。

(1) 只读光盘(CD-ROM、CD、VCD、LD)。一张 CD-ROM 的标准容量为 650~700MB。盘上信息一次制成,可以重复读而不能再写。

(2) 一次性刻录光盘(CD-R)。CD-R 是只能写入一次的光盘。它需要用专门的光盘刻录机将信息写入,刻录好的光盘不允许再次更改。光盘的容量一般为 650MB。

(3) 可擦写的光盘(MO、PD、CD-RW)。可擦写的光盘可以重复读写。

(4) DVD 数字视盘。单个 DVD 盘片上能存放 4.7~17.7GB 的数据。

2) 光盘驱动器

光盘驱动器简称光驱(CD-ROM),是读取光盘信息的设备。

光驱的性能指标主要有以下几个。

(1) 数据传输率(Data Transfer Rate,DTR),就是大家常说的倍速,它是衡量光驱性能的最基本指标。单倍速光驱就是指每秒可从光驱存取 150KB 数据的光驱。双倍速(2X)光驱就是指每秒读取速率为 300KB。

(2) 平均寻道时间(Average Access Time,AAT),是指激光头(光驱中用于读取数据的装置)从原来位置移到新位置并开始读取数据所花费的平均时间。显然,平均寻道时间越短,光驱的性能就越好。

（3）数据缓冲区（Buffer）,是光驱内部的存储区。它能减少读盘次数,提高数据传输率。现在大多数光驱的缓冲区为 128KB 或 256KB。

光驱工作时是通过激光头来读取数据的。当光驱在读取信息时,激光头会向光盘发出激光束,当激光束照射到光盘的凹面或非凹面时,反射光束的强弱会发生变化,光驱就根据反射光束的强弱把光盘上的信息还原成为数字信息,即"0"或"1",再通过相应的控制系统把数据传给 CPU。

目前,用户广泛使用的光驱有 DVD 刻录机和 DVD-ROM。DVD 刻录机主要用于刻录可读写光盘,最大读取倍速为 16X,最大刻录倍速为 20X;DVD-ROM 光驱只能读盘,不能刻录光盘,倍速多为 16X。

1.3.5 输入输出设备

输入输出设备统称为外部设备,简称 I/O 设备。常用的输入设备有键盘、鼠标、光笔、扫描仪等;常用的输出设备主要有显示器、打印机、绘图仪等。

1. 键盘（Keyboard）

键盘是计算机的基本组成部分,利用键盘人们可以向计算机输入程序、指令和数据等信息。下面分别介绍键盘各部分的组成和功能。

1）键盘的分区

现在,微型计算机上配置的标准键盘大部分为 101 键,其键面可划分为 3 个区域,即功能键区、基本键区和副键盘区,如图 1.6 所示。

图 1.6　键盘分布

（1）功能键区。功能键区包括 F1～F12 共 12 个功能键,其具体功能由操作系统或应用软件来定义,并且在不同的软件中有不同的定义。

（2）基本键区。基本键区包括英文字母键、数字键、标点符号键和特殊符号键,还有一些专用键。这些键的排列大部分和普通的英文打字机相同。基本键区的功能是输入数据和字符。

（3）副键盘区。也称小键盘,在键盘右侧。由数字键、光标移动键及一些编辑键组成。其功能是专门用于快速输入大批数据、编辑过程的光标快速移动。

此外,在副键盘区和基本键区之间还有 4 个光标移动键和 9 个专用键。

2）一些特殊键的使用

（1）Esc 键,它是 Escape 的缩写,其功能由操作系统或应用程序定义。但在多数情况下均将 Esc 键定义为退出键。即在运行应用软件时,按此键一次,将返回到上一步状态。

(2) Enter 键,即回车键。是一行字符串输入结束换行或一条命令输入结束的标志。按回车键后,计算机才正式处理所输入的字符,或开始执行所输入的命令。

(3) Shift 键,即上挡键。键盘上有些键面上有上下两个字符,也称双字符键。当单独按这些键时,则输入下方的字符。若先按住 Shift 键不放,再去按双字符键,则输入上方的字符。

(4) Backspace 键或←键,即退格键。按此键一次,就会删除光标左边的一个字符,同时光标左移一格。常用此键删除错误的字符。

(5) Caps Lock 键,英文字母大小写转换键,它是一个开关键。计算机启动后,按字母键输入的是小写字母。按一次此键,位于键盘右上方的指示灯亮,输入的字母为大写字母。若再按一次此键,指示灯熄灭,输入的字母又是小写字母。

(6) Num Lock 键,数字锁定键,也是开关键。此键是控制小键盘区的双字符键输入的,当按下此键,Num Lock 键指示亮,小键盘区上的双字符键为输入上方数字字符状态,若再按此键,指示灯熄灭,为输入小键盘区双字符键的下方功能符状态。

(7) Print/Screen 键,屏幕打印键。当需要把显示在屏幕上的全部信息打印时,在打印机连通状态下,放好打印纸,按下此键,就可实现屏幕打印。

(8) Pause/Break 键,暂停中断键。当程序运行时,按下此键可暂停当前程序的执行,按下其他任意键,程序又可继续运行。中断功能要和 Ctrl 键组合使用。

(9) Ctrl 键,控制键。它不能单独使用,总是和其他键组合使用。具体功能由操作系统或应用软件来定义。

(10) Alt 键,切换键。它也不能单独使用,需要和其他键组合使用,组合使用的功能由操作系统或应用软件来定义。

3) 编辑键

(1) 方向键。

"↑"光标上移键。按此键一次,光标上移一行。

"↓"光标下移键。按此键一次,光标下移一行。

"←"光标左移键。按此键一次,光标左移一列。

"→"光标右移键。按此键一次,光标右移一列。

(2) Insert 键,插入键。按下此键,可以在光标之前插入字符。

(3) Delete 键,删除键。按此键一次,可以把紧接光标之后的字符删除。

(4) Home 键,光标跳到行首键,不论光标在本行何处,按此键,光标立即跳到行首。

(5) End 键,光标跳到行末键。不论光标在本行何处,按此键,光标就跳到行末。

(6) Page Up 键,上翻页键。当文稿内容较长,超出一屏时,按此键可把后面的文稿内容上翻一页。

(7) Page Down 键,下翻页键。当文稿内容较长,在编辑状态,按此键可把文稿下翻一页。

(8) Ctrl+Alt+Del,热启动键。当由于软件故障或操作失误引起系统死机时,可使用热启动键。操作方法:用左手两指头分别按住 Ctrl 键和 Alt 键不放,右手一指再按 Del 键,然后再把左右手一同放开即可。

2. 鼠标（Mouse）

鼠标是现代 PC 中不可缺少的重要输入设备。它的作用是代替键盘上的方向键和回车键操作，用来进行光标定位或完成某种特定的输入。一般而言，鼠标的左键定义为确认键，右键定义为清除键或专用功能键。

鼠标按接口类型可分为 PS/2 鼠标、USB 鼠标。

鼠标按其工作原理的不同，可分为机械鼠标、光电鼠标、无线鼠标等。

计算机软件
和病毒防治

1.4 计算机软件系统

软件是指为方便使用计算机和提高使用效率而组织的程序以及用于开发、使用和维护的有关文档。软件系统可分为系统软件和应用软件两大类。

1.4.1 系统软件

系统软件由一组控制计算机系统并管理其资源的程序组成，其主要功能包括：启动计算机，存储、加载和执行应用程序，对文件进行排序、检索，将程序语言翻译成机器语言等。实际上，系统软件为应用软件和用户提供了控制、访问硬件的手段，这些功能主要由操作系统完成。此外，编译系统和各种工具软件也属此类，它们从另一方面辅助用户使用计算机。

1. 操作系统

操作系统（Operating System，OS）是管理、控制和监督计算机软、硬件资源协调运行的程序系统，由一系列具有不同控制和管理功能的程序组成，它是直接运行在计算机硬件上的、最基本的系统软件，是系统软件的核心。操作系统能方便用户使用计算机，是用户和计算机的接口。比如，用户输入一条简单的命令就能自动完成复杂的功能，这就是操作系统帮助的结果；还能统一管理计算机系统的全部资源，合理组织计算机工作流程，以便充分、合理地发挥计算机的效率。

1）操作系统的功能

（1）处理器管理。当多个程序同时运行时，解决处理器（CPU）时间的分配问题。

（2）作业管理。完成某个独立任务的程序及其所需的数据组成一个作业。作业管理的任务主要是为用户提供一个使用计算机的界面，使其方便地运行自己的作业，并对所有进入系统的作业进行调度和控制，尽可能高效地利用整个系统的资源。

（3）存储器管理。为各个程序及其使用的数据分配存储空间，并保证它们互不干扰。

（4）设备管理。根据用户提出使用设备的请求进行设备分配，同时还能随时接受设备的请求（称为中断），如要求输入信息。

（5）文件管理。主要负责文件的存储、检索、共享和保护，为用户进行文件操作提供方便。

2）操作系统的种类

（1）单用户操作系统（Single User Operating System）。

单用户操作系统的主要特征是计算机系统内一次只能支持运行一个用户程序。这类系统的最大缺点是，计算机系统的资源不能充分利用。微型机的 DOS、Windows 操作系统便属于这一类。

（2）批处理操作系统（Batch Processing Operating System）。

批处理操作系统是 20 世纪 70 年代运行于大、中型计算机上的操作系统。多个程序或多个作业同时存在和运行,故也称为多任务操作系统。

（3）分时操作系统(Time-Sharing Operating System)。

分时操作系统是在一台计算机周围挂上若干台远程终端,每个用户可以在各自的终端上以交互的方式控制作业运行。在分时系统管理下,虽然各用户使用的是同一台计算机,但却能给用户一种"独占计算机"的感觉。

分时操作系统是多用户多任务操作系统,UNIX 是国际上最流行的分时操作系统。

（4）实时操作系统(Real-Time Operating System)。

在某些应用领域,要求计算机对数据能进行迅速处理。例如,导弹的自动控制系统中,计算机必须对测量系统测得的数据及时、快速地进行反应和处理,以便达到控制的目的,否则就会失去战机。对于这类实时处理过程,批处理操作系统或分时操作系统均无能为力了,因此产生了另一类操作系统——实时操作系统。

（5）网络操作系统(Network Operating System)。

计算机网络是通过通信线路将地理上分散且独立的计算机联结起来的一种网络。有了计算机网络之后,用户可以突破地理条件的限制,方便地使用远处的计算机资源。提供网络通信和网络资源共享功能的操作系统称为网络操作系统。

2. 语言处理系统（翻译程序）

计算机程序设计语言经历了由低级到高级的发展过程,可划分为三大类,即机器语言、汇编语言和高级语言。机器语言是一种二进制代码语言,能被计算机直接识别和执行。汇编语言是使用一些助记符号编写的符号语言。机器语言与汇编语言都是低级语言,必须了解机器结构才能编程,用于实时控制、实时处理领域中。高级语言能够脱离具体机型,达到程序通用目的,而且比较接近自然语言,是面向应用、实现算法的语言。如果要在计算机上运行高级语言程序就必须配备程序语言翻译程序(以下简称翻译程序)。翻译程序本身是一组程序,不同的高级语言都有相应的翻译程序。

对于高级语言来说,翻译的方法有以下两种。

一种称为"解释"。早期的 BASIC 源程序的执行都采用这种方式。它不保留目标程序代码,即不产生可执行文件。这种方式速度较慢,每次运行都要经过"解释",边解释边执行。

另一种称为"编译"。它调用相应语言的编译程序,把源程序变成目标程序(以. OBJ 为扩展名),然后再用连接程序把目标程序与库文件相连接形成可执行文件。尽管编译的过程复杂些,但它形成的可执行文件(以. exe 为扩展名)可以反复执行,速度较快。运行程序时只要输入可执行程序的文件名,再按 Enter 键即可。

对源程序进行解释和编译任务的程序分别叫作编译程序和解释程序。例如,FORTRAN、COBOL、PASCAL 和 C 等高级语言,使用时需有相应的编译程序;BASIC 等高级语言,使用时需用相应的解释程序。

3. 服务程序

服务程序能够提供一些常用的服务性功能,它们为用户开发程序和使用计算机提供了方便,像微型计算机上经常使用的诊断程序、调试程序、编辑程序均属此类。

4. 数据库管理系统

在信息社会里,社会和生产活动产生的信息很多,使人工管理难以应付,人们希望借助计算机对信息进行搜集、存储、处理和使用。数据库系统(DataBase System,DBS)就是在这种需求背景下产生和发展起来的。

数据库是指按照一定联系存储的数据集合,可实现多种应用共享。数据库管理系统(Data Base Management System,DBMS)则是能够对数据库进行加工、管理的系统软件。其主要功能是建立、消除、维护数据库及对数据库中数据进行各种操作。数据库系统主要由数据库(DB)、数据库管理系统(DBMS)以及相应的应用程序组成。数据库系统不但能够存放大量的数据,更重要的是能迅速、自动地对数据进行检索、修改、统计、排序和合并等操作,以得到所需的信息。

1.4.2 应用软件

为解决各类实际问题而设计的程序系统称为应用软件。从其服务对象的角度又可分为通用软件和专用软件两类。

1. 通用软件

这类软件通常是为解决某一类问题而设计的,而这类问题是很多人都会遇到和需要解决的,如文字处理、表格处理、电子演示等。

2. 专用软件

在市场上可以买到通用软件,但有些具有特殊功能和需求的软件是无法买到的。比如,某个用户希望有一个程序能自动控制车床,同时也能将各种事务性工作集成起来统一管理。因为这一要求对于一般用户来说太特殊了,所以只能组织人力开发。当然开发出来的软件也只能专用于这种情况。

1.5 键盘击键技术及中文输入法

1.5.1 打字姿势

正确的打字姿势有助于提高打字速度和准确性,并能有效地减轻因为长时间坐在计算机前打字给人带来的疲劳,如图1.7所示。

(1)屏幕及键盘应该在正前方,不应该让脖子及手腕处于歪斜状态,并且手指伸开时能平行放在键盘上。

(2)屏幕的最上方应比视平线低,且屏幕应该离打字的人至少一个手臂的距离。

(3)坐直,不要半坐半躺。

(4)大腿应尽量保持与前手臂平行的姿势。

(5)手、手腕及手肘应保持在一条直线上。任何一点都不该弯曲。打字时可以试着用手指摸着键盘。

(6)脚应能够轻松平放在地板或脚垫上。

(7)椅座的高度应调到与手肘有近90°弯曲,而手指能够自然地架在键盘的正上方。手掌不要放在键盘上,以免妨碍手指运动,影响打字速度。

(8)手腕略向上倾斜,从手腕到指尖呈一个弧形,手指指端的第一关节与键盘垂直。进行键盘练习时,必须掌握好手形,这样也有助于录入速度的迅速提高。

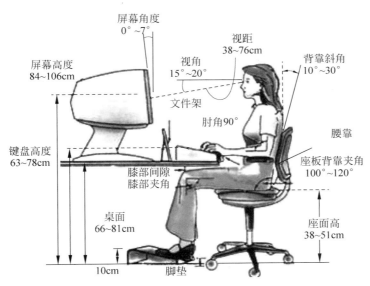

图 1.7　打字的姿势

1.5.2　基本指法

　　打字时将左手小指、无名指、中指、食指分别置于 A、S、D、F 键上,右手食指、中指、无名指、小指分别置于 J、K、L、";"键上;左、右拇指轻置于空格键上,左、右 8 个手指与基本键的各个键相对应,固定好手指位置后不得随意离开;千万不能把手指的位置放错,一般来说现在的键盘 F 和 J 键上均有凸起,这两个键就是左、右手食指的位置。打字过程中,离开基本键位置去按其他键,按键完成后,手指应立即返回到对应的基本键上,如图 1.8 所示。

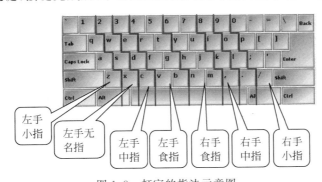

图 1.8　打字的指法示意图

1.6　计算机病毒及其防治

1.6.1　计算机病毒概述

　　计算机病毒是一种人为编制的、能够破坏计算机功能或者毁坏数据的一段可执行程序。

1. 计算机病毒的特征

　　计算机病毒具有破坏性大、感染性强、传播性强、隐藏性好、可激活性、有针对性、非授权性、难以控制、不可预见性等特性。

2. 计算机病毒的分类

（1）按寄生的方式，可以分为覆盖式病毒、代替式病毒、链接式病毒、填充式病毒和转储式病毒 5 种。

（2）按感染的方式，可以分为引导扇区病毒、文件感染病毒、综合型感染病毒 3 种。

（3）按侵入途径，可以分为源码病毒、操作系统病毒、入侵病毒和外壳病毒 4 种。

3. 计算机病毒的传播途径

常见计算机病毒的传播途径有以下 4 种。

（1）通过不可移动的计算机硬件设备进行传播。

（2）通过移动存储设备来传播。

（3）通过计算机网络进行传播。

（4）通过点对点通信系统和无线通道传播。

4. 计算机病毒的破坏行为

计算机病毒具有很强的破坏力，主要攻击系统数据区、文件、内存、磁盘和 CMOS 等，干扰系统运行，使计算机的运行速度下降，扰乱屏幕显示，干扰键盘和打印机等。

5. 常见计算机病毒的发作症状

（1）计算机运行比平常迟钝。

（2）程序载入时间增加。

（3）对一个简单的工作，计算机似乎花了比预期长的时间。

（4）不寻常的错误信息出现。

（5）硬盘的指示灯无缘无故地亮。

（6）系统内存容量忽然大量减少。

（7）磁盘可利用空间突然减少。

（8）可执行程序的大小改变。

（9）坏轨增加。

（10）程序同时存取多部磁盘。

（11）内存中增加来路不明的常驻程序。

（12）文件奇怪地消失。

（13）文件的内容被加上一些奇怪的信息。

（14）文件名称、扩展名、日期、属性被更改。

1.6.2　计算机病毒的预防

对计算机病毒的预防需要做好以下几方面的工作。

1. 加强计算机病毒的防范管理

要尊重知识产权；采取必要的病毒检测和监控措施，制定完善的管理规则；建立计算机系统使用登记制度；及时追查、清除病毒；加强教育和宣传工作；建立有效的计算机病毒防护体系；建立、完善各种法律制度，保障计算机系统的安全性。

2. 计算机病毒的发展趋势

（1）网络成为计算机病毒传播的主要载体。

（2）网络蠕虫成为最主要和破坏力最大的病毒类型。

（3）恶意网页成为破坏的新类型。

（4）出现带有明显病毒特征的木马或木马特征的病毒。

3．基于网络安全体系的防毒管理措施

基于网络安全体系的防毒管理措施主要有以下几点。

（1）尽量少用超级用户登录。

（2）严格控制用户的网络使用权限。

（3）对某些频繁使用或非常重要的文件属性加以控制，以免被病毒传染。

（4）对远程工作站的登录权限严格限制。

1.6.3　常用杀毒软件

国际著名杀毒软件常用的有卡巴斯基（Kaspersky）、McAfee公司产品和诺顿（Norton）等。国内杀毒软件常用的有360杀毒、金山毒霸、瑞星等（详见8.4节）。

1.7　多媒体技术

多媒体技术是指通过计算机对文字、数据、图形、图像、动画、声音等多种媒体信息进行综合处理和管理，使用户可以通过多种感官与计算机进行实时信息交互的技术，又称为计算机多媒体技术。

1.7.1　媒体的组成

在日常生活中，媒体（Medium）有两种含义：

① 传播信息的载体，如语言、文字、图像、视频、音频等；

② 存储信息的载体，如 ROM、RAM、磁带、磁盘、光盘等，主要的载体有 CD-ROM、VCD、网页等。

多媒体（Multimedia）是指能够同时对两种或两种以上媒体进行采集、操作、编辑、存储等综合处理技术。多媒体技术集声音、图像、文字于一体，集电视录像、光盘存储、电子印刷和计算机通信技术之大成，它极大地改变了人们获取信息的传统方法，符合人们在信息时代的阅读方式，使计算机由办公室、实验室中的专用品变成了信息社会的普通工具，广泛应用于工业生产管理、学校教育、公共信息咨询、商业广告、军事指挥与训练，甚至家庭生活与娱乐等各个领域。

1.7.2　多媒体的特征

多媒体技术具有多样性、交互性、集成性、实时性等特征，这些特征是区别于传统计算机系统的显著特征。

1．多样性

多媒体信息本身形式多样，并且媒体输入、传播、表现形式也是多样化的，媒体所包含的文字、声音、图像、动画等信息扩大了计算机所能处理的信息空间，使计算机不再局限于处理数值、文本等。

2. 交互性

交互性是指在多媒体系统中用户可以主动地编辑、处理各种信息,具有人机交互的功能。用户可以与计算机的多种信息媒体进行交互操作,从而为用户提供更加有效的控制和使用信息的手段。

3. 集成性

多媒体技术中集成了许多单一的技术,如图像处理技术、声音处理技术等。集成性也体现在以计算机为中心综合处理多种信息媒体,它包括信息媒体的集成和处理这些媒体的设备集成。

4. 实时性

实时性是指在多媒体系统中声音及活动的视频图像是实时的,多媒体系统提供了对这些媒体实时处理和控制的能力。多媒体系统在处理信息时有着严格的时序要求和很高的速度要求。当系统扩大到网络范围之后,这个问题将会更加突出,会对系统结构、媒体同步、多媒体操作系统及应用服务提出相应的实时化要求。

1.7.3 媒体的数字化

多媒体计算机需要综合处理文本、图形、图像、声音、动画、视频等信息,计算机内部对各种信息进行数字化处理后,以不同文件类型进行存储。

1. 文字在计算机中的表示

文字是人与计算机之间进行信息交换的主要媒体。在计算机发展早期,屏幕上显示的都是文字信息,后来才出现图形、图像、声音等媒体。文字存储在计算机中常用的形式有文本文件格式(.txt)、Word 文档格式(.doc 或.docx)等。

2. 图形图像信息在计算机中的表示

图形(Graphic)、图像(Still Image)都是非文本信息,可以传递一些用语言难以描述的内容,给人一种直观、形象的感觉。

图形指的是从点、线、面到三维空间的黑白或彩色几何图,也称矢量图(Vector Graphic)。一般所说的图像指的是静态图像,静态图像是一个矩阵,其元素代表空间的一个点,称之为像素点(Pixel),这种图像也称为位图。

位图中的位(Bit)用来定义图中每个像素点的颜色和高度。对于黑白线条图,常用 1 位表示,对灰度图常用 4 位(16 种灰度等级)或 8 位(256 种灰度等级)表示该点的高度,而彩色图像则有多种描述方法。位图图像适合表现层次和色彩比较丰富、包含大量细节的图像。彩色图像需要由硬件(显示卡)合成显示。

在图像处理中,图形图像文件存储的格式有多种,较为常见的有 BMP、JPEG、GIF 等。

3. 视频、动画文件格式

人们习惯上将通过摄像机拍摄到的动态图像称为视频,而用计算机或绘画的方法生成的动态图像称为动画。两者共同称为动态图像。

在多媒体计算机中,常用的视频文件格式有 AVI 文件、MOV 文件、MPG 文件等。除了上述文件格式外,还有很多在线播放的视频文件格式,如 WMV 格式、ASF 格式等。

在制作动画时有两种方式可供选择:一种是用专门的动画制作软件生成独立的动画文件;另一种是利用多媒体创作工具中提供的动画功能,制作简单的对象动画。常见的动画格式有 FLI、FLC、AVI、SWF 等。

4. 声音数字化表示

声音的主要物理特性包括频率和振幅。声音在时间上和幅度上都是连续的模拟信号，而计算机只能存储和处理离散的数字信号。将连续的模拟信号变成离散的数字信号就是数字化，基本技术是脉冲编码调制(Pulse Code Modulation,PCM)，分成采样、量化、编码 3 个步骤。

存储声音信息的文件格式有很多种，常用的有 WAV、MP3、VOC 文件等。

1.7.4 应用领域

(1) 多媒体技术涉及面相当广泛，主要包括以下方面。

① 音频技术：音频采样、压缩、合成及处理、语音识别等。

② 视频技术：视频数字化及处理。

③ 图像技术：图像处理、图像、图形动态生成。

④ 图像压缩技术：图像压缩、动态视频压缩。

⑤ 通信技术：语音、视频、图像的传输。

⑥ 标准化：多媒体标准化。

⑦ 多媒体数据压缩：多模态转换、压缩编码。

⑧ 多媒体处理：音频信息处理，如音乐合成、语音识别、文字与语音相互转换；图像处理，虚拟现实。

(2) 多媒体技术的应用领域特别广泛，包含人们日常工作、生活的各个方面，以下是应用较多的几个领域。

① 教育：电子教案、形象教学、模拟交互过程、网络多媒体教学、仿真工艺过程。

② 商业广告：影视商业广告、公共招贴广告、大型显示屏广告、平面印刷广告。

③ 影视娱乐业：电视/电影/卡通混编特技、演艺界 MTV 特技制作、三维成像模拟特技、仿真游戏、赌博游戏。

④ 医疗：网络多媒体技术、网络远程诊断、网络远程操作(手术)。

⑤ 旅游：风光重现、风土人情介绍、服务项目。

⑥ 人工智能模拟：生物形态模拟、生物智能模拟、人类行为智能模拟。

课后习题

1. 选择题

(1) 一个完整的计算机系统包括(　　)。

    A. 主机、键盘、显示器　　　　　　　B. 计算机及其外部设备

    C. 系统软件与应用软件　　　　　　　D. 计算机的硬件系统和软件系统

(2) 微型计算机的运算器、控制器及内存储器的总称是(　　)。

    A. CPU　　　　　　B. ALU　　　　　　C. MPU　　　　　　D. 主机

(3) 在微型计算机中,微处理器的主要功能是进行(　　)。

  A. 算术逻辑运算及全机的控制   B. 逻辑运算

  C. 算术逻辑运算   D. 算术运算

(4) 反映计算机存储容量的基本单位是(　　)。

  A. 二进制位   B. 字节   C. 字   D. 双字

(5) 在微型计算机中,应用最普遍的字符编码是(　　)。

  A. ASCII 码   B. BCD 码   C. 汉字编码   D. 补码

(6) DRAM 存储器的中文含义是(　　)。

  A. 静态随机存储器   B. 动态只读存储器

  C. 静态只读存储器   D. 动态随机存储器

(7) 世界上公认的第一台电子计算机诞生在(　　)。

  A. 1945 年   B. 1946 年   C. 1948 年   D. 1952 年

(8) 个人计算机属于(　　)。

  A. 巨型机   B. 中型机   C. 小型机   D. 微型计算机

(9) 1 字节的二进制位数是(　　)位。

  A. 2   B. 4   C. 8   D. 16

(10) 在微型计算机中,bit 的中文含义是(　　)。

  A. 二进制位   B. 字节   C. 字   D. 双字

(11) 计算机内部使用的数是(　　)。

  A. 二进制数   B. 八进制数   C. 十进制数   D. 十六进制数

(12) 在微型计算机中,存储容量为 5MB,指的是(　　)。

  A. 5×1000×1000 字节   B. 5×1000×1024 字节

  C. 5×1024×1000 字节   D. 5×1024×1024 字节

(13) 在下列设备中,属于输出设备的是(　　)。

  A. 硬盘   B. 键盘   C. 鼠标   D. 打印机

(14) 在微型计算机中,下列设备属于输入设备的是(　　)。

  A. 打印机   B. 显示器   C. 键盘   D. 硬盘

(15) 断电会使原来保存的信息丢失的存储器是(　　)。

  A. RAM   B. 硬盘   C. ROM   D. 软盘

(16) 在下列存储器中,访问速度最快的是(　　)。

  A. 硬盘存储器 B. 软盘存储器 C. 磁带存储器 D. 内存储器

(17) 微型计算机硬件系统主要包括存储器、输入设备、输出设备和(　　)。

  A. 中央处理器 B. 运算器   C. 控制器   D. 主机

(18) 硬盘连同驱动器是一种(　　)。

  A. 内存储器 B. 外存储器   C. 只读存储器 D. 半导体存储器

(19) 把微型计算机中的信息传送到软盘上,称为(　　)。

  A. 复制   B. 写盘   C. 读盘   D. 输出

(20) 计算机的内存储器比外存储器(　　)。

  A. 速度快   B. 存储量大 C. 便宜   D. 以上说法都不对

(21) 下列可选项,都是硬件的是(　　　)。

    A. Windows、ROM 和 CPU   B. WPS、RAM 和显示器

    C. ROM、RAM 和 Pascal   D. 硬盘、光盘和软盘

(22) 具有多媒体功能的微型计算机系统,常用 CD-ROM 作为外存储器,它是(　　　)。

    A. 只读软盘存储器   B. 只读光盘存储器

    C. 可读写的光盘存储器   D. 可读写的硬盘存储器

(23) 3.5 英寸软盘的移动滑块从写保护窗口上移开,此时(　　　)。

    A. 写保护   B. 读保护   C. 读写保护   D. 驱动器定位

(24) 十进制数 14 对应的二进制数是(　　　)。

    A. 1111   B. 1110   C. 1100   D. 1010

(25) 二进制数 1011＋1001＝(　　　)。

    A. 10100   B. 10101   C. 11010   D. 10010

(26) $(1110)_2 \times (1011)_2 ＝$(　　　)。

    A. 11010010   B. 10111011   C. 10110110   D. 10011010

(27) 逻辑运算 1001∨1011＝(　　　)。

    A. 1001   B. 1011   C. 1101   D. 1100

(28) 十六进制数$(AB)_{16}$变换为等值的八进制数是(　　　)。

    A. 253   B. 35l   C. 243   D. 101

(29) 十六进制数$(AB)_{16}$变换为等值的二进制数是(　　　)。

    A. 10101011   B. 11011011   C. 11000111   D. 10101011

(30) 十进制数 123 变换为等值的二进制数是(　　　)。

    A. 1110101   B. 1110110   C. 1111011   D. 1110011

(31) 微型计算机唯一能够直接识别和处理的语言是(　　　)。

    A. 甚高级语言   B. 高级语言   C. 汇编语言   D. 机器语言

(32) 半导体只读存储器与半导体随机存取存储器(RAM)的主要区别在于(　　　)。

    A. 在掉电后,ROM 中存储的信息不会丢失,RAM 信息会丢失

    B. 掉电后,ROM 信息会丢失,RAM 则不会

    C. ROM 是内存储器,RAM 是外存储器

    D. RAM 是内存储器,ROM 是外存储器

(33) 计算机软件系统应包括(　　　)。

    A. 管理软件和连接程序   B. 数据库软件和编译软件

    C. 程序和数据   D. 系统软件和应用软件

(34) 操作系统是(　　　)。

    A. 软件与硬件的接口   B. 主机与外设的接口

    C. 计算机与用户的接口   D. 高级语言与机器语言的接口

(35) 操作系统的主要功能是(　　　)。

    A. 控制和管理计算机系统软硬件资源

    B. 对汇编语言、高级语言和甚高级语言程序进行翻译

    C. 管理用各种语言编写的源程序

  D. 管理数据库文件

（36）微型计算机的诊断程序属于（ ）。

  A. 管理软件 B. 系统软件 C. 编辑软件 D. 应用软件

（37）某公司的财务管理软件属于（ ）。

  A. 工具软件 B. 系统软件 C. 编辑软件 D. 应用软件

（38）在计算机领域中，多媒体是指（ ）。

  A. 各种数据的载体   B. 打印信息的载体

  C. 各种信息和数据的编码   D. 表示和传播信息的载体

（39）多媒体技术是（ ）。

  A. 一种图像和图形处理技术

  B. 文本和图形处理技术

  C. 超文本处理技术

  D. 计算机技术、电视技术和通信技术相结合的综合技术

（40）计算机病毒具有隐蔽性、潜伏性、传播性、激发性和（ ）。

  A. 入侵性 B. 可扩散性 C. 恶作剧性 D. 破坏性和危害性

2. 判断题

（1）微型计算机断电后，机器内部的计时系统将停止工作。（ ）

（2）16 位字长的计算机是指它具有计算 16 位十进制数的能力。（ ）

（3）微型计算机中的"BUS"一词是指"基础用户系统"。（ ）

（4）十六进制数是由 0，1，2，…，13，14，15 这 16 种数码组成。（ ）

（5）上挡键 Shift 仅对标有双符号的键起作用。（ ）

（6）大写锁定键 CapsLock 仅对字母键起作用。（ ）

（7）Shift 键与 CapsLock 的状态有关。（ ）

（8）Alt 和 Ctrl 键不能单独使用，只有配合其他键使用才有意义。（ ）

（9）Ctrl＋Break 键与 Ctrl＋NumLock 键功能相同。（ ）

（10）Ctrl＋P 键与 Ctrl＋PrtSc 键功能相同。（ ）

（11）一般情况下，Home、End、PgUp 和 PgDn 四个键都是编辑键。（ ）

（12）Ctrl＋S 与 Ctrl＋NumLock 键作用相同。（ ）

（13）Ctrl＋C 与 Ctrl＋Break 键作用相同。（ ）

（14）磁盘读写数据的方式是顺序的。（ ）

（15）计算机犯罪的形式是未经授权而非法入侵计算机系统，复制程序或数据文件。（ ）

（16）计算机病毒也像人体中的有些病毒一样，在传播中发生变异。（ ）

（17）计算机病毒的载体是用户交叉使用的键盘。（ ）

（18）计算机病毒能使计算机不能正常启动或正常工作。（ ）

（19）计算机病毒只感染磁盘上的可执行文件。（ ）

（20）只有当某种条件满足时，计算机病毒才能被激活产生破坏作用。（ ）

（21）若没有解病毒软件，则计算机病毒将无法消除。（ ）

（22）计算机能够按照人们的意图自动、高速地进行操作，是因为程序存储在内

存中。（　　　）

（23）微型计算机字长取决于数据总线宽度。（　　　）

（24）显示器是由监视器与显示卡两部分组成的。（　　　）

（25）给每个存储单元的编号，称为地址。（　　　）

（26）总线由数据总线、地址总线和控制总线组成。（　　　）

（27）CD-ROM利用表面的平和凹表示"0"和"1"。（　　　）

（28）微型计算机的可靠性是指机器平均无故障工作时间。（　　　）

（29）用屏幕水平方向上显示的点数乘垂直方向上显示的点数来表示显示器清晰度的指标，通常称为分辨率。（　　　）

（30）计算机执行一条指令需要的时间称为指令周期。（　　　）

第2章 Windows 10 操作系统

Windows 10 是微软公司于 2015 年 7 月推出的新一代操作系统。经过了 Windows 7、Windows 8 及 Windows 8.1 等版本的多次更迭，Windows 10 是新一代跨平台及设备应用的操作系统，涵盖台式计算机、平板计算机、手机和服务器端，在系统功能、安全性、兼容性等方面都有很大提高，为用户带来更好的视觉感受和使用体验。本章主要介绍 Windows 10 的基本功能、基本操作、文件管理等内容。

2.1 Windows 10 概述

Windows 10 操作系统主要有专业版、加强版，包含 32 位和 64 位两个版本，64 位操作系统可以支持更专业的操作，对计算机的配置要求更高，用户可以根据需要选择安装的版本。

2.1.1 Windows 10 的主要特点

1. 重新使用"开始"按钮

Windows 10 重新使用了"开始"按钮，并且在"开始"菜单的右侧增加了 Modern 风格的区域，既照顾了 Windows 7 等老版本用户的使用习惯，又兼顾了 Windows 8 用户的使用感受。"开始"屏幕如图 2.1 所示。

开始屏幕

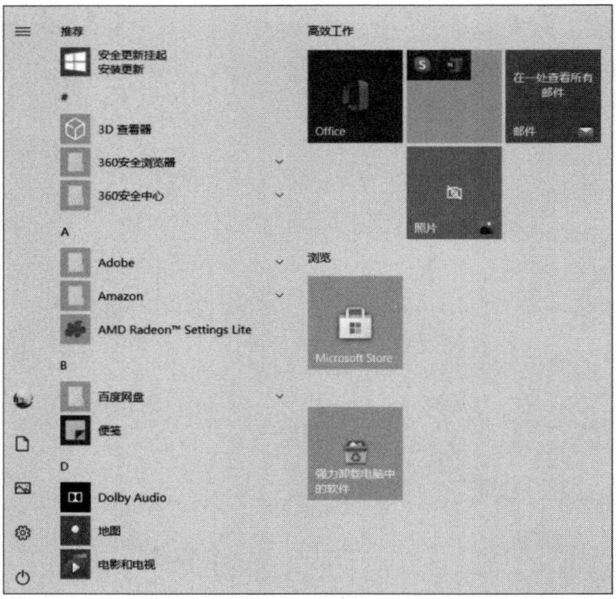

图 2.1 "开始"屏幕

2. 个人智能助理——Cortana(小娜)

在 Windows 10 状态栏的左下角,用鼠标左键单击圆圈按钮 ,就可唤醒和进入智能助手小娜的配合模式。她能够了解用户的喜好和习惯、帮助用户进行日程安排、回答问题、查找文件、与用户聊天、推送资讯等操作。图 2.2 是通过智能助理进行语音搜索。

3. Windows 10 的浏览器——Microsoft Edge

Microsoft Edge 是一款新推出的 Windows 浏览器 ,用户可以方便地浏览网页、阅读、分享、做笔记等,而且适配 Windows 10、iOS 和 Android 设备。

4. 通知中心

在 Windows 10 任务栏的托盘中就可以看到通知的图标 ,单击该图标可以显示信息、更新内容、电子邮件和日历等信息。

图 2.2 个人智能助理 Cortana

2.1.2 安装 Windows 10 操作系统

Windows 10 操作系统对计算机的配置要求并不高,能够安装 Windows 7 和 Windows 8 操作系统的计算机都能够安装 Windows 10,其硬件配置要求如表 2.1 所示。

表 2.1 Windows 10 硬件配置要求

硬 件 设 备	配 置 要 求
处理器	1GHz 或更快的处理器或 SoC
内存	1GB(32 位)或 2GB(64 位)
硬盘空间	16GB(32 位)或 20GB(64 位)
显示卡	Direct X9 或更高版本
显示器	800×600 分辨率

1. 设置 BIOS

使用光盘或 U 盘安装 Windows 10 操作系统之前,要先通过设置 BIOS 将计算机的第一启动顺序设置为光驱启动,具体操作步骤如下。

(1) 开机之后按键盘上的 Delete 键,进入 BIOS 界面。按"↓"方向键移动到 Advanced Setup 选项,按回车键进入。

(2) 同样地,按"↓"键移动到 1st Boot Device,按回车键会弹出 Options 对话框,里面是所有的启动项,选择优先启动的项目,如光驱,按回车键,如图 2.3 所示。

(3) 按 F10 键,在弹出的对话框中单击 Yes 按钮保存,完成 BIOS 设置,重启计算机。

2. 安装 Windows 10

设置 BIOS 启动项之后,可以开始使用光驱或 U 盘安装 Windows 10 操作系统。具体操作步骤如下。

(1) 将 Windows 10 的安装光盘放入光驱中,重新启动计算机,出现 Press any key to

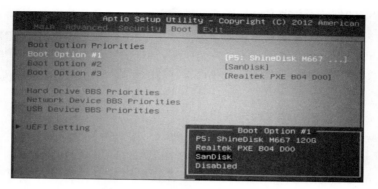

图 2.3　BIOS 选择优先启动项目

boot from CD or DVD...提示后，按任意键开始安装。如果是 U 盘安装，就将 U 盘插入计算机 USB 接口，屏幕出现 Start booting from USB device...提示，并自动加载安装程序。

　　（2）加载 Windows 10 安装程序，进入启动界面，启动完成后弹出"Windows 安装程序"界面，选择使用的语言，单击"下一步"按钮，如图 2.4 所示。

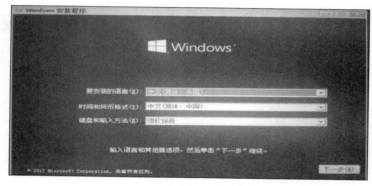

图 2.4　Windows 安装程序窗口

　　（3）单击"现在安装"按钮，进入"激活 Windows"界面，输入密钥，单击"下一步"按钮，如图 2.5 所示。

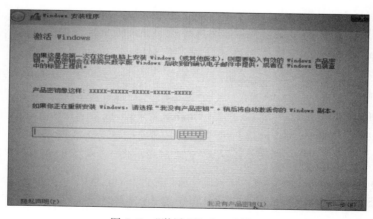

图 2.5　"激活 Windows"界面

（4）进入"适用的声明和许可条款"界面，勾选"我接收许可条款"复选框，单击"下一步"按钮。

（5）进入"你想执行哪种类型的安装？"界面，有"升级"或"自定义"安装选项，若为全新安装则选择"自定义"选项，如图 2.6 所示。

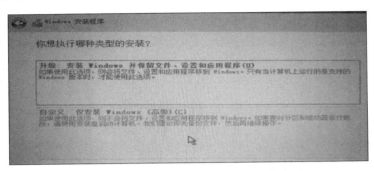

图 2.6　选择 Windows 安装程序的安装类型

3. 安装设置

选择在系统分区上安装 Windows 10 操作系统，安装完成后，需要进行系统设置。

（1）根据向导单击"下一步"按钮，打开"正在安装 Windows"界面，自动开始执行复制 Windows 文件、准备安装的文件、安装功能、安装更新、正在完成等操作，用户等待自动安装，如图 2.7 所示。

（2）安装完成后单击"立即重启"按钮或者等待系统 10 秒后自动重启。

图 2.7　Windows 安装程序

（3）计算机重启后，需要等待系统进一步安装设置，不需要用户执行任何操作。

（4）准备就绪后显示"快速上手"界面，系统提示用户可进行的自定义设置。

（5）进入"个性化设置"界面，用户可输入 Microsoft 账户，如果没有账户，可以单击"创建一个"超链接，创建账户，也可跳过此步骤。

（6）进入 Windows 桌面，显示"网络"窗口，提示用户是否启用网络发现协议，单击"是"按钮，安装完成。

2.2　Windows 10 的基本操作

2.2.1　桌面的基本操作

桌面的基本操作

计算机启动后，屏幕上出现 Windows 10 桌面，桌面上显示各种文件、文件夹和应用程序的图标和名称，双击图标，可以打开文件或应用程序。若是初装 Windows 10 系统，则桌面上只有"回收站"和 Microsoft Edge 两个图标。可以在桌面上添加、删除和更改各种图标，具体操作如下。

1. 添加桌面图标

1）添加系统图标

图标是代表文件、文件夹、程序和其他项目的小图片。双击桌面图标会启动或打开它所代表的项目。

（1）在桌面的空白处单击鼠标右键，弹出快捷菜单，选择"个性化"命令，如图 2.8 所示。

（2）弹出"设置-个性化"窗口之后，选择"主题"选项，如图 2.9 所示。

图 2.8 "个性化"设置

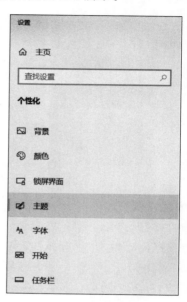

图 2.9 选择"主题"选项

（3）在"主题"面板内，单击右侧的"桌面图标设置"链接，弹出"桌面图标设置"对话框，选中需要添加的"桌面图标"复选框，单击"确定"按钮，可以完成添加桌面图标的操作，如图 2.10 所示。

图 2.10 "桌面图标设置"对话框

2）添加文件夹的快捷图标

在文件夹上单击鼠标右键，选择快捷菜单中的"发送到"→"桌面快捷方式"命令，在桌面上便添加了该文件夹的快捷图标，如图2.11所示。

图 2.11　创建文件夹的桌面快捷图标

3）添加应用程序的快捷图标

用户可以为常用的应用程序添加桌面图标，单击"开始"按钮，找到需要添加到桌面的应用程序的名称，按住鼠标左键，拖曳到桌面上即可。

2．更改图标

根据需要，用户可以更改桌面图标的名称和标识等，具体操作步骤如下。

（1）更改图标的名称。在需要修改的图标上单击鼠标右键，在弹出的快捷菜单中选择"重命名"命令，进入图标名称的编辑状态，直接输入修改后的名称，按回车键确认。

（2）更改图标的标识。在需要修改的图标上单击鼠标右键，选择快捷菜单中的"属性"命令，在弹出对话框的"快捷方式"选项卡中，单击"更改图标"按钮，弹出"更改图标"对话框，在列表框中选择自己喜欢的图标，单击"确定"按钮，如图2.12所示。

3．删除桌面图标

对于不常用的桌面图标要及时删除，使桌面看起来简洁美观。常用删除方法有3种。

（1）使用"删除"命令。在桌面上选择要删除的图标，单击鼠标右键，在弹出的快捷菜单

36

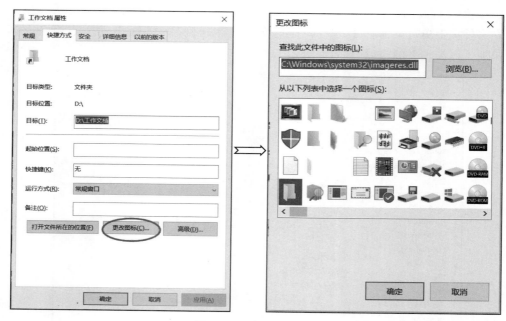

图 2.12　更改图标标识

中选择"删除"命令。

（2）利用组合键进行删除。选中需要删除的图标，按键盘上的 Delete 键，可删除快捷图标，但是应用程序并没有一起删除。按 Shift＋Delete 组合键，可永久删除快捷方式，并不暂时存放到回收站中。

（3）按住鼠标左键，可将要删除的快捷图标直接拖曳到"回收站"中，完成删除操作。

2.2.2　窗口的基本操作

窗口的基本操作

窗口是在运行程序时屏幕上显示信息的一块矩形区域。Windows 10 中的每个程序都具有一个或多个窗口用于显示信息。用户可以在窗口中进行查看文件夹、文件或图标等操作。

1. 窗口组成

窗口由标题栏、地址栏、搜索栏、工具栏、导航窗格和滚动条组成，如图 2.13 所示。

在窗口不处于最大化模式时，鼠标放在窗口四周的边框处拖动，可以调整窗口的大小。

（1）标题栏。边框下面紧挨的是标题栏，标题栏的左侧是控制菜单，最右边是最大化、最小化和关闭按钮。

单击标题栏的左侧图标，出现控制菜单，可以对窗口的大小进行调整。

（2）选项卡。一般位于标题栏的下方，相当于 Windows 7 的菜单栏中应用程序操作的菜单名称，每个选项卡下方的"工具栏"显示对应该选项卡的各种操作。

（3）工具栏。工具栏包括常用的功能按钮，如果工具栏不可见，可以单击"关闭"按钮下方的"展开功能区"箭头 ∨；再次单击就可隐藏功能区。

（4）地址栏。显示当前窗口文件在系统中的位置。其左侧包括"返回"按钮←、"前进"按钮→和"上移"按钮↑，用于打开最近浏览过的窗口。

图 2.13　窗口的组成

（5）搜索栏。用于快速搜索计算机中的文件。

（6）导航窗格。导航窗格位于工作区的左边区域，包括"快速访问""此电脑""库""网络"等部分。单击其前面的 ⌄（扩展）按钮可以打开相应的列表。

（7）滚动条。使用鼠标拖动滚动滑块，可以移动窗口，显示窗口容纳不下的部分。

（8）状态栏。用于显示计算机的配置信息或当前窗口中选择对象的信息。

（9）窗口工作区。显示当前窗口中存放的文件或文件夹内容。

2. 窗口操作

Windows 10 具有多任务的特点，用户可以同时打开多个窗口，但任何时刻用户只能对一个窗口进行操作，正在进行操作的窗口称为当前窗口，其余已打开的窗口称为非当前窗口。

（1）打开窗口。将鼠标指针移到要打开窗口的图标上，双击鼠标左键，或者右击图标，在弹出的快捷菜单中选择"打开"命令，都可打开窗口。

（2）移动窗口。将鼠标指针移到窗口的标题栏上，拖动鼠标，可把窗口移动到桌面的任意位置，到达目标位置后松开鼠标左键即可。也可单击窗口的"控制菜单"（窗口左上角处）或按"Alt＋空格"组合键，在下拉菜单中选择"移动（M）"命令，再拖动光标移动。

（3）改变窗口大小。将鼠标指针移到窗口的边框或边角上，当鼠标指针变成双箭头形状时拖动鼠标，或者单击窗口的"控制菜单"或按"Alt＋空格"组合键，在下拉菜单中选择"大小（S）"命令，可完成窗口大小的改变。

（4）窗口的最大化/最小化/还原。最大化是将窗口充满整个屏幕，最小化是将窗口缩小到一个标题，还原是将窗口还原成最小化或最大化之前的状态。当窗口最大化后，最大化按钮变为还原按钮。可以通过单击标题栏右侧的最小化、最大化(还原)按钮,或选择控制菜单中的"最小化""最大化""恢复"项,实现窗口的最小化、最大化和还原。

(5) 窗口的切换。对同时打开的多个窗口,可以通过切换来改变当前窗口或激活窗口。单击任务栏上对应窗口的图标或按 Alt+Tab、Alt+Esc 组合键来实现切换窗口。

(6) 窗口的布局。在 Windows 的文件资源管理器中,打开任意的位置,如 C:\,可以对该窗口中的文件、文件夹进行布局,根据名称、类型、修改日期、大小等不同的方式进行排序;以超大图标、大图标、列表、详细信息等不同的方式进行显示。这些操作都可以在窗口的空白处单击鼠标右键,在弹出的快捷菜单中选择"查看"或者"排序方式"命令来完成。

(7) 窗口的复制。若想将当前活动窗口及其内容作为图像复制到另一个文档中,先按 Alt+PrtSc 组合键,将其复制到剪贴板中,使用笔记本电脑的用户,需要配合不同的笔记本的双功能键完成此操作,如按 Fn+Alt+PrtSc 组合键,然后在另一个文档中执行"粘贴"命令即可完成。如果要复制整个屏幕,按 PrtSc 键即可。

(8) 关闭窗口。单击窗口右上角的关闭按钮,双击窗口左上角的控制菜单图标,单击控制菜单,选择"关闭(C)"命令都可以实现关闭窗口的操作。

2.2.3 菜单

菜单

菜单主要用于存放各种操作命令。在 Windows 10 中,常用的菜单类型主要有下拉菜单和快捷菜单等,如图 2.14 所示。

(a) 下拉菜单   (b) 快捷菜单

图 2.14 Windows 10 的菜单

1. 菜单的约定

(1) 灰色的菜单表示当前命令不可用。

(2) 深色显示的命令表示当前可用的命令。

(3) 名称后有组合键的命令,组合键是选择此命令的组合键,可以不打开菜单直接按快捷键来选择此命令,如 Ctrl+A 组合键代表全选。

(4) 有下画线的字母。为了方便用户使用键盘操作,在 Windows 菜单栏中的菜单后、下拉菜单中的菜单后以及对话框中均有带下画线的字母,对于下拉菜单,通过键盘输入某字母即可选中相应的命令,对于菜单栏和对话框,要按键盘上的"Alt＋字母"组合键,方可打开相应的菜单或选中相应的文本框。

(5) 名称后面带"…"的命令表示选中该命令将弹出一个对话框,可获取更多的信息。

(6) 名称前面有√符号的代表此命令为开关命令,此命令已有效,再次单击√符号消失,对应命令关闭。

(7) 名称后面有向右箭头标记的菜单项">"说明此命令将引出子菜单,也称为级联菜单。

(8) 菜单分组线:有些命令之间用线条来分隔,形成了若干个命令组,分组的依据是命令的功能不同。

(9) 名称前面带•,表示在同一组命令中只能选择一项。

菜单的各种约定符号如图 2.15 所示。

图 2.15　菜单的各种约定符号

一般来说,有些菜单可以根据当前环境的变化,适当改变某些选项,有些菜单可以保存某些历史信息,如 Word 应用程序的"文件"菜单中就保存了用户最近使用过的文档名称。

2. 菜单的操作

菜单的操作既可以用鼠标也可以用键盘来完成。

(1) 打开命令选项菜单。

用鼠标单击菜单名,出现下拉菜单。也可按键盘上的 Alt 键或 F10 键打开菜单栏,再用方向键选择相应的命令。

(2) 选定菜单中的命令。

用鼠标单击下拉菜单命令或者按键盘上的方向键来选定所需命令之后,按回车键确认。

(3) 取消菜单。

在打开的菜单以外的任意空白处单击左键或者按键盘上的 Esc 键可取消菜单选择。

3. "开始"屏幕

"开始"屏幕(Start Screen)取代了原来的"开始"菜单,实际使用起来可以兼顾台式计算机和平板计算机的用户体验。

单击桌面左下角的"开始"按钮,弹出"开始"屏幕。它主要由"展开/开始"按钮、固定项目列表、应用列表和"动态磁贴"面板等组成,如图 2.16 所示。

1) 固定项目列表

固定项目列表中包含"用户""文档""图片""设置""电源"几个项目。

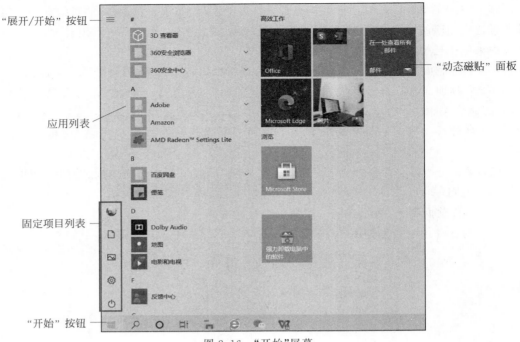

"展开/开始" 按钮

"动态磁贴" 面板

应用列表

固定项目列表

"开始" 按钮

图 2.16　"开始"屏幕

（1）"用户"按钮。

单击"用户"按钮，可以进行更改账户设置、锁定和注销操作。当单击"更改账户设置"选项之后，打开"设置-账户"窗口，可以在"账户信息"中进行本地账户和 Microsoft 账户之间的切换、设置个性化头像等操作；在"登录选项"中可以设定密码等信息。具体设定方法详见 2.4.4 小节，如图 2.17 所示。

图 2.17　"账户"设置

（2）"文档"按钮。

单击"文档"按钮 ，可以打开"文档"窗口，查看计算机的文件夹和文档资源。

（3）"图片"按钮。

单击"图片"按钮 ，可以打开"图片"窗口，查看"图片"文件夹内的图片文件。

（4）"设置"按钮。

单击"设置"按钮 ⚙ ，可以打开"设置"窗口，对系统、设备、网络和 Internet、应用、时间和语言等内容进行设置，如图 2.18 所示。

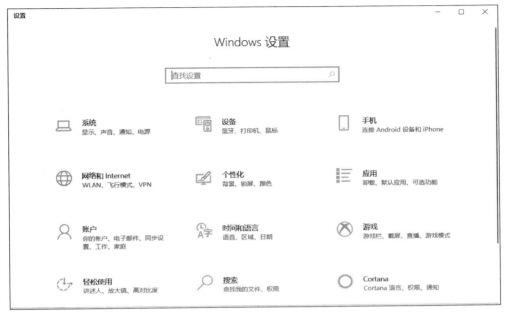

图 2.18 "设置"窗口

（5）"电源"按钮

单击"电源"按钮 ⏻ ，可以选择"关闭""重启""睡眠"3 种操作。

2）应用列表

应用列表通常是按照字母顺序排列的，在应用列表中显示了计算机中所有的安装应用，可以通过滚动鼠标滚轮或者拖动滚动条来浏览列表。在某个应用程序名称上单击鼠标右键，选择快捷菜单中的"固定到'开始'屏幕"命令，可以将该应用程序固定到右侧的"动态磁贴"面板上，如图 2.19 所示。

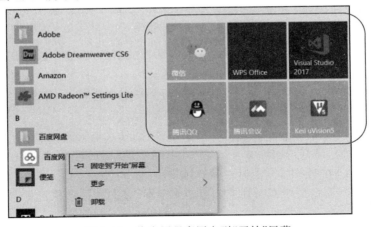

图 2.19 将应用程序固定到"开始"屏幕

3)"动态磁贴"面板

动态磁贴功能是 Windows 10 操作系统的一大亮点,开启此功能,可以及时了解应用的更新信息与最新动态,可以通过拖曳各个项目来改变其位置。

2.2.4 对话框

对话框是使用户与系统交互信息的。例如,单击"此电脑",在窗口的"查看"选项卡中单击"选项"按钮,系统会弹出"文件夹选项"对话框,如图 2.20 所示。对话框的组成包括以下几部分。

图 2.20 对话框

(1)标题栏。位于对话框的顶部,其左侧是对话框的名称,右侧一般只有"关闭"按钮☒,没有最大化/最小化按钮。

(2)选项卡。为了节省空间,有些对话框有两个或多个选项卡,每个选项卡代表一个活动区域。在 Windows 中,用多个选项卡区分不同选项功能的窗口。

(3)复选框和单选按钮。一些对话框中经常需要对其中的复选框和单选按钮进行设置。复选框是正方形,后有说明性文字,选中时中间出现对号,可同时选中多项。单选按钮通常是个小圆圈,在同一组中,只能有一项被选中。

(4)命令按钮。命令按钮在对话框中以矩形显示,单击按钮会执行相应的操作。

(5)下拉列表。单击下拉列表右侧的箭头,可以打开下拉列表框,选择折叠起来的其他选项。

有些对话框还需要用户在文本框中手动输入一些内容,如在"运行"对话框中输入 regedit 命令,按回车键,可打开注册表。

2.2.5　显示设置

显示设置

对于计算机的显示效果,用户可以进行个性化操作,如设置计算机屏幕的分辨率、添加或删除通知区域中显示的图标类型、启动或关闭系统图标等。

1. 设置桌面背景

在桌面空白处单击鼠标右键,在弹出的快捷菜单中选择"个性化"命令,在"个性化"窗口中可以选择喜欢的"背景"图案,单击即可预览并应用该图片。也可以单击"背景"下拉列表右侧的向下箭头,从中选择"纯色",使用纯色作为桌面背景,如图 2.21 所示。

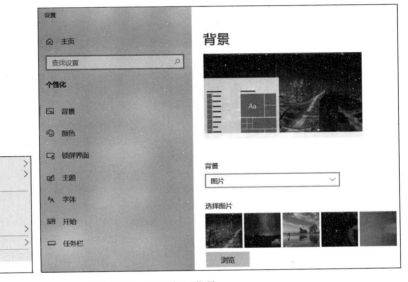

图 2.21　设置桌面背景

2. 设置锁屏界面

Windows 10 操作系统的锁屏功能主要用于保护计算机的隐私安全,还可以保证在不关机情况下省电,其锁屏所用的图片被称为锁屏界面。在图 2.21 所示的"设置-个性化"的左侧窗格中选择"锁屏界面"选项,单击"背景"下方"图片"右侧的下拉按钮,在弹出的下拉列表框中选择用于锁屏的背景图片。

3. 设置合适的分辨率

屏幕分辨率是指屏幕上显示的文本和图像的清晰度。分辨率越高,项目越清晰;同时屏幕上的项目越小,屏幕可以容纳的项目越多。设置适当的分辨率,有助于提高屏幕上图像的清晰度。

在桌面的空白处单击鼠标右键,在弹出的快捷菜单中选择"显示设置",在弹出的"设置-显示"窗口显示设置界面,单击"显示分辨率"右侧的下拉箭头,从中选择需要设置的分辨率,单击"保留更改"按钮即可完成设置,如图 2.22 所示。

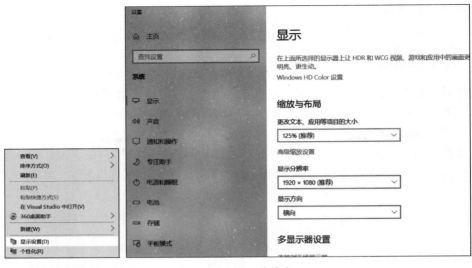

图 2.22　设置分辨率

自定义
任务栏

2.2.6　自定义任务栏

用户在使用计算机的过程中,可以根据需要对任务栏进行自定义设置,如任务栏的位置和大小、在快速启动区中添加程序图标及任务栏上的通知区域等。

1. 调整任务栏的位置和大小

默认情况下,任务栏位于屏幕的最下方,用户可以根据需要,自行调整任务栏的位置,也可以根据需要调整任务栏的大小,以方便显示更多的内容。

1) 调整任务栏的位置

在任务栏的空白处单击鼠标右键,在弹出的快捷菜单中选择"任务栏设置"命令,在出现的"设置-任务栏"窗口中单击"任务栏在屏幕上的位置"下拉按钮,在下拉列表框中选择要显示的位置即可,如图 2.23 所示。

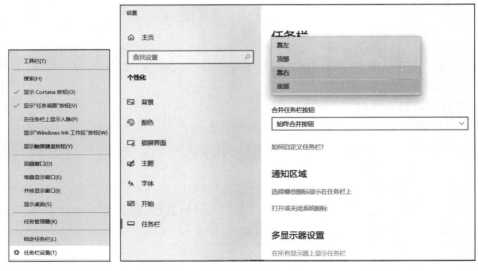

图 2.23　调整任务栏的位置

2）调整任务栏的大小

在任务栏的空白处单击鼠标右键,在弹出的快捷菜单中取消"锁定任务栏"的选定,将鼠标指针移动到任务栏的边框上,当鼠标指针变成双箭头(⇕)形状时,按住鼠标左键向上拖动可调整任务栏的大小。

2. 设置通知区域显示的图标

在任务栏上显示的图标,用户可以根据自己的需要进行显示或隐藏操作,在"任务栏"的空白处单击鼠标右键,在弹出的快捷菜单中选择"任务栏设置"命令,在弹出的"设置-任务栏"窗口中单击"选择哪些图标显示在任务栏上"超链接,在弹出的窗口中单击要显示图标右侧的"开/关"按钮,即可将该图标显示或隐藏在通知区域中,如图 2.24 所示。

图 2.24　显示/隐藏通知区域图标

2.3　Windows 10 的文件管理

文件和文件夹的基本操作

2.3.1　文件和文件夹的定义

文件是一组逻辑上相互关联的信息集合,用户在管理信息时通常以文件为单位。文件可以是一篇文稿、一批数据、一张照片、一首歌曲,也可以是一个程序。为了区别和使用文件,必须给每个文件起一个名字,叫文件名。文件名通常由主文件名和扩展名组成,中间以"."连接,如 myfile.docx,扩展名常用来表示文件的类型和性质。下面是几种常见的扩展名所代表的文件类型:

.com——命令文件;

.exe——可执行文件,即应用程序文件;

.sys——系统文件;

.ini——系统配置文件；

.txt——文本文件，也叫 ASCII 文件；

.htm——网页文件；

.zip——压缩文件。

在 Windows 10 操作系统中，文件名最长可达 255 个字符，扩展名可以超过 3 个字符，一个文件名中还可以包含多个"."分隔符，其中最后一个分隔符"."后面的内容是扩展名。如 A.P.MYFILE.DOC 是一个正确的文件名，其扩展名为 DOC。此外，文件名中还可以包含汉字和空格，但不能包含特殊字符，如"|""""""?""\""*""<"">"。文件名中，也不区分字母大小写，即文件 help.doc 和 HELP.doc 表示的是同一个文件。

用户可以在文件名、扩展名中使用通配符"?"和"*"，其中"?"表示任意一个字符，"*"表示任意长度的任意一个字符，达到一次指定一批文件的目的，对它们执行查找、删除、移动等操作。下面通过例子进行说明。

A?.COM——主文件名第一个字符为"A"、主文件名为 2 个字符、扩展名为 COM 的所有文件，如 AZ.COM、AX.COM、AA.COM 等文件，但不包括文件 AAA.COM、AA1.COM、AAAC.COM 等。

A*.COM——主文件名的第一个字符为"A"，扩展名为 COM 的所有文件，如 A.COM、AA.COM、AAZ.COM、AAA.COM、AAX1.COM、AXCVD.COM 等。

?A*.EXE——主文件名第二个字符为"A"，扩展名为 EXE 的所有文件，如 ZAX.EXE、BAX.EXE、CAXZS.EXE 等。

*.TXT——所有扩展名为 TXT 的文件。

.——所有文件。

为了便于管理磁盘中的大量信息，更加有效地组织和管理磁盘文件，解决文件重名问题，Windows 10 像其他操作系统一样，使用了多级目录结构——树状目录结构。

在 Windows 10 中，目录也叫文件夹。由一个根文件夹和若干层子文件夹组成的目录结构就称为树状目录结构，它像一棵倒置的树。树根是根文件夹，根文件夹下允许建立多个子文件夹，子文件夹下还可以建立再下一级的子文件夹。每一个文件夹中允许同时存在若干个子文件夹和若干文件，不同文件夹中允许存在相同文件名的文件，任何一个文件夹的上一级文件称为它的父文件夹。

1. 根目录

根目录是在磁盘格式化（执行 FORMAT 命令）时由操作系统自动设定的，是目录系统的起点，不能被删除。根目录用反斜杠"\"表示，不能用别的符号代替。每个磁盘都有自己的根目录和自己的树状目录结构，如 C:\代表 C 盘的根目录。

2. 子目录

在树状目录结构中，根文件夹下可以有很多子文件夹，每个子文件夹下又可以有很多子文件夹，子文件夹的个数、层次只受磁盘容量的限制。每个子文件夹都必须有名字，称为文件夹名。文件夹名的命名规则与文件名类似。

3. 当前盘

在计算机的多个磁盘中，通常总是只有一个处于前台的工作状态，用户当前打开的、处于前台读写数据操作的磁盘称为当前盘。用户可改变或指定当前盘。一般地说，活动窗口中处于打开状态的磁盘即当前盘。

4. 当前文件夹

在树状目录结构的众多文件夹中,用户通常不能同时查看多个文件夹中的内容,要查看一个文件夹中包含的文件清单,必须打开该文件夹,处于打开状态的文件夹就称为"当前文件夹",在描述当前文件夹的位置时可以用"."代表当前文件夹本身,用".."表示当前文件夹的父(上一级)文件夹。

5. 目录路径

在树状结构文件系统中,为了确定文件在目录结构中的位置,常常需要在目录结构中按照目录层次顺序沿着一系列的子目录找到指定的文件。这种确定文件在目录结构中位置的一组连续的、由路径分隔符"\"分隔的文件夹名叫路径。通俗地说,就是指引系统找到指定文件所要走的路线。描述文件或文件夹的路径有两种方法,即绝对路径和相对路径。

6. 绝对路径

从根目录开始到文件所在文件夹的路径称为"绝对路径",绝对路径总是以"盘符:\"作为路径的开始符号,如访问 C:盘的 program files 文件夹中 internet 文件夹下的 a. bat,绝对路径是 c:\program files\internet\a. bat。

7. 相对路径

从当前文件夹开始到文件所在文件夹的路径称为"相对路径",一个文件的相对路径会随着当前文件夹的不同而不同。如果当前文件夹是 c:\pwin98,则访问前面提到的文件 a. bat 的相对路径是 ..\program files \internet\a. bat,这里的".."代表 pwin98 文件夹的父文件夹。在命令行方式下,正确使用".."会给用户的操作带来很多方便。在实际应用中,父、子文件夹之间的文件复制、移动操作很多,当父文件夹名称太长时,直接使用".."来表示非常方便。

2.3.2 文件、文件夹的基本操作

Windows 10 通常在"此电脑"或"文件资源管理器"中来管理和使用文件和文件夹。

1. 创建文件和文件夹

(1) 新建文件。

一般情况下,创建文件时,都是在对文件编辑完成后通过存盘来完成的。保存文件要注意选择好文件类型和文件保存的位置。

(2) 新建文件夹。

创建文件夹时在本地磁盘,如 C 盘,右键单击空白处,从弹出的快捷菜单中选择"新建"→"文件夹"命令,则在窗口内新建名为"新建文件夹"的文件夹,输入文件夹名字即可。用户同样可以单击"文件"选项卡,在"新建"分组中选择"新建文件夹"选项来完成同样的操作,如图 2.25 所示。

2. 重命名文件和文件夹

在新建了文件和文件夹后系统会自动生成一个名字,如"新建文件夹"。为了能够使新建的文件或文件夹便于查找使用,用户可以重新命名新建的文件或文件夹。右键单击要重新命名的文件夹图标,从弹出的快捷菜单中选择"重命名"命令。此时"新建文件夹"的名字外面出现了一个矩形框,然后输入文件或文件夹的名字,最后将鼠标移到该文件夹区域外单

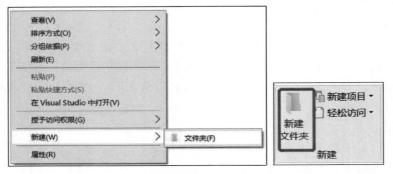

图 2.25　新建文件夹

击即可。用户还可以用鼠标左键单击文件或文件夹后,在文件或文件夹的名字处再单击鼠标左键,就可以重新命名了。

3. 选取文件和文件夹

用户在文件和文件夹的管理过程中,为了完成文件和文件夹的更名、复制、移动和删除操作,首要步骤就是选取操作的对象——文件和文件夹。

选取一个文件或文件夹,只需单击即可将其选中,选中后的文件或文件夹的颜色呈深蓝色,称为高亮显示。用户也可以选取多个文件或文件夹。如果要选取的文件和文件夹在窗口中是不连续的,需先按住 Ctrl 键,然后再依次单击鼠标左键选中需要的文件或文件夹。如果要选取的文件和文件夹在窗口内是连续的,可以在要选取的文件或文件夹周围拖动鼠标,拖出一个矩形框,在框内所有的文件或文件夹都会被选中。如果要选取的文件和文件夹在窗口内是连续的,但它们不在一个矩形区域内,可以先单击第一个文件或文件夹,然后按住 Shift 键并单击最后一个文件或文件夹,即可将这两个文件或文件夹之间的所有文件或文件夹都选中。

另外,用户还可以使用菜单命令进行选取。在"文件"菜单中,选择"全部选择"或"反向选择"命令。"全部选择"是全部选中当前文件夹中的所有对象;"反向选择"是选中那些在当前没有被选中的对象,而那些已选中的对象则被取消选中,如图 2.26 所示。

图 2.26　选中文件

4. 搜索文件和文件夹

如果用户希望使用某个文件或者文件夹,但不知道文件或文件夹位于什么位置,或者希望查找某种类型的文件以及某个日期范围内建立的文件,这时则可利用 Windows 10 提供的搜索功能来快速定位文件或文件夹。用户根据要查找内容的类型来单击相应的选项,包括"3D 对象""视频""图片""文档""下载""音乐"等。在搜索文本框输入要搜索的文件名,如要查找以"电"开头的文件,可以输入"电 * ",单击"在这里寻找"右边的下三角按钮,在弹出的下拉列表框中选择要搜索的范围。单击"搜索"按钮即可开始搜索,稍后搜索结果就会逐条地显示在文件列表框中,如图 2.27 所示。

5. 移动、复制文件和文件夹

在使用计算机时,用户需要将文件和文件夹从一个地方移动到另一个地方,或将一些重要的文件和文件夹做一下备份,这就涉及文件和文件夹的移动和复制操作。

文件和文件夹的移动和复制操作最常用的方法有以下两种。

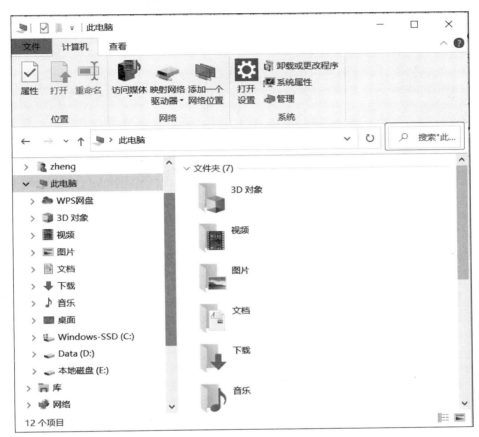

图 2.27　搜索文件（夹）

（1）"剪切"（或"复制"）和"粘贴"配合使用。

移动文件或文件夹时，先选中需要移动的文件或文件夹，在"文件"选项卡的"组织"分组中单击"移动到"下方的箭头，选择目标位置就可以完成移动操作；也可以右键单击选中的文件或文件夹，在弹出的快捷菜单中选择"剪切"命令，将选中的文件或文件夹剪切到剪贴板上，然后在目标位置单击鼠标右键，执行"粘贴"命令，即可将文件或文件夹移动到目标位置。如果要复制文件或文件夹，只需执行"复制到"命令，选择目标位置就可完成，如图 2.28 所示。

图 2.28　移动（复制）文件（文件夹）

另外，还可以通过在文件或文件夹图标上单击鼠标右键，在快捷菜单中单击"复制"命令，再到目标位置单击右键，从弹出的快捷菜单中选择"粘贴"命令，系统就会将复制的文件或文件夹复制到新的位置了。

如果在同一位置，复制的目的文件或文件夹名称相同，则在所复制对象的图标名后加上文字"副本"。在复制文件夹时，该文件夹中的所有文件和子文件夹都将被复制。

（2）使用鼠标拖动来移动、复制文件或文件夹。

文件和文件夹的移动和复制操作最便捷的做法是使用鼠标的拖动来进行。下面以向桌面移动和复制文件为例进行介绍。在打开的文件夹窗口中选中要拖动的文件或文件夹，按住鼠标左键拖动这些文件或文件夹到桌面空白处。此时松开鼠标左键,文件或文件夹就被移动到桌面上。如果按 Ctrl 键后再释放鼠标左键,则所拖动的文件或文件夹就会被复制到桌面上。

6. 删除、还原文件和文件夹

一些过时的文件与文件夹,应该将它们及时删除,以释放更多的硬盘空间。

1) 删除文件或文件夹

删除文件或文件夹有以下 4 种方法。

(1) 按 Delete 键。选择要删除的文件或文件夹,按键盘上的 Delete 键。

(2) 使用快捷菜单。选择要删除的文件或文件夹,单击鼠标右键,从弹出的快捷菜单中选择"删除"命令。

(3) 通过鼠标拖动。选择要删除的文件或文件夹,按住鼠标左键不放,将其直接拖曳到"回收站"的图标上。

上述 3 种方式是将文件或文件夹放到了回收站中,可通过清空回收站,将文件或文件夹彻底删除。

(4) 彻底删除文件或文件夹。彻底删除是将被删除的对象不放入回收站而直接删除,无法还原。选中要删除的文件或文件夹,按 Shift+Delete 组合键,单击"是"按钮就将所选文件或文件夹彻底删除,如图 2.29 所示。

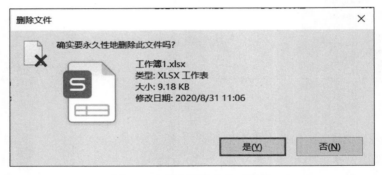

图 2.29 彻底删除文件对话框

删除文件夹的方法和删除文件一样。需要注意的是,删除文件夹不是只删除文件夹本身,还会连同文件夹中的所有文件及其子文件夹都一起删除。

2) 还原文件或文件夹

还原文件或文件夹的操作很简单,用户只需在桌面上双击"回收站"图标,进入"回收站"窗口,然后在需要还原的文件或文件夹上单击鼠标右键,从弹出的快捷菜单中选择"还原"命令即可。

7. 创建快捷方式

用户可以把快捷方式图标放在自己喜欢的位置,如桌面、"开始"菜单或指定的文件夹。快捷方式是快速启动各种程序的简便方法,试想在启动一个程序时,要进入好几级目录是何等麻烦,但是如果给这个程序在桌面上创建一个快捷方式后,只需在桌面上双击快捷方式即可启动该程序,大大地简化了启动步骤。

下面介绍几种建立相应程序快捷方式的方法。

（1）建立一般的快捷方式。

在需要建立快捷方式处单击鼠标右键，从弹出的快捷菜单中选择"创建快捷方式"命令，可以将快捷方式的图标"剪切"并"粘贴"到其他位置。还可以在"文件"选项卡的"新建"分组中单击"新建项目"选项右侧的箭头，选择"快捷方式"完成快捷方式的创建，如图 2.30 所示。

（2）在桌面上创建快捷方式。

在桌面的空白处单击鼠标右键，选择快捷菜单中的"新建"→"快捷方式"命令，在弹出的"创建快捷方式"对话框中单击"浏览"按钮，找到要创建快捷方式的项目，单击"下一步"按钮，则在桌面上就创建了一个快捷方式，如图 2.31 所示。

（3）将快捷方式固定到任务栏。

在任务栏中由于不受任何窗口的遮挡，可以通过鼠标单击快速启动应用程序，是一个非常实用、高效的选择。

图 2.30　创建快捷方式

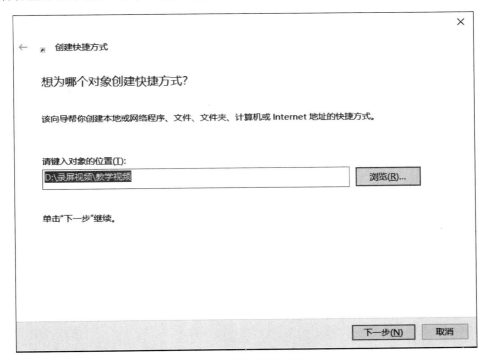

图 2.31　创建桌面快捷方式

用户可以将桌面上的快捷方式放在"任务栏"中。方法是：选中在桌面上已经建立好的快捷方式，单击鼠标右键，选择快捷菜单中的"固定到任务栏"命令。

2.3.3　设置文件、文件夹的属性

在 Windows 10 系统中，每个文件和文件夹都有自己的属性，包括文件的类型、在磁盘中的位置、所占空间的大小、修改时间和创建时间以及文件在磁盘中存在的方式。

在"此电脑"或"文件资源管理器"窗口中的某个文件或文件夹上单击鼠标右键,从弹出的快捷菜单中选择"属性"命令,即可打开该文件或文件夹的属性对话框。选中文件或文件夹图标后,按 Alt+Enter 组合键也可以打开其属性对话框。或者按住 Alt 键不放,然后双击该图标也可以打开该文件或文件夹的"属性"对话框,如图 2.32 所示。

(a) "常规" 选项卡

(b) "自定义" 选项卡

(c) "共享" 选项卡

图 2.32 "文件属性"对话框

文件和文件夹以及不同类型的文件，其属性对话框会有所不同。另外，磁盘分区类型不同（FAT32、NTFS），其属性对话框也不相同。

下面分别介绍属性对话框中的常用选项卡的用途。

1. "常规"选项卡

"常规"属性中包括文件类型、打开方式、所在位置和大小以及创建时间、最后修改时间和最后访问时间等。"属性"组合框中有两个复选框，即"只读""隐藏"。"只读"复选框指定此文件或文件夹中的文件是否为只读，只读意味着文件不能被更改或意外删除，但可以进行复制和查看操作。对于文件夹，如果选中此复选框，则文件夹中的所有文件都是只读文件。"隐藏"复选框指定是否隐藏该文件或文件夹，如果将文件设置为隐藏，并且在文件列表中单击"查看"选项卡中的"选项"，在弹出的"文件夹选项"对话框的"查看"选项卡的"高级设置"列表框中选中"不显示隐藏的文件、文件夹和驱动器"单选按钮，那么在系统中就看不到该文件了，这对文件起到一定保护作用。系统文件一般被设置为隐藏，以减小被破坏的概率，如图 2.33 所示。

图 2.33　设置隐藏（显示）文件（文件夹）

2. "自定义"选项卡

通常情况下，文件夹和文件的属性对话框中都有"自定义"选项卡，其中文件夹属性对话框和文件夹图标组合框中的功能比较常用。

单击"选择文件"按钮打开"浏览"窗口，用户可以从中选择相应的图片，这样在使用"缩略图"浏览时该文件夹就会呈现出该图片的显示，这有利于用户查找该文件夹。如果要取消设置,单击"还原默认图标"按钮,最后单击"确定"按钮即可。

单击"更改图标"按钮在弹出对话框后,用户可以在"从以下列表选择一个图标"列表框中选择一个自己喜欢的图标,然后单击"确定"按钮即可。如果要取消,单击"还原为默认值"按钮,最后单击"确定"按钮即可。

3. "共享"选项卡

通过网络,用户可以访问到自己想要的资源。例如,用户要安装一个应用软件,而用户的计算机中又没有,这时就可通过网络使用其他用户计算机上的应用软件,这样可以提高工作效率。用户一般是通过设置共享文件夹或磁盘驱动器来与其他用户共享文件的。

单击"共享"按钮,可以设定共享本文件夹的用户。

2.4　Windows 10 的控制面板

控制面板是 Windows 系统中重要的设置工具之一,方便用户查看和设置系统状态。

2.4.1　打开控制面板

单击"开始"按钮,在"Windows 系统"的子菜单中选择"控制面板",或者单击"开始"菜单中的"设置"打开"设置"窗口,如图 2.34 和图 2.35 所示。

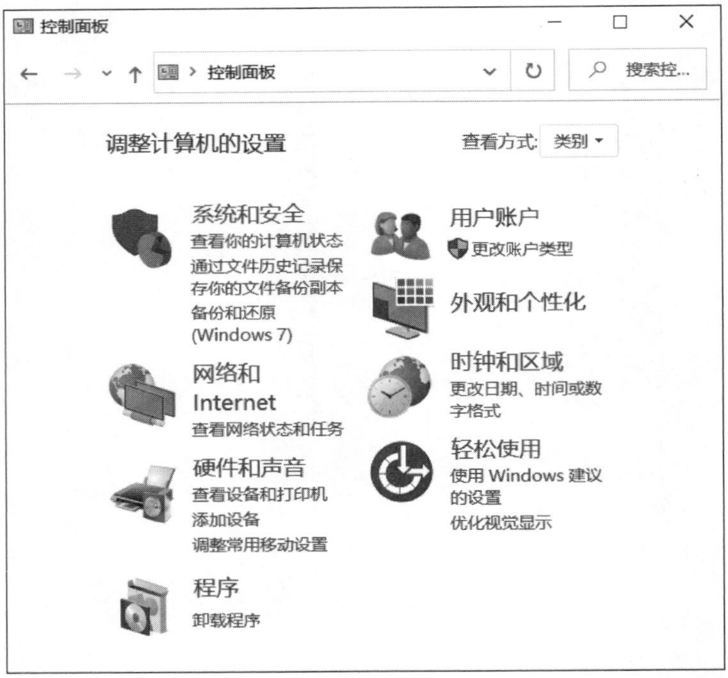

图 2.34　"控制面板"窗口

2.4.2　应用

在安装完操作系统后,需要安装其他如浏览器、聊天、娱乐、办公等应用软件,下面主要

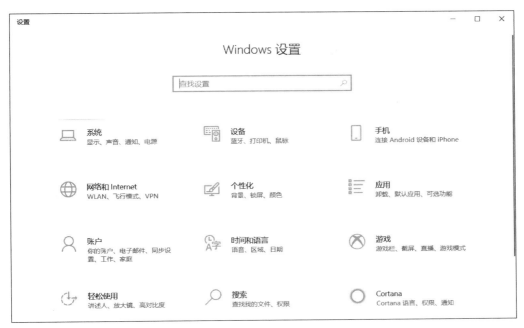

图 2.35 "设置"窗口

介绍软件的安装、升级、卸载等基本操作。

单击"设置"窗口中的"应用"选项,打开相应的窗口,在此窗口中有"应用和功能",可以实现程序的卸载、打开或关闭 Windows 功能以及使用桌面小工具等,如图 2.36 所示。

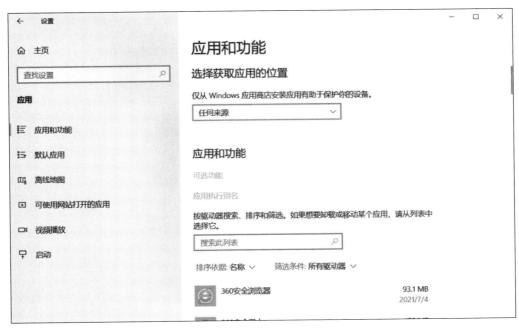

图 2.36 "应用和功能"窗口

1. 安装软件

安装软件之前要先获取软件的安装包,可以从软件的官方网站上下载、从应用商店中下载和从软件管家中下载。比如,下载 QQ 软件安装包可以到腾讯官网、Microsoft Store()中获取程序安装包,也可以从 360 软件管家等第三方软件中获取 QQ 的安装包。

安装软件的过程大致分为运行软件的安装程序、接受许可协议、选择安装路径和安装等几个步骤,有些收费软件还会要求添加注册码或产品序列号等。

安装软件时还需要注意以下几点。

(1) 安装软件时的安装路径。通常软件默认安装在 C 盘,但是 C 盘是计算机的系统盘,安装过多的软件会导致运行缓慢甚至无法运行,可将一些软件分类安装在其他盘中。

(2) 查看安装软件是否有捆绑软件,注意取消捆绑软件的安装。

(3) 同类型的软件不要安装过多。

(4) 尽量选择正版软件,不要选择测试版软件。

(5) 安装软件一定要经过计算机安全软件的扫描,确保无病毒、无木马的软件才可进行安装。

2. 卸载程序

如果想卸载某个应用程序,释放硬盘上的空间,在 Windows 10 及以下系统版本中,"程序和功能"是卸载软件最基本的方法,或通过 360 软件管家等第三方软件来卸载计算机中不需要的软件。

具体操作步骤如下。

(1) 单击"开始"按钮,在"开始"菜单中单击"设置"选项,在"应用程序"列表中单击要卸载的程序图标,在弹出的菜单中单击"卸载"按钮。

(2) 打开"应用和功能"窗口,选择要卸载的程序,单击"卸载"按钮。

(3) 卸载完成,单击"完成"按钮即可,如图 2.37 所示。

图 2.37 "卸载"程序

除了卸载选项外,某些程序还包含"修改"选项;但多数程序只提供卸载选项。若要更改程序,单击"修改"按钮。

3. 打开或关闭 Windows 功能

Windows 附带的某些程序和功能必须打开才能使用。某些其他功能默认情况下是打开的,但可以在不使用它们时将其关闭。

在 Windows 的早期版本中,若要关闭某个功能,必须从计算机上将其完全卸载。在 Windows 10 中,这些功能仍存储在硬盘上,以便可以在需要时重新打开它们。关闭某个功能不会将其卸载,并且不减少 Windows 功能使用的硬盘空间量。

单击"开始"按钮,依次选择"Windows 系统"→"控制面板"→"程序"→"程序和功能"→"启用或关闭 Windows 功能",若要打开某个 Windows 功能,则选择该功能旁边的复选框;若要关闭某个 Windows 功能,清除该复选框即可。单击"确定"按钮,如图 2.38 所示。

图 2.38　打开或关闭 Windows 功能

2.4.3　设备管理器

利用设备管理器,用户可以确定计算机安装了哪些设备,更新这些设备的驱动程序,检查硬件是否正常工作,并修改硬件设置。同时,还可以更新未正常工作的驱动程序或将驱动程序还原到以前的版本。

1. 打开"设备管理器"

打开"设备管理器"可以查看和更新计算机上安装的设备驱动程序,检查硬件是否正常工作以及修改硬件设置。

可以通过以下方式打开"设备管理器"。

(1) 右击"此电脑"图标,执行快捷菜单中的"管理"命令,在打开的"计算机管理"左侧窗格中选择"设备管理器"选项,弹出"设备管理器"窗格。

(2) 单击"开始"按钮,执行"Windows 系统"→"运行"命令,打开"运行"对话框。在该对话框中输入 devmgmt. msc 命令并单击"确定"按钮,打开"设备管理器"窗口。

(3) 在"控制面板"上依次选择"硬件和声音"→"设备和打印机"→"设备管理器"选项,弹出"设备管理器"窗口,如图 2.39 所示。

2. 查看设备驱动程序属性

"设备管理器"窗口中显示连接在计算机上的所有设备列表,双击或者右击任一设备,如"网络适配器",在弹出的快捷菜单中选择"属性"命令,在弹出的"设备属性"对话框中选择"驱动程序"选项卡,可以查看驱动程序的详细信息,可从中更新驱动程序或者禁用、卸载驱动程序,如图 2.40 所示。

图 2.39 "设备管理器"窗口

图 2.40 "设备属性"对话框

3. 安装、卸载硬件驱动

将即插即用设备(如 U 盘、移动硬盘)与计算机连接,系统将自动安装该设备的驱动程序。

如果 Windows 启动后未发现已安装的硬件,就需要在"设备管理器"窗口中添加新硬件,并直接启动硬件安装向导进行安装。首先,单击"操作"菜单,执行"添加过时硬件"命令,启动"添加硬件"向导,单击"下一步"按钮,可添加新硬件。

卸载即插即用设备时,单击"操作"菜单,执行"卸载设备"命令,弹出"确认设备卸载"对话框,单击"卸载"按钮可卸载该设备。

2.4.4 用户账户

Windows 10 具有强大的用户账户管理功能,可以在一台计算机中为多个使用者创建不同的用户账户,使其能够在独立的用户环境中进行工作,彼此互不影响。此外,Windows 10 还提供了强大的权限管理机制,以限制用户更改系统设置,从而确保计算机的安全。

1. 创建与管理账户

账户是操作系统确认用户合法身份的唯一标识。通过用户名、密码等信息,系统将用户的个人文件夹、系统设置及数据等个人信息相互隔离,使多个用户共同使用一台计算机成为可能。根据用户对计算机使用需求的不同,系统将用户分成管理员账户和标准账户。

(1)管理员账户。此类账户可以在系统内进行任何操作,如更改安全设置、安装软硬件或者更改其他用户账户等。这是系统内拥有最高权限的一种账户。

（2）标准账户。此类账户可以使用计算机上安装的大多数程序，或使用计算机的大多数功能，但在进行一些会影响到其他用户或安全的操作时，则需经过管理员的许可。

Microsoft 账户是免费且易于设置的系统账户，用户可以使用自己所选的任何电子邮件地址完成该账户的注册和登记操作。当用户使用 Microsoft 账户登录自己的计算机或设备时，可以从 Windows 商店中获取应用，使用免费云存储备份所有重要数据和文件，也可使用自己的所有常用内容，如设备、照片、好友游戏、设置、音乐等，并可保持更新和同步。

注册与登录 Microsoft 账户的操作步骤如下。

打开"控制面板"，选择"用户账户"，选择"更改账户类型"选项，在弹出的"账户信息"窗口内，单击"改用 Microsoft 账户登录"超链接，在弹出的"个性化设置"对话框中输入账户名（电子邮件或手机号）和密码，单击"下一步"按钮，弹出"创建 PIN"对话框，可输入相应的 PIN 码，单击"确定"按钮，即在系统内添加一个新的账户，然后可从相册中选择或者单击"相机"来创建头像。

2. 登录选项

登录选项可以管理用户登录设备的方式，包括 Windows Hello 人脸、Windows Hello 指纹、Windows Hello PIN、安全密钥、密码和图片密码。人脸、指纹和图片密码需要摄像头、指纹识别等设备支持。下面以密码为例介绍如何更改密码，如图 2.41 所示。

Windows 密码是用于登录计算机的密码，定期更改 Windows 密码能够使计算机更安全。

选择"设置-账户"面板中的"登录选项"选项卡，并单击"密码"区域下方的"更改"按钮，弹出"更改密码"对话框，输入"当前密码"和"新密码"，单击"下一步"按钮，最后单击"完成"按钮，如图 2.42 所示。

图 2.41 "登录选项"窗口

图 2.42 "更改密码"对话框

2.4.5 时钟、语言和区域设置

1. 设置系统的日期和时间

计算机中的日期和时间有多种用途,如确定文件的创建、修改或者删除时间。单击"控制面板"窗口中的"设置日期和时间"选项,打开"日期和时间"设置对话框;或者单击任务栏右下角的时间图标也可以进行日期和时间的设定,单击"更改日期和时间"按钮,弹出"日期和时间设置"对话框,可以设定具体的时间,如图 2.43 所示。

图 2.43 日期和时间

如果用户需要附加一个或两个地区的时间,可单击"附加时钟"选项卡,在打开的对话框中选中"显示此时钟"复选框,选择需要显示的时区,并输入相应的名称,单击"确定"按钮,鼠标指向任务栏右下角日期时间,就会显示出不同时区的时间,如图 2.44 所示。

图 2.44 "附加时钟"选项卡

2．设置日期、时间或数字格式

在"控制面板"窗口中选择"区域"选项，打开相应的对话框，如图 2.45 所示。在该对话框中可以设定日期和时间的显示格式。单击"其他设置"按钮，可以进行数字、货币、时间、日期等格式的设定。

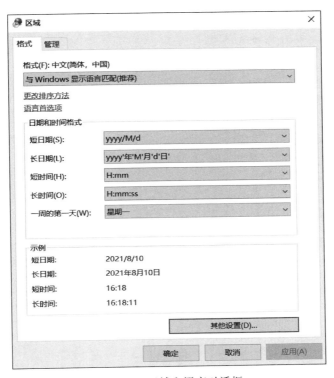

图 2.45　区域和语言对话框

3．设置输入法

在图 2.45 中，单击"语言首选项"超链接，可以设置首选的语言，如"中文(中华人民共和国)"，如图 2.46 所示。

图 2.46　添加输入语言对话框

在"高级键设置"选项卡中单击"语言栏选项"超链接,可以设置输入法状态栏,如语言栏"停靠于任务栏""悬浮于桌面上""隐藏"等,如图 2.47 所示。

图 2.47　设置输入法状态栏

2.5　系　统　维　护

系统维护

操作系统是所有计算机软件的基础,保证操作系统稳定、有效地运行,是正常使用计算机的前提。在使用操作系统的过程中,用户可以通过系统自带的各种工具,对各种应用程序、数据及影响系统运行的重要参数进行维护和管理,从而达到维护操作系统、提高计算机运行速度的目的。

2.5.1　磁盘清理

磁盘清理程序是 Windows 系统中的垃圾文件清理工具,该程序可删除临时文件、清空回收站并删除各种系统文件和其他不再需要的文件。通过扫描磁盘可以查找出计算机中各种不需要的文件并删除,从而实现释放计算机硬盘空间的目的。

要想使用磁盘清理删除文件需要依次单击"开始"→"Windows 管理工具"→"磁盘清理"启动磁盘清理工具,弹出"磁盘清理:驱动器选择"对话框,如图 2.48 所示。

图 2.48　"磁盘清理:驱动器选择"对话框

下拉列表框中列出了所有可删除的文件类型及其占用磁盘空间的大小。选中要删除的垃圾文件类型复选框,单击"确定"按钮,即可清除所选垃圾文件,如图 2.49 所示。

图 2.49　磁盘清理

2.5.2　磁盘碎片整理

当用户保存、更改或删除文件时,随着时间的推移,磁盘上会产生碎片。磁盘碎片整理是合并磁盘的碎片数据,以便磁盘能够更高效地工作。磁盘中的文件通常以簇为单位分布在磁盘的多个位置,这些分散的簇被称为文件碎片,又称为磁盘碎片。磁盘上的文件碎片越多、越零散,Windows 对文件的操作速度就越慢。整理磁盘碎片就是将分散在磁盘内的文件碎片集合起来,连续地存放在一起,以提高系统对文件的操作速度。

磁盘碎片整理程序是重新排列磁盘上的数据并重新合并碎片数据的工具,用户可以在"Windows 管理工具"下单击"碎片整理和优化驱动器"来打开相应的对话框,如图 2.50所示。

在"优化驱动器"窗口中提供了两种启动碎片整理任务的方式。

(1) 按配置计划运行。

单击"更改设置"按钮,弹出"优化驱动器-优化计划"对话框,可设置自动执行碎片整理任务的频率和磁盘,如图 2.51 所示。

Windows 10 操作系统

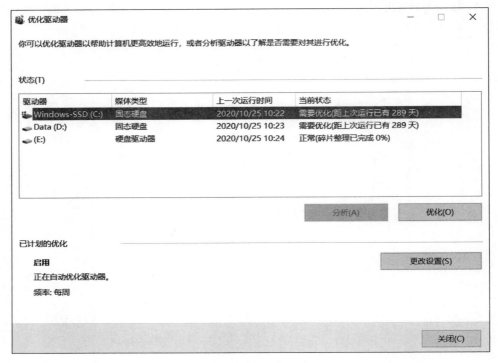

图 2.50　"优化驱动器"窗口

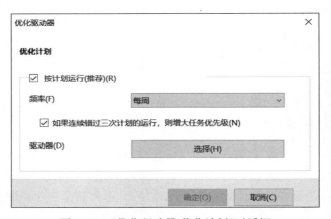

图 2.51　"优化驱动器-优化计划"对话框

（2）立即进行碎片整理。

在"状态"列表框内选择要进行碎片整理的磁盘，单击"优化"按钮，即可开始对整个磁盘的碎片整理工作。根据磁盘的大小和碎片的零散程度，整理工作将持续几分钟或几小时。

2.6　附　　件

在 Windows 10 操作系统中的"开始"菜单中选择"Windows 附件"，就可以看到 Windows 提供的很多实用小工具，如记事本、画图、计算器、截图工具等。这些系统自带的工具体积小巧、功能简单,却常常发挥大的作用,让用户使用计算机更加便捷和高效。

2.6.1　记事本

　　记事本是一个基本的文本编辑器,用于纯文本文件的编辑,默认文件格式为 TXT。用记事本保存文件不包含特殊格式代码或控制码。执行"开始"→"Windows 附件"→"记事本"命令,打开"记事本"窗口。在记事本的文本区输入字符时,若不自动换行,每行可输入很多字符,需要移动水平滚动条来查看内容,可以通过单击"格式"菜单,选择"自动换行"命令来实现自动换行。可以单击"格式"→"字体"菜单命令来修改字体和字号。

　　在"记事本"文本区的第一行第一列输入大写英文字母.LOG,按回车键可以记录用户每次打开该文档的日期和时间,输入内容,保存该文本文件,再次打开会自动出现上一次修改的日期和时间,如图 2.52 所示。

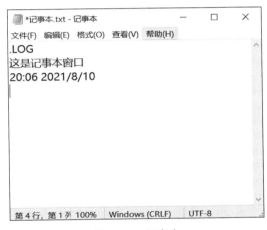

图 2.52　记事本

2.6.2　计算器

　　Windows 10 自带的计算器程序除了具有标准型模式外,还有科学型、程序员和日期计算模式,同时还附带了单位转换、日期计算和工作表等功能。单击"开始"→"计算器"命令,可以打开计算器工具。在计算器中,单击"查看"菜单,可以选择不同的模式,如图 2.53 所示。

　　(1)标准型计算器是最常用的模式,可进行加、减、乘、除、开方和倒数运算,其中 CE 表示 Clear Error,即清除当前的错误输入;C 表示 Clear,是指清除整个计算。MC、MR、MS、M+、M—:M 表示 Memory,是指中间数据缓存器,MC 表示 Memory Clear,MR 表示 Memory Read,MS 表示 Memory Save,M+表示 Memory Add,M—表示 Memory Minus,可以用一个例子来演示:(7—2)*(8—2)=。先输入 7,按 MS 键保存,再输入 2,按 M—键与缓存器中的 7 相减,此时缓存器中的值为 5;然后直接计算 8—2,得出结果为 6,输入 * 相乘,按 MR 键读出之前保存的数 5,按=键得到结果 30,计算完成后按 MC 键清除缓存器。

(a) 标准型模式

(b) 科学型模式

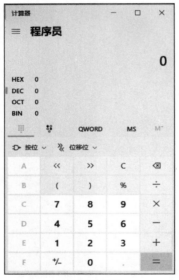

(c) 程序员模式

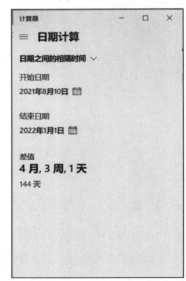

(d) 日期计算模式

图 2.53　计算器工作模式

（2）科学模式是标准模式的扩展，主要是添加了一些比较常用的数学函数，如求 5!，先输入 5，再按"n!"，可得结果 120。

（3）程序员模式，可以使用不同的进制来表示数，也可以限定数据的字节长度，而且每个数都在下方给出其二进制的值，方便进行数制之间的转换和逻辑运算。

（4）日期计算模式可以任意选择两个日期计算相隔天数。

另外，计算器还提供了换算功能，如容量、长度、温度等，确实是不失为一个小巧、强大、方便的工具。

课 后 习 题

1. 填空题

(1) 在安装 Windows 10 的最低配置中，内存的基本要求是_____ GB 及以上。

(2) Windows 10 的默认库，分别是视频、图片、_____和音乐等。

(3) Windows 10 是由_____公司开发，具有革命性变化的操作系统。

(4) 要安装 Windows 10，系统磁盘分区必须为_____格式。

(5) 在 Windows 操作系统中，Ctrl＋C 是_____命令的组合键。

(6) 在安装 Windows 10 的最低配置中，硬盘的基本要求是_____ GB 以上可用空间。

(7) 在 Windows 操作系统中，Ctrl＋X 是_____命令的组合键。

(8) 在 Windows 操作系统中，Ctrl＋V 是_____命令的组合键。

(9) Windows 允许用户同时打开_____个窗口，但任一时刻只有一个是活动窗口。

(10) 使用_____可以清除磁盘中的临时文件等，释放磁盘空间。

2. 判断题

(1) 正版 Windows 10 操作系统不需要激活即可使用。( )

(2) Windows 10 专业版支持的功能最多。( )

(3) 迄今为止，Windows XP、Windows 7、Windows 10 是服役时间最长、兼容性最好、最具现代感的 Windows 的 3 个版本。( )

(4) 在 Windows 10 的各个版本中，支持的功能都一样。( )

(5) 对于支持触控操作的 Windows 10 设备，触摸屏成为最重要的输入设备，和智能手机一样也有相应的触摸手势。那么，手指上/下滑动、捏合/张开分别代表操作上下滚动页面、模拟鼠标滚轮和缩放页面、模拟 Ctrl＋鼠标滚轮。( )

(6) 对于 Windows 操作系统而言，硬盘中用于存储重置计算机需要用到的文件分区叫恢复分区。( )

(7) 如果 Windows 启动之后计算机黑屏，但有光标最好按 Ctrl＋Shift＋Esc 组合键打开"任务管理器"，或者按 Ctrl＋Alt＋Delete 组合键选择"启动任务管理器"，在"文件"菜单中选择"新建任务(运行…)"，输入 explorer.exe，然后确认。( )

(8) 任何一台计算机都可以安装 Windows 10 操作系统。( )

(9) 安装安全防护软件有助于保护计算机不受病毒侵害。( )

(10) 在 Windows 中，可以对磁盘文件按名称、类型、大小排列。( )

3. 选择题

(1) 下列( )操作系统不是微软公司开发的操作系统。

    A. Windows Server   B. Windows 10

    C. Linux   D. Vista

(2) Windows 10 内置两种浏览器是( )。

    A. 谷歌浏览器和 IE11   B. Microsoft Edge 和 IE11 浏览器

    C. Microsoft Edge 和谷歌浏览器   D. 谷歌浏览器和 360 安全浏览器

(3) 首次引入 Modern 界面(动态磁贴)的 Windows 版本是（　　　）。

    A. Windows XP　　B. Windows 7　　C. Windows 8　　D. Windows 10

(4) Modern 应用又称为"磁贴应用"，获取 Modern 应用的唯一途径是（　　　）。

    A. 软件官网　　　　　　　　　　B. Windows 应用商店(即微软商店)

    C. Apple Store　　　　　　　　　D. 应用宝

(5) 在 Windows 10 操作系统中，将打开窗口拖动到屏幕顶端，窗口会（　　　）。

    A. 关闭　　　　　　B. 消失　　　　　C. 最大化　　　　　D. 最小化

(6) 在 Windows 10 操作系统中，显示桌面的组合键是（　　　）。

    A. Win+D　　　　B. Win+P　　　　C. Win+Tab　　　D. Alt+Tab

(7) 文件的类型可以根据（　　　）来识别。

    A. 文件的大小　　B. 文件的用途　　C. 文件的扩展名　　D. 文件的存放位置

(8) 在下列软件中，属于计算机操作系统的是（　　　）。

    A. Windows　　　B. Word　　　　C. Excel　　　　D. PowerPoint

(9) 为了保证 Windows 10 安装后能正常使用，采用的安装方法是（　　　）。

    A. 升级安装　　　　B. 卸载安装　　　C. 覆盖安装　　　D. 全新安装

(10) Windows 10 是强制更新的，用户只能设置更新使用时间却不能永久禁用更新，因此每次完成更新之后都需要手动清理更新文件以释放磁盘空间。那么，最常用的临时禁用 Windows 10 更新组件的方法是（　　　）。

    A. 在"服务"窗口中将 Windows Firewall 设置为禁用

    B. 在"服务"窗口中将 Windows Update 设置为禁用

    C. 在"服务"窗口中将 Windows Search 设置为禁用

    D. 在"服务"窗口中将 Windows Time 设置为禁用

(11) 在 Windows 10 操作系统中，右键单击"开始"按钮等于使用的组合键是（　　　）。

    A. Windows+I　　B. Windows+A　　C. Windows+R　　D. Windows+X

(12) 以下（　　　）不是 Windows 10 自带的工具。

    A. 记事本　　　　B. 画图工具　　　C. 写字板　　　　D. 电子表格

(13) 任务栏可以放在（　　　）。

    A. 桌面底部　　　B. 桌面顶部　　　C. 桌面两侧　　　D. 以上说法均可

(14) （　　　）键可用来在两个应用程序之间切换。

    A. Alt+Shift　　　B. Alt+Tab　　　C. Ctrl+Esc　　　D. Ctrl+Tab

(15) "文件资源管理器"中"文件"选项卡的"复制到"命令可以用来复制（　　　）。

    A. 文件夹　　　　B. 菜单项　　　　C. 窗口　　　　　D. 对话框

(16) 下列关于回收站叙述中，正确的是（　　　）。

    A. 只能改变位置不能改变大小　　　B. 只能改变大小不能改变位置

    C. 既不能改变位置也不能改变大小　　D. 既能改变位置也能改变大小

(17) 选择了（　　　）选项之后，用户不能自行移动桌面上的图标。

    A. 自动排列　　　B. 按类型排列　　C. 平铺　　　　　D. 层叠

(18) 下列关于 Windows 对话框的描述中，不正确的是（　　　）。

    A. 所有对话框的大小都是可以调整改变的

B. 对话框的位置是可以移动的

C. 对话框是由系统提供给用户输入信息或选择某项内容的矩形框

D. 对话框可以由用户选中菜单中带有"…"省略号的选项弹出来

(19) 在 Windows 中,有些菜单的选项的右端有一个向右的箭头,则表示该菜单项(   )。

A. 包含子菜单　　B. 当前不能选用　　C. 已被选中　　　　D. 将弹出一个对话框

(20) 剪贴板的基本操作包括(   )。

A. 编辑、复制、剪切　　　　　　B. 移动、复制、剪切

C. 复制、剪切、粘贴　　　　　　D. 删除、复制、剪切

第3章 文字处理软件 Word 2016

中文版 Word 2016 是微软公司推出的中文版 Office 2016 套装软件中最重要的组成部分,是目前最流行的文字处理软件,适合于普通办公人员和专业排版人员使用。利用 Word 2016,可以编排精美的文档、制作复杂的表格、编辑和发送电子邮件、制作和处理网页等。对比 Word 2013 以及更早期的版本,Word 2016 具有极高的辨识度,将标题栏改成了深蓝色。

3.1 Word 2016 的新特性

启动 Word 2016 后的主界面如图 3.1 所示,可以看到它充满了浓厚的 Windows 风格,其左侧呈现导航栏样式,右侧同以前版本比较相似。

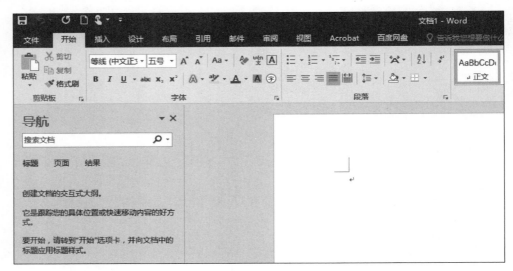

图 3.1 Word 2016 主界面

1. 功能强大

Word 2016 具有强大的编辑功能和图文混排功能,同时也拥有强大的网络功能。

在 Word 2016 中,可以方便地编辑文档、生成各种表格、插入图片、插入动画和声音以及进行其他形式的各种编辑,而且通过打印预览功能使在屏幕上浏览到的效果与打印机实际输出的效果完全相同。

Word 2016 中文版针对汉语的特点,还拥有许多中文方面的功能,如中文断词、添加汉语拼音、中文校对、简繁体转换等。

2．操作简单

操作过程中几乎全部应用选项标签和工具栏按钮，简单实用。同时，对于向导和模板的使用，当编辑所需要的商务计划、信函、备忘录、报告等文件时，可以大大减少工作量，提高工作效率。

3．手写公式

对比以前版本，Word 2016 中增加了一个强大而实用的功能——墨迹公式，使用该功能可以快速地在编辑区域手写输入数学公式，并能够将这些公式转换成为系统可识别的文本格式。在手写的过程中，可以利用面板下面的"写入""擦除""清除"等按钮对公式进行编辑，如图 3.2 所示。

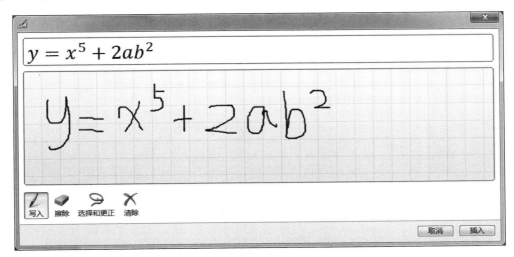

图 3.2　Word 2016 手写公式界面

3.2　Word 2016 工作窗口简介

Word 窗口和视图介绍

启动 Word 2016 后进入文本编辑界面，如图 3.3 所示，从上至下分别是标题栏、快速访问工具栏、功能区、文档编辑区等。

1．标题栏

标题栏位于 Word 2016 窗口最顶端，左侧是快速访问工具栏，中间是编辑的文档名称，右上角有 3 个按钮，分别是对程序执行"最小化""最大化""关闭"按钮。

2．快速访问工具栏

"快速访问工具栏"在 Word 2016 窗口标题栏的左侧，单击其中的按钮，可快速调用对应的 Word 功能。在"快速访问工具栏"后方还有一个"自定义快速访问工具栏"按钮，单击此按钮，可在"快速访问工具栏"中增减快速访问按钮。

3．功能区

Word 2016 取消了传统的菜单操作方式，用功能区中的相关按钮实现编辑操作。在 Word 2016 窗口上方看起来像菜单的名称其实是功能区的名称，当单击这些名称时并不会打开菜单，而是切换到与之相对应的功能区面板。

文字处理软件 *Word 2016*

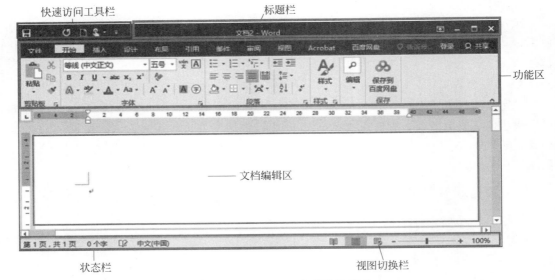

图 3.3 Word 2016 文档编辑界面

Word 2016 功能区通常包括下面 7 个主要选项卡。

（1）"开始"选项卡。

"开始"选项卡中包括"剪贴板""字体""段落""样式""编辑"等多个不同的组，如图 3.4 所示。该选项卡主要用于帮助用户在 Word 2016 中进行文字编辑和格式设置等操作，是用户最常用的选项卡。

图 3.4 "开始"选项卡

（2）"插入"选项卡。

"插入"选项卡包括"页面""表格""插图""加载项""媒体""链接""批注""页眉和页脚""文本""符号"等多个组，如图 3.5 所示，该选项卡主要用于在 Word 2016 文档中插入各种元素。

图 3.5 "插入"选项卡

（3）"布局"选项卡。

"布局"选项卡包括"页面设置""稿纸""段落""排列"几个组，如图 3.6 所示，该选项卡用于帮助用户设置 Word 2016 文档的页面格式。

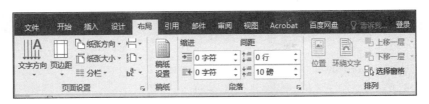

图 3.6 "布局"选项卡

（4）"引用"选项卡。

"引用"选项卡包括"目录""脚注""引文与书目""题注""索引""引文目录"几个组，如图 3.7 所示，该选项卡用于实现在 Word 2016 文档中插入目录、脚注等操作。

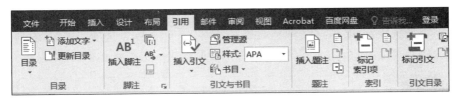

图 3.7 "引用"选项卡

（5）"邮件"选项卡。

"邮件"选项卡包括"创建""开始邮件合并""编写和插入域""预览结果""完成"几个组，如图 3.8 所示。该选项卡的作用比较专一，专门用于在 Word 2016 文档中创建邮件、合并邮件等相关操作。

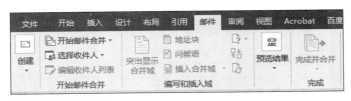

图 3.8 "邮件"选项卡

（6）"审阅"选项卡。

"审阅"选项卡包括"校对""语言""中文简繁转换""批注""修订""更改""比较""保护"几个组，如图 3.9 所示，该选项卡主要用于对 Word 2016 文档进行校对和修订等操作，适用于多人协作处理 Word 2016 的长文档。

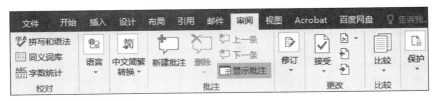

图 3.9 "审阅"选项卡

（7）"视图"选项卡。

"视图"选项卡包括"视图""显示""显示比例""窗口""宏"等不同的组，如图 3.10 所示，该选项卡主要用于帮助用户设置 Word 2016 操作窗口的视图类型、显示比例等操作。

图 3.10　"视图"选项卡

（8）"文件"选项卡

Word 2016 中的"文件"选项卡如图 3.11 所示，它更像一个控制面板，其界面分为 3 个区域。左侧区域为命令选项区，该区域列出了与文档有关的新建、打开、保存等操作命令选项，在这个区域选择某个选项后，中间区域将显示该类命令选项的可用命令按钮。在中间区域选择某个命令选项后，右侧区域将显示其下级命令按钮或操作选项。同时，右侧区域也可以显示与文档有关的信息，如文档属性信息、打印预览或预览模板文档内容等。

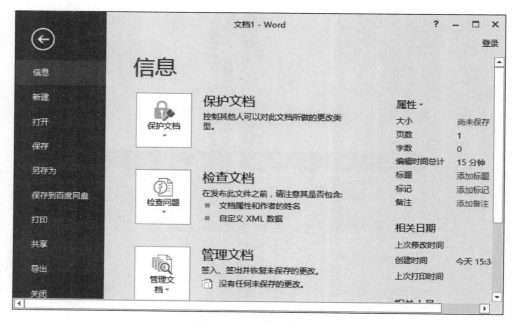

图 3.11　"文件"选项卡

4. 文档编辑区

占据 Word 2016 工作界面绝大部分的空白区域就是文档编辑区，用鼠标单击后即可将光标定位于该区域，然后便可进行文本的输入、编辑及核对等操作。

5. 状态栏

状态栏主要用于显示正在编辑文档的相关信息，如字数、当前页码、总页数、插入和改写等状态信息。

6. 视图切换栏

视图切换栏可用于更改正在编辑文档的显示模式，以满足用户的不同需求。

3.3　文档的基本操作

在 Word 2016 中,最基本的操作就是创建新文档。Word 2016 为一个新文档的起步和完成提供了各种工具,并能帮助用户修饰文档的外观样式、完善文档的内容,用户只有在充分了解这些基本操作之后才能更好地使用 Word 2016。

3.3.1　创建空白文档

创建、编辑和保存文档

使用 Word 2016 的第一步就是新建文档,通常在启动 Word 2016 时就会默认创建一个空白文档,如图 3.12 所示。当然,还可以通过菜单中的"文件"→"新建"→"空白文档"命令,或者单击工具栏中的新建文档图标 ▢ 来创建一个空白文档。也可以选择 Word 2016 自带的书法字帖、Word 2003 外观、报告、传真等多种模板样式。

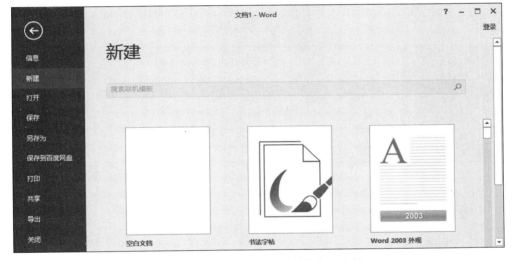

图 3.12　启动 Word 2016 创建空白文档

新建或打开文档后,编辑窗口内有一个闪烁的光标,用户输入的文字就插入到光标所在位置,同时光标会自动向右移动。如果要录入汉字,应该先切换到汉字输入法状态,当输入到每行的结尾时,Word 会自动换行,输完一个段落后,按回车键插入一个段落标记,并将光标移到新一段的首行。

【例 3.1】　按照图 3.13 所示录入相应的文字内容,并调整格式如下:设置标题"童话世界九寨沟"字体为"微软雅黑"、四号字,居中对齐,正文内容为"宋体"、五号字。

3.3.2　保存、关闭和打开文档

用户编辑和排版的文档只是存储在计算机的随机存储器里,如果突然断电或计算机死机都会造成数据丢失。因此,用户在工作中应随时注意保存文档。

下面来保存编写好的文档。通过选择"文件"→"保存"菜单命令,或者单击工具栏上的保存图标 🖫 就可以保存当前文档,弹出图 3.14 所示的"另存为"对话框。

76

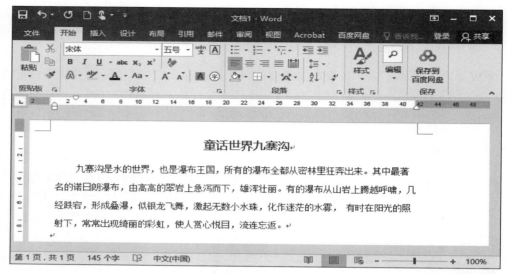

图 3.13　例 1 界面

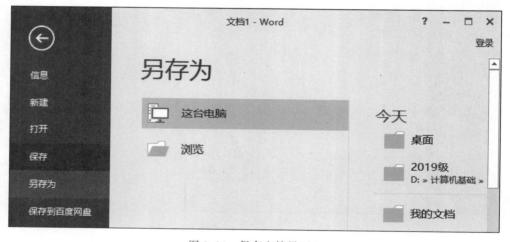

图 3.14　保存文档界面 1

此时需要确定选择保存路径和文档名称,设置保存位置为"桌面",文件名为"童话世界九寨沟",如图 3.15 所示。

当编写较长文档时,不可能随时注意保存文档,这时应该怎么办呢? Word 2016 可以自动保存文档,以避免因程序中止或断电等意外造成数据丢失。方法如下:选择"文件"→"选项"菜单命令,在打开的"Word 选项"对话框中切换到"保存"选项卡,如图 3.16 所示。选中"保存自动恢复信息时间间隔"复选框,可以启用该功能并设置间隔时间;选中"如果我没保存就关闭,请保留上次自动保留的版本"复选框,可以启用备份保存功能。

单击文档窗口标题栏的 ▣ 图标就可以关闭当前窗口,如果需要再次打开修改,可以通过以下两种方式打开。

(1)普通 Word 文档的扩展名为.docx,在文件夹中以 ᗯ 图标及类似图标呈现的文件,可以双击该文件的图标打开文档。

(2)进入 Word 2016,选择"文件"→"打开"菜单命令就可以打开 Word 文档。

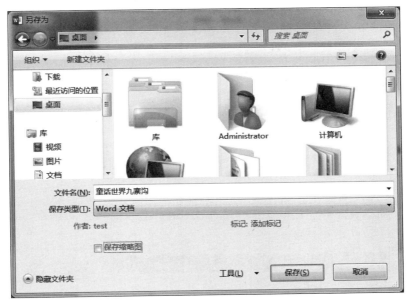

图 3.15　保存文档界面 2

图 3.16　设置自动保存文档界面

3.4　文档的编辑

　　文档的编辑是其他一切工作的基础,因此熟练掌握各种基本的编辑方法是制作一份优秀文档的必备条件。本节将介绍 Word 2016 处理文字的基本操作方法,包括文字、符号的输入,文本的复制、移动、删除、查找和替换等内容,这些是整个文档编辑的基础。

3.4.1　输入文本

　　首先要做的事情是输入图 3.13 中的文字,然后对其进行编辑操作。在输入时大家可以选择自己喜欢的输入法,需要注意的是,在文字录入时经常会出现的一个现象:在文字中间插入一些内容时,插入点后面的文字会莫名奇妙地"失踪",这是为什么呢？原来,Word 2016 提供了两种编辑模式,即插入和改写。在 Word 2016 默认的插入模式下,在光标所在的插入点输入文字时,其后的文字将自动伴随文本的输入后移；而在改写模式下,插入点之后的文本将被新输入的文本所替代,这就是大家在输入文本时要注意的问题。如果进入改写模式,只要按一下键盘上的 Insert 键就可以了。也就是说,Insert 键就是用来切换这两种模式的。

如果在向文档中输入一些如☺☑⊗⑤等键盘上没有的符号时,就必须使用 Word 2016 提供的插入符号功能,操作步骤如下。

(1) 将光标移动到想要插入符号的位置。

(2) 单击"插入"选项卡的"符号"组中"符号"按钮,打开"符号"对话框,可从中选择"符号"选项卡,如图 3.17 所示。

图 3.17　单击"插入"选项卡的"符号"组中的"符号"按钮弹出界面

(3) 双击要插入的符号(或先选中需要插入的符号,然后单击"插入"按钮),即可将该符号插入到文档中。

3.4.2　选择文本

在对文字进行编辑操作前,首先要做的是选中要编辑的文字内容,被选中的文字将会以深灰色背景显示在屏幕上,这样就很容易与未被选取的部分区分出来,如图 3.18 所示。选取文本之后,所做的任何操作都只能作用于被选定的文本。下面介绍几种常用的选取方法。

1. 用鼠标选取

用鼠标选取是最基本、最常用的选取方式。通过拖曳鼠标,用户可以依据自己的需要,选取任意数量的文字。方法是:在要选取文字的开始位置单击并按住鼠标左键,然后拖动鼠标,在指针移到要选取文字的结束位置时释放鼠标即可；或者在要选取文字的开始位置

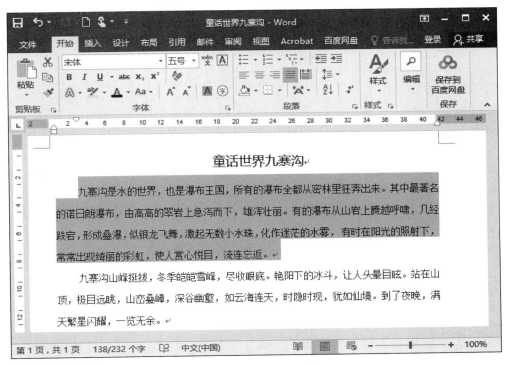

图 3.18　被选中的文字

单击鼠标左键，按住 Shift 键在要选取文字的结束位置再次单击鼠标左键，同样可以选取这些文字。该方法对连续的字、句、行、段的选取都适用。

2. 选取某一行

将鼠标指针移动到要选取行的左侧，当鼠标指针变成斜向上方的箭头时单击鼠标左键即可。

3. 选取某一句

按住 Ctrl 键，单击文档中的任意位置，鼠标单击处的整个句子就被选中。

4. 选取一个段落

在某个段落中的任意位置单击鼠标左键 3 次，即可选定整个段落。

5. 矩形选取

按住 Alt 键，在要选取的开始位置单击并按住鼠标左键，拖动鼠标可以拉出一个矩形的选择区域。

6. 全文选取

选取全文的方法有以下两种。

（1）选择"开始"→"编辑"→"选择"→"全选"菜单命令。

（2）按 Ctrl＋A 组合键。

3.4.3　复制和粘贴文本

复制和粘贴命令一般都是成对使用的。如果要把图 3.18 中第一句内容复制并粘贴到段落的末尾，具体操作过程如下。

1. 复制文本

首先选中要复制的文本,然后进行复制。方法如下。

(1) 在选取的文字上右击鼠标,在弹出的快捷菜单中选择"复制"命令。

(2) 按 Ctrl+C 组合键。

2. 粘贴文本

在需要粘贴文本的位置,也就是段落的最后,插入光标,然后进行粘贴,方法如下。

(1) 在光标处右击鼠标,在弹出的快捷菜单中选择"粘贴"命令。

(2) 按 Ctrl+V 组合键。

复制的实质:将要复制的内容暂时保存到"剪贴板"中,然后再从"剪贴板"中粘贴到光标位置,一次复制可以多次粘贴。这里提到了"剪贴板"的概念,"剪贴板"可以看成 Word 的临时区域,当使用"复制"或"剪切"命令时,被选中的内容便会自动记录到"剪贴板"上,这与Windows 自带的剪贴板的功能很相似,但 Word 2016 中的剪贴板功能更为强大,可以同时允许用户进行有选择的粘贴操作。

还有一种快捷的复制、粘贴方法,先选中要复制的内容,然后按住键盘上的 Ctrl 键,再按住鼠标左键拖动选中内容到指定位置后松开,同样能实现相同的操作。

3.4.4 移动和删除文本

如果要把第一句话移动到该段的末尾,又该如何操作呢?这里要使用"剪切"与"粘贴"命令进行文本的移动,同样,这两个命令也是成对使用的。具体操作过程如下。

首先选中要移动的文本,然后进行剪切,方法如下。

(1) 在选取的文字上右击鼠标,在弹出的快捷菜单中选择"剪切"命令。

(2) 按 Ctrl+X 组合键。

然后,在需要粘贴的位置进行粘贴操作即可。这里,"剪切"命令的实质是先把要剪切的文本复制到"剪贴板"中,然后再删除原有文本,将"剪贴板"中保存的内容进行粘贴。

还有一种快捷的移动方法:先选中要移动的内容,然后按住鼠标左键拖动选中内容到指定位置后松开,会更加快捷地移动文本。

删除文本也是 Word 文档编辑中经常进行的工作。删除文本有两种方法,通过键盘上的 Delete 键或者 BackSpace 键,两者之间的区别在于按 Delete 键将删除插入点后面的内容,而按 BackSpace 键将删除插入点前面的内容。这两种方法都适用于删除单个或者多个字的情况,如果要删除大段的文字,又该如何操作请大家思考一下。

3.4.5 查找和替换文本

有一句成语叫"大海捞针",意思是就像在大海里打捞一根细小的针一样是一件非常困难的事情。在 Word 文档编辑过程中,也可能有"大海捞针"的情况存在,如在一篇较长的文档中查找指定的内容。比如,要查找"荷塘"一词,如果仅用肉眼去看,第一句中就可以看到,那么其他语句中有没有这个词呢?这就需要逐个字去比较,如果这篇文章很长,可想而知情况会更加糟糕,这时你就能体会到什么叫做"大海捞针"了。幸好 Word 2016 提供了强大的"查找"功能,让我们在"大海"中也能轻易地找到这根"针"。

1. 精确查找文本

精确查找是指查找与指定内容完全相同的文本,具体步骤如下。

(1) 选择"开始"→"编辑"→"查找"→"高级查找"菜单命令,打开"查找和替换"对话框,如图 3.19 所示。

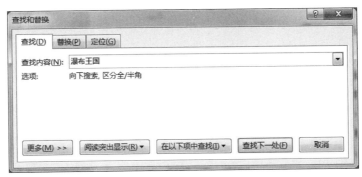

图 3.19　"查找和替换"对话框

(2) 在"查找内容"输入框中输入要查找的内容,如"瀑布王国"。

(3) 单击"查找下一处"按钮,即可找到指定的文本,找到后,Word 会将该文本所在的页移到屏幕中央,并将找到的文本高亮反白显示。此时,"查找和替换"对话框仍然显示在窗口中,可以单击"查找下一处"按钮,继续查找指定的文本,或者单击"取消"按钮回到文档中。

这里,大家要注意文本的查找方式,查找时是从当前光标位置开始查找,共有 3 种查找方式。

(1) 向下:从当前光标位置向下开始查找,一直到文档末尾。

(2) 向上:从当前光标位置向上开始查找,一直到文档开始。

(3) 全部:从当前光标位置开始在整个文档内查找。

这些查找方式可以在"查找和替换"对话框的"更多"选项中"搜索"下拉列表框中找到。

2. 模糊查找文本

相对于精确查找,模糊查找是指查找满足某种条件的内容,它能够得到更多的结果。例如,查找"第一名""第二名""第三名"这样的内容时,则可以使用通配符来帮助查找,以便节省查找时间和次数。

使用通配符进行模糊查找的操作步骤如下。

(1) 选择"开始"→"编辑"→"查找"→"高级查找"菜单命令,弹出"查找和替换"对话框,先在文本框中输入第一个字"第",然后单击"更多"按钮,在"搜索选项"中选择"使用通配符"选项,输入问号"?",然后再输入第三个字"名",如图 3.20 所示。

(2) 单击"查找下一处"按钮,即可找到:第一名、第二名、第三名等内容。

3. 替换文本

替换功能适用于文档中有多处相同文字录入错误的情况,如果采用直接修改的方式会很浪费时间,而替换功能就可以轻松解决这个问题,如果文档多处存在错误文字"瀑布王国",需要修改成"童话世界",就应该按下面步骤操作。

(1) 选择"开始"→"编辑"→"替换"菜单命令,打开"查找和替换"对话框,单击"替换"选项卡,如图 3.21 所示。

图 3.20 "查找和替换"对话框实现模糊查找

图 3.21 "替换"选项卡

（2）在"查找内容"输入框中输入错误的文本"瀑布王国"，在"替换为"输入框中输入正确的文本"童话世界"。

（3）单击"查找下一处"按钮，Word 会自动找到要替换的文本，并以高亮反白的形式显示在屏幕上，单击"替换"按钮就将"瀑布王国"替换成了"童话世界"，再单击"查找下一处"按钮继续替换直到全部替换完为止，还可以在找到第一个"瀑布王国"时单击"全部替换"按钮，则 Word 会自动替换所有"瀑布王国"为"童话世界"。

3.4.6 撤销与恢复

经过"复制""剪切""替换"等操作后，现在的文档还能不能恢复到原来的状态呢？ Word 2016 提供了"撤销"功能，它能让我们取消在此之前执行的一步或多步操作，将文档恢复到执行这些操作之前的状态。

反复单击工具栏中的"撤销"按钮 ↩ 就可以把编辑的文档逐步恢复到原始状态,但这也让我们的劳动成果损失了不少,所有替换的"童话世界"都变成"瀑布王国"了,还好 Word 2016 提供了与"撤销"操作对应的"恢复"操作,它能恢复最近执行的操作,使撤消到以前状态的文档恢复到撤消前的文档状态。

3.5 插入对象的应用

现代文字处理软件不仅具备文字的录入、编辑、排版、打印等功能,还可以插入图片、图表、屏幕截图等各种不同的对象,实现图文混排的功能。今天就来学习如何在 Word 2016 中插入不同的对象。

3.5.1 插入图片

图文混排

插入图片常用的方法是插入来自其他文件的图片和联机图片,本节分别介绍这两种图片的插入方法。

1. 从文件中插入图片

如果要插入本机中来自其他文件的图片,操作步骤如下。

(1) 单击要插入图片的位置。

(2) 选择"插入"→"插图"→"图片"菜单命令,将弹出"插入图片"对话框,如图 3.22 所示。

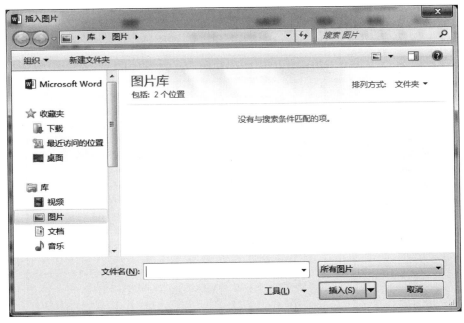

图 3.22 "插入图片"对话框

(3) 定位到图片所在文件夹,并选中要插入的图片,单击"插入"按钮,即可在文档中插入该图片。

2. 从联机来源中插入图片

如果希望插入各种联机资源中的图片,操作步骤如下。

(1) 单击文档中要插入图片的位置。

(2) 选择"插入"→"插图"→"联机图片"菜单命令,弹出窗口如图 3.23 所示。

图 3.23　插入联机图片对话框

(3) 在"搜索必应"文本框中输入描述待搜索图片类型的关键词,如"办公室",然后单击"搜索"按钮,则弹出结果如图 3.24 所示。

图 3.24　在"搜索必应"文本框中输入"办公室"的搜索结果

(4) 单击选择要插入的图片,再单击"插入"按钮,就可以将选择的图片插入到光标所在位置。

3. 编辑与设置图片格式

在插入了图片后,单击该图片,将出现"图片工具"选项卡,如图 3.25 所示,通过"格式"

功能区(包括"调整""图片样式""排列"等几个组)的相关按钮可以调节图片颜色、亮度和对比度,以及裁剪图片、设置图片的环绕方式等操作。

图 3.25　"图片工具"选项卡

1) 剪裁图片

利用"图片"工具栏上的"裁剪"按钮可以裁剪图片,操作步骤如下。

(1) 选中需要裁剪的图片,在图片的 4 个角和 4 条边中点位置将出现 8 个控制点,如图 3.25 所示。

(2) 在"图片"工具栏上"大小"组中单击"裁剪"按钮,将鼠标指针置于图片控制点上,根据需要单击鼠标左键并拖动控制点对图片进行剪裁:

① 若要裁剪一条边,则向内拖动某边上的中心控制点;

② 若要同时相等地裁剪两边,则在向内拖动任意一边上中心控制点的同时按住 Ctrl 键;

③ 若要同时相等地裁剪四边,则在向内拖动角控制点的同时按住 Ctrl 键。

(3) 完成裁剪后,单击"裁剪"按钮,即可关闭"裁剪"功能。

2) 设置图片格式

一般情况下,插入到文件中的图片总是单独占有一片空间,但在实际操作过程中,可能需要将图片放置在文件中的某些文字中间,以美化版面,这时可以通过"排列"组中"位置"和"环绕文字"等按钮实现。

(1) 利用"布局"对话框调节图片。单击要处理的图片,选择"排列"→"位置"→"其他布局"命令,弹出"布局"对话框,如图 3.26 所示。

(2) 设置图片与文字的环绕方式。单击要处理的图片,选择"排列"→"环绕文字"命令,弹出对话框如图 3.27 所示。

图 3.26 "布局"对话框

图 3.27 图片与文字环绕方式设置

3.5.2 绘制图形

利用系统自带的线条、基本形状、流程图等基本图形,可以绘制用户需要的简单图形,这些基本图形位于"插入"→"插图"→"形状"下拉菜单中,如图 3.28 所示。

在绘图时要重点掌握组合、层次、填充这几个概念,下面通过一个简单实例来讲解。

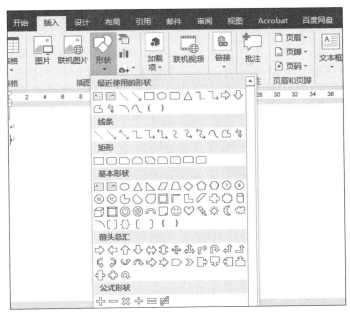

图 3.28 "形状"下拉菜单

绘制图 3.29 所示的"一箭倾心"图形。

绘图思路如下。

首先,要知道这个图形中包含了哪些对象;其次,还要知道使用了哪些绘图概念。通过分析,确定该图形中包含自选图形中的"心形对象"和"直线与箭头对象",使用了层次、填充与组合的概念。具体操作步骤如下。

图 3.29 "一箭倾心"图形

(1) 在"插入"选项卡中选择"插图"→"形状"→"基本形状"中的"心形"图案,用鼠标单击该图标,在 Word 文档中单击画出心形图案。

(2) 选中该心形图案,然后在"形状样式"组中单击"形状填充"下拉列表框,选择填充颜色为红色。

(3) 创建一个与之相同的心形,通过复制、粘贴命令即可,然后调整两个心形的位置,使其中一个在上面、另一个在下面,可以选择位于前面的心形图片,单击"排列"→"上移一层",使其位于前面。

(4) 绘制箭头。这里的箭头不是单独的一个箭头,而是直线与箭头共同使用,如果单独使用箭头即使调整"叠放次序"也不会达到"穿心"的效果。在"插入"选项卡中选择"插图"→"形状"→"线条"中的箭头图案绘制一个箭头,然后双击该箭头,在"形状样式"→"形状轮廓"→"箭头"中选择"箭头样式 2",在"主题颜色"下拉列表框中选择"蓝色",在"粗细"选项中选择"3 磅",将其放到心形合适位置。再按照同样的方法绘制一条与箭头一样的直线,与箭头放置在同一条直线上。

(5) 最后,在按住 Shift 键的同时用鼠标单击各个图形,在选中的图形上单击鼠标右键,选择快捷菜单中的"组合"→"组合"命令,使多个图形组合成一个图形。

3.5.3　文本框的应用

文本框可以看作一个存放文字的容器，与直接录入文字不同，在文本框中录入的文字可以随文本框在页面上移动位置并调整大小。在使用文本框时，主要掌握它的两种排版方式，即横排和竖排，以及文本框边框的设置方法。下面通过一个具体实例来讲解文本框的使用方法，实例如图 3.30 所示。

图 3.30　文本框的使用

具体操作步骤如下。

（1）选择"插入"→"形状"→"基本形状"中横排文本框图形，在文本确定位置画出一个文本框，输入图中文字，设置填充颜色为黄色。

（2）用同样方法在图中竖排文本框，设置填充颜色为蓝色。

（3）还可以选择更精确的背景、填充模式等操作，如图 3.31 所示。

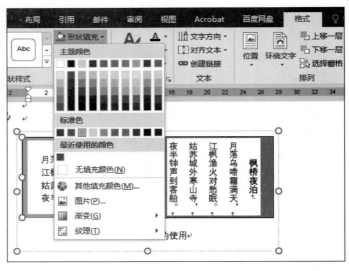

图 3.31　图形的"形状填充"对话框

3.5.4　艺术字

在 Word 文档中可以插入一些艺术字体的文字，以使文档内容更加丰富多彩。插入艺术字的操作步骤如下。

（1）单击鼠标左键确定要插入艺术字的位置。

（2）选择"插入"→"文本"→"艺术字"命令，将打开图 3.32 所示的"艺术字样式"面板。

（3）单击想要应用的艺术字样式，弹出图 3.33 所示的"艺术字"编辑框。

图 3.32　插入"艺术字"面板

图 3.33　插入的"艺术字"编辑框

（4）在"艺术字"编辑框中输入相应文字，选择需要的字体和字号，在编辑框外任意处单击即可完成。

注意：插入的艺术字可以像图片一样进行填充、边框设置等操作。

3.5.5　公式的应用

插入公式

有时在文档中需要插入一些专业的数学公式，Word 2016 提供了很方便的数学公式插入和编辑功能，本节将对其进行简要介绍。

需要编辑公式时，单击"插入"→"符号"→"公式"右侧小三角形图标，弹出插入公式界面如图 3.34 所示。

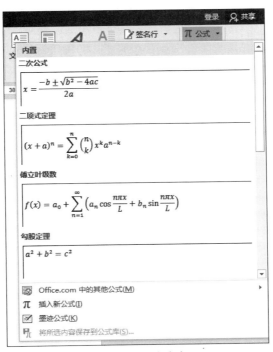

图 3.34　插入公式窗口

文字处理软件 *Word 2016*

如果选择"内置"的公式,则用鼠标单击可以直接插入到文档中;如果选择"插入新公式"命令,则自动添加"公式工具"命令,用来提供设计公式需要的相关符号,用户可以在此利用"符号"和"结构"组中的元素进行新公式的编辑操作,如图 3.35 所示。

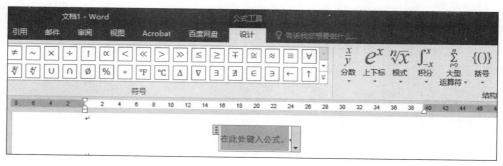

图 3.35 "公式工具"命令

公式编辑结束后,只需单击公式编辑器外任意位置,即可退出公式编辑环境,完成公式的编辑。

【例 3.2】 编辑图 3.36 所示的公式。

如果选择"墨迹公式"命令,则可以直接利用手写方法创建公式,如图 3.36 所示。

$$s_{ij} = \sum_{j=1}^{n} \alpha_{ij} \times \beta_{ij}$$

图 3.36 示例公式

3.6 表格的应用

以表格形式表达信息具有直观、严谨的特点,Word 2016 提供了强大的表格功能。本节主要介绍表格的创建、编辑、格式设置以及表格中的简单计算等内容,通过本节的学习,用户可以轻松制作形式多样的表格。

3.6.1 表格的创建

创建表格

Word 2016 允许在文档的任何位置插入表格。为了方便用户,Word 2016 在"快速访问工具栏"和"插入"选项卡中都提供了插入表格的方法,下面分别进行介绍。

1. 快速创建表格

在"插入"选项卡的"表格"组单击"表格"按钮,会弹出"插入表格"面板,使用该面板插入一个表格既简单又方便,但表格的行数和列数有限(受显示器屏幕限制)。使用该按钮插入一个 5 行 6 列的表格,操作步骤如下。

(1)将光标定位于要插入表格的位置。

(2)选择"插入"→"表格"命令,将弹出"插入表格"面板,如图 3.37 所示。

(3)在图中显示的网格结构中,使鼠标向下移动 5 行、向右移动 6 列,这样就在光标位置插入了一个表格。

2. 使用菜单命令

使用菜单命令虽然没有使用插入表格按钮简单、方便,但可以生成更大的表格,因此学习这种插入表格命令还是有必要的,其操作步骤如下。

(1)将光标定位于要插入表格的位置。

（2）选择"插入"→"表格"→"插入表格"菜单命令，将打开"插入表格"对话框，如图3.38所示。

图3.37 "插入表格"面板

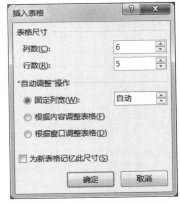

图3.38 "插入表格"对话框

（3）在该对话框中设定需要插入表格的行数和列数，单击"确定"按钮，就插入了一个表格。

3．绘制复杂的表格

上述两种方法插入的表格都是每行具有相同列数的规划表格，不能满足一些特殊的需要，所以，Word 2016还提供了一种手绘表格的方式，方便用户根据自己的需要来创建表格。操作步骤如下。

（1）选择"插入"→"表格"→"绘制表格"菜单命令，将出现图3.39所示的"表格工具"菜单项，同时鼠标指针会变成铅笔形状，打开绘制模式。随着鼠标的移动，标尺上有两条横竖的虚线也随着移动，它们代表了当前鼠标指针在文档页面中的坐标。

图3.39 "表格工具"选项卡

（2）画表格边框。确定表格左上角位置，单击鼠标左键并向右下角方向拖动，拖至表格右下角位置松开鼠标左键，则画出表格边框。

（3）画表格行线或列线。将鼠标移动至需要插入行线、列线的位置，按住鼠标左键，横向或纵向拖动鼠标，拖至适当位置时松开鼠标左键即可。

（4）若在绘制过程中发现某些线段不合适，可单击"绘图边框"组中的"擦除"按钮，此时鼠标指针变为橡皮形状。将鼠标移至需要擦除的框线一端，按住鼠标左键，并沿该线段方向拖动至另一端，松开鼠标左键即可将多余的线段擦除。

3.6.2 表格的基本操作

1. 表格的选定

表格的选定包括选中整个表格、行、列与单元格的选定,具体操作方法如表 3.1 所示。

表 3.1 表格的具体操作方法

选 定 目 标	操 作 方 法
一个单元格	将鼠标移至该单元格的左边框,当鼠标指针变成黑色时单击
一行	将鼠标移至该行最左边单元格的左边框,当鼠标指针变成黑色时,双击或将鼠标移动至该行边框外单击
一列	将鼠标移至该列顶端边框,当鼠标变成黑色时单击
多个单元格、行或列	先选定某一单元格、行或列,按住 Ctrl 键后再选择其他单元格、行或列
整个表格	单击表格左上角的表格移动控点,直至选中整个表格

2. 表格的复制和删除

表格中内容的复制或删除同文档中文本的复制或删除操作方法类似。这里主要介绍表格删除和表格中内容删除的操作方法。

(1) 选定要删除的部分,选中部分将以高亮显示。

(2) 若只需要删除表格中的内容,按 Delete 键;若需要删除选定部分的表格和表格中的内容,按 BackSpace 键。

如果要删除整个表格,先选定整个表格,然后选择“表格”菜单下的“删除”命令,在子菜单选中“表格”即可。

3.6.3 绘制斜线表头

当表格中有多个项目标题时,通常需要绘制斜线表头。若只需一条斜线,则只需在绘制表格时从需要画斜线的一端按住鼠标左键并拖动至另一端,松开鼠标左键即可。若所需斜线不止一条,则需要手动绘制,操作方法如下。

(1) 将光标定位于需要绘制斜线表头的单元格。

(2) 选择“插入”→“插图”→“形状”中的“直线”,如图 3.40 所示。

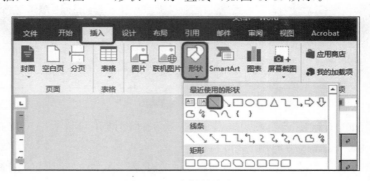

图 3.40 绘制斜线表头

(3) 将鼠标定位到要画斜线的起点位置,单击左键并向终点位置拖动,至终点后松开鼠标左键,则可以直接画出一条斜线,根据需要可以画出任意条。如果绘制的斜线颜色与表格边框颜色不一致,需要调整斜线的颜色,保证一致协调。选择刚画的斜线,单击上方的"格式"→"形状样式"→"形状轮廓",选择需要的颜色。

(4)画好之后就可依次输入相应的表头文字,通过空格键与回车键将表头文字移动到合适的位置。

3.6.4 表格的编辑

编辑表格

1. 插入和删除行

利用菜单命令插入行,如图3.39所示,具体操作方法如下。

(1)选择一行,如果要插入多行时选择多行,这样插入的行数将会与选择的行数相等。

(2)选择"表格工具"→"布局"→"行和列"→"在上方插入"命令,就会在所选行的上方插入相同数目的行数。同理,执行"在下方插入"命令,就会在所选行的下方插入相同数目的行数。

如果需要在表格末加一行,可将光标置于最末一行的最后一个单元格内,按 Tab 键即可。

在删除行时,首先选择要删除的行,然后执行"表格工具"→"布局"→"行和列"→"删除"→"删除行"命令即可,表格中列的插入和删除与行的插入和删除方法类似,这里不再赘述。

2. 调整表格的列宽和行高

调整表格的列宽一般有两种方法,即拖动法和精确调整法。

利用拖动法可以调整一列的宽度或一列中若干个单元格的宽度。

利用拖动法调整一列宽度的方法:将鼠标指针置于要调整宽度列的左边界或右边界上,当鼠标指针变为两个反向的箭头时按住鼠标左键并拖动,此时将出现一条虚线,表示新边界的位置。拖动至合适位置后,松开鼠标左键即可。

利用拖动法调整一列中若干个单元格宽度的方法:选定要调整宽度的单元格,将鼠标指针置于要调整单元格的左边界或右边界上,当鼠标指针变为两个反向的箭头时按住鼠标左键并拖动。此时,将出现一条虚线,表示新边界的位置。拖动至合适位置后,松开鼠标左键即可。

使用精确调整法调整列宽的具体操作如下。

(1)将光标定位于要调整列宽的列中,如果只需调整若干个单元格,则选定单元格。

(2)选择"表格工具"→"布局"→"表"→"属性"命令,弹出"表格属性"对话框,切换到"列"选项卡,如图3.41所示。

(3)选中"指定宽度"复选框,在"指定宽度"文本框中输入合适的列宽,也可以利用数字微调按钮设置列宽,并在"度量单位"下拉列表框中选择计量单位。

(4)单击"前一列""后一列"按钮可以切换到表格中其他的列,然后重复步骤(3),对其他列宽进行设置。

(5)单击"确定"按钮,即可完成列宽的设置。

如果要使表格中的列宽能够根据表格内容自动调整,则单击该列的任意单元格,然后选择"表格工具"→"布局"→"单元格大小"→"自动调整"→"根据内容调整表格"命令即可。

调整行高的方法和调整列宽的方法基本类似,不过当表格放置在两页交界处时,将会产

93

第3章

图 3.41   "表格属性"对话框的"列"选项卡

生表格跨页操作的问题,表格将在分页符处被分割。默认情况下,如果分页发生在一个大的行中,Word 2016 会将该行分开显示在两页中,这是不想看到的结果。实际操作过程中,可以通过更改表格属性防止这种情况发生,并且还可以使跨页表格显示标题行。

1) 避免表格跨页断行的具体操作方法

(1) 将光标定位于表格中。

(2) 选择"表格工具"→"布局"→"表"→"属性"命令,弹出"表格属性"对话框,并切换到"行"选项卡,如图 3.45 所示。

(3) 在"选项"选项组中,清除"允许跨页断行"复选项,单击"确定"按钮即可。

2) 强制表格在特定行跨页断行的具体操作方法

(1) 单击要出现在下一页上的行。

(2) 按 Ctrl+Enter 组合键即可。

3) 使跨页表格显示标题行的具体操作方法

(1) 将光标定位于表格中的标题行。

(2) 选择"表格工具"→"布局"→"表"→"属性"命令,弹出"表格属性"对话框并切换到"行"选项卡,如图 3.42 所示。

(3) 在"选项"选项组中,选中"在各页顶端以标题行形式重复出现"复选框,单击"确定"按钮即可。

3. 表格的边框和底纹

表格和图片一样可以添加边框和底纹,添加边框和底纹可以使表格更加美观,添加表格边框的操作步骤如下。

(1) 选定需要添加边框的单元格或整个表格。

图 3.42 "表格属性"对话框的"行"选项卡

（2）选择"表格工具"→"设计"→"边框"→"边框"→"边框和底纹"，在弹出的"边框和底纹"对话框中选择"边框"选项卡，如图 3.43 所示。

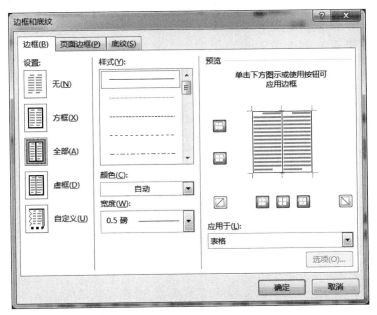

图 3.43 "边框和底纹"对话框的"边框"选项卡

（3）在"设置"选项中选择边框的类型，在"样式"列表框中选择边框的线型，在"宽度"下拉列表框中选择边框的宽度，在"颜色"下拉调色板中选择边框的颜色。

文字处理软件 Word 2016

添加表格底纹的操作步骤如下。

（1）选定需要添加边框的单元格或整个表格。

（2）选择"表格工具"→"设计"→"边框"→"边框"→"边框和底纹"，在弹出的"边框和底纹"对话框中再选择"底纹"选项卡，如图 3.44 所示。

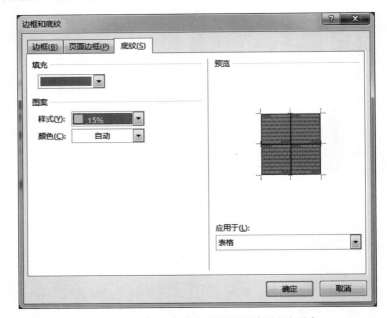

图 3.44　"边框和底纹"对话框的"底纹"选项卡

（3）根据需求，在"填充""图案"中选择合适的选项。

4. 自动套用格式

如果希望表格能迅速改变外观，就可以套用 Word 2016 提供的多种表格样式。通过对表格自动套用格式，可以事半功倍地创建出精美的表格，操作步骤如下。

（1）单击要套用格式的表格的任何位置，选择"表格工具"→"设计"→"表格样式"命令，将弹出图 3.45 所示的面板。

（2）在面板中提供多种表格样式，用户可以自行选择，如果希望将选定的表格样式应用于所有自动插入的表格，则可以在选定样式上单击鼠标右键，选择快捷菜单中的"设为默认值"命令即可。

3.6.5　单元格的编辑

1. 插入和删除单元格

1）插入单元格的操作步骤

（1）选定与需要插入单元格位置相邻的单元格，插入单元格的个数和选定单元格的个数相同。

（2）右击鼠标，选择快捷菜单中的"插入"命令，则弹出界面如图 3.46 所示，根据实际需要选择插入的方式。

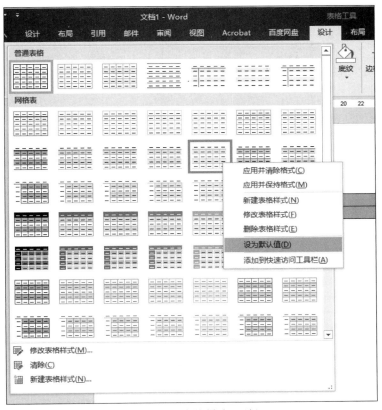

图 3.45 "表格样式"面板

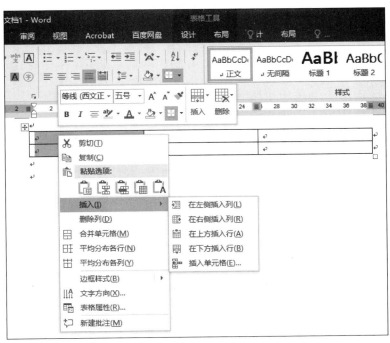

图 3.46 "插入"单元格选项卡

2）删除单元格的操作步骤

（1）将光标定位于要删除的单元格内。

（2）右击鼠标，在弹出的快捷菜单中选择"删除单元格"命令，将弹出"删除单元格"对话框，如图 3.47 所示，在其中选择合适的删除方式，删除方式如表 3.2 所示，单击"确定"按钮即可。

2. 拆分和合并单元格

1）拆分单元格的操作步骤

（1）选定需要拆分的单元格。

（2）选择"表格工具"→"布局"→"合并"组中"拆分单元格"命令，弹出"拆分单元格"对话框，如图 3.48 所示。

图 3.47　"删除单元格"对话框

表 3.2　单元格删除方式

单　击	执行的操作
右侧单元格左移	删除单元格，并将该行中所有其他的单元格左移。Word 不会插入新列，使用该选项可能会导致该行的单元格比其他行的少
下方单元格上移	删除单元格，并将该列中剩余的现有单元格每个上移一行。该列底部会添加一个新的空白单元格
删除整行	删除包含您单击的单元格在内的整行
删除整列	删除包含您单击的单元格在内的整列

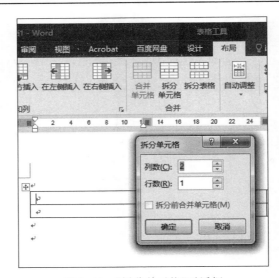

图 3.48　"拆分单元格"对话框

（3）利用微调按钮调整"列数"和"行数"，或在其后的文本框中输入行数和列数，单击"确定"按钮即可，列数和行数的乘积即为拆分后单元格的数目。

2）合并单元格的操作步骤

（1）选定需要合并的单元格。

（2）单击鼠标右键，在弹出的快捷菜单中选择"合并单元格"命令，或者选择"表格工具"→"布局"→"合并单元格"命令即可。

3. 单元格内文字的对齐方式

有时需要调整单元格内的文字,操作步骤如下。

(1)选中需要调整对齐方式的单元格。

(2)选择"表格工具"→"布局"→"对齐方式",将弹出图 3.49 所示界面,从中选择需要的对齐方式即可。

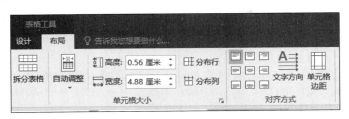

图 3.49 "单元格对齐方式"菜单项

3.6.6 表格中的数学计算

在 Word 表格中也具备计算的功能,虽然没有 Excel 功能强大,却也可以进行简单的运算。Word 中表格的运算主要是通过数学函数来完成的,当表格中有数字时,可以利用相关函数对其中的数字进行各种计算。

假定有一个图 3.50 所示的成绩表格,现在需要计算每个学生的总分,可以用计算器把数字逐个加起来,很明显这样做效率很低。Word 2016 提供了非常简单的求和方法,操作步骤如下。

(1)将光标置于第二行姓名为"张薇"的"总分"单元格中。

(2)选择"表格工具"→"布局"→"数据"→"公式"命令,打开"公式"对话框,如图 3.51 所示。

姓名	语文	数学	英语	总分
张薇	99	95	100	
李华	90	95	98	
刘平	88	93	85	

图 3.50 示例表格

图 3.51 "公式"对话框

(3)单击"确定"按钮,可计算出"张薇"的总分。

(4)将光标置于"李华"的"总分"单元格中。

(5)选择"表格工具"→"布局"→"数据"→"公式"命令,将打开"公式"对话框,与第一次不同的是这里有一个建议公式"=Sum(ABOVE)",删除"ABOVE",输入"LEFT"。这里的"ABOVE"和"LEFT"指的是求和的方向,分别是"向上"和"向左"。

(6)单击"确定"按钮,计算出"李华"的总分。

(7)参照步骤(4)~(6)计算出所有学生的总成绩。

思考:如果把总分换成平均分,应该如何计算?

3.7　页面排版与打印

页面排版是制作一份 Word 文档的"重头戏",整洁和美感是页面排版追求的目标。从这两点出发,本节主要介绍页面排版中涉及的一些专业方法,如添加项目符号和编号、使用边框和底纹等,并对排版页面进行打印。

3.7.1　设置首字下沉

在对报刊、杂志等出版物进行页面设置时,有时需要将文章中的第一个字突出显示,以吸引读者的注意力,这种效果通过设置"首字下沉"即可实现。

设置首字下沉的具体操作步骤如下。

（1）将光标定位于要设置首字下沉的段落中。

（2）选择"插入"→"文本"→"首字下沉"→"首字下沉选项"命令,将弹出"首字下沉"对话框,如图 3.52 所示。

（3）在"位置"选项组中选择合适的首字下沉位置。

（4）在"选项"组中的"字体"下拉列表框中选择合适的字体,在"下沉行数"数字框中利用微调按钮设置或直接输入数字的方式设置下沉的行数,在"距正文"输入框中利用微调按钮设置或直接输入数字的方式设置距正文的距离,然后单击"确定"按钮完成设置。

图 3.52　"首字下沉"对话框

分栏、页面设置

3.7.2　分栏排版

1. 创建分栏

分栏版式常应用于期刊、新闻等排版中,它将版面分成多个栏目,使版面更具多样性和可读性。创建分栏版式的具体操作如下。

（1）选定需要设置分栏版式的文本。

（2）选择"布局"→"页面设置"→"分栏"→"更多分栏"命令,弹出"分栏"对话框,如图 3.53 所示。

（3）在"预设"选项组中,选择合适的图例。如果没有合适的栏数,可利用微调按钮设置栏数或在"栏数"数字框中直接输入合适的数字。在分栏时如果需要分隔线,则要勾选"分隔线"复选框;如果需要每栏宽度相等,则要勾选"栏宽相等"复选框。

（4）在"应用于"下拉列表框中选择合适的应用范围,单击"确定"按钮设置完毕。

2. 插入分栏符

Word 2016 通常根据文本的数量和指定的栏数自动分栏,而这种方式可能出现排版不整齐的问题。此时可以用强制插入分栏符的方法来解决。

插入分栏符的具体操作如下。

（1）将光标定位到文本内容的中间位置。

（2）选择"布局"→"分隔符"→"分栏符"命令,则将插入点之后的文本移至下一栏的顶部,如图 3.54 所示。

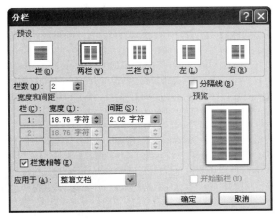

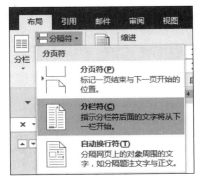

图 3.53　"分栏"对话框　　　　　　图 3.54　选择"分栏符"命令

3.7.3　项目符号和编号

给文本添加项目符号或编号,能够使文档外观更有层次感,提高可读性。Word 2016 可以在输入的同时自动创建项目符号或编号,也可以在文本的原有行中添加项目符号或编号。

1. 在输入的同时自动创建项目符号或编号列表的操作方法

(1)输入"1."开始一个编号列表或输入"﹡"开始一个项目符号列表,然后按空格键或 Tab 键。

(2)输入所需的文本内容,按回车键添加下一个列表项,此时,Word 会自动插入下一个编号或项目符号。

(3)若要结束列表,应按回车键两次,或通过按 BackSpace 键删除列表中的最后一个编号或项目符号。

如果项目符号或编号不能自动显示,则可按以下步骤设置。

(1)单击"文件"→"选项"→"校对"→"自动更正选项"命令,在弹出对话框中单击"键入时自动套用格式"选项卡。

(2)在"输入时自动应用"选项组中,选中"自动项目符号列表"复选框和"自动编号列表"复选框,如图 3.55 所示。

2. 为已有文本添加项目符号或编号的具体操作方法

(1)选定要添加项目符号或编号的文本。

(2)选择"开始"→"段落"→"项目符号"命令或"编号"命令即可。

3. 用其他符号或图片作为项目符号的操作方法

(1)选择需要为其添加图片项目符号的文本。

(2)选择"开始"→"段落"→"项目符号"→"定义新项目符号"命令,弹出"定义新项目符号"对话框,如图 3.56 所示。

(3)若为项目添加"符号项目符号",则单击"符号"按钮,将弹出"符号"对话框,从中选择合适的符号,然后单击"确定"按钮即可。若为项目添加"图片项目符号",单击"图片"按钮,将弹出"图片项目符号"对话框,从中选择合适的图片,然后单击"确定"按钮。在"预览"框中可以预览效果,再单击"确定"按钮即可。

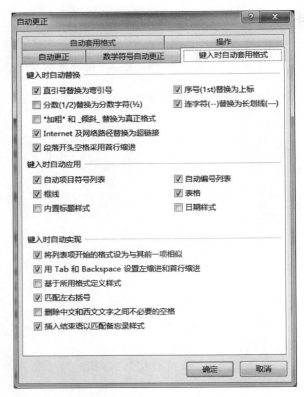

图 3.55 "自动更正"对话框

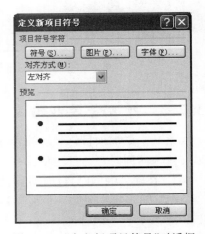

图 3.56 "定义新项目符号"对话框

3.7.4 添加背景

通常情况下,背景显示在页面的最底层。合理运用背景会使文档外观活泼明快,使读者在阅读过程中有一种美的享受。

1. 设置页面背景颜色

设置页面背景颜色的操作步骤如下。

(1) 选择"设计"→"页面背景"→"页面颜色"命令,打开面板如图 3.57 所示。

(2) 在子命令中的调色板上单击需要的颜色块,即可为文档设置该颜色作为背景。

如果要取消背景颜色,选择"背景"→"无颜色"命令,背景颜色即被取消。

2. 设置显示页面背景的填充效果

设置页面背景填充效果的操作步骤如下。

(1) 选择"设计"→"页面背景"→"页面颜色"→"填充效果"命令,打开"填充效果"对话框,如图 3.58 所示。

(2) 按需要进行以下设置。

① 若使用"纹理"效果填充,选择"纹理"选项卡,在其中选择一种纹理样式,即给文档设置了所选择的纹理。

② 若使用"图案"效果填充,选择"图案"选项卡,在其中选择一种图案,单击"确定"按钮即可为文档设置背景图案。

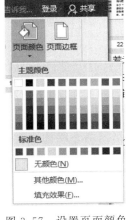

图 3.57　设置页面颜色

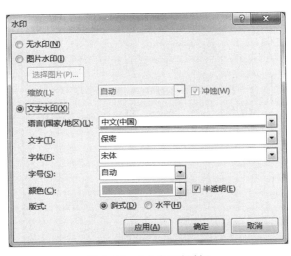

图 3.58　"填充效果"对话框

3. 设置页面背景的水印效果

为页面设置背景水印的操作步骤如下。

（1）选择"设计"→"页面背景"→"水印"→"自定义水印"命令，打开"水印"对话框，如图 3.59 所示。

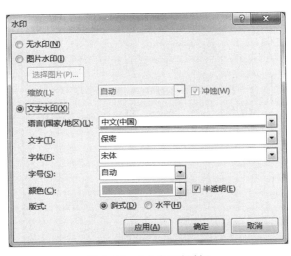

图 3.59　"水印"对话框

（2）根据需要，可以选择图片或文字作为水印，设置完成后单击"确定"按钮即可。

3.7.5 格式刷

在对文本进行格式设置时,使用格式刷功能,可以方便地把文本的字符格式、段落格式、项目符号和编号列表格式等属性应用到其他文本或段落上,操作步骤如下。

(1) 选定已完成格式设置的文本。

(2) 单击"开始"→"剪贴板"→"格式刷"命令,此时鼠标指针变成刷子形状。

(3) 选定要应用此格式的文本,这时就会自动应用所选样式了。如果要多次应用同一格式刷,在使用时用鼠标双击"格式刷"按钮即可。

字符和段
落设置

3.7.6 段落设置

中文版 Word 2016 可以在段落中为整个段落设置特定的格式,如行间距、段前间距和段后间距等,这些格式设置还可以通过"段落"对话框来实现。

1. 段落的缩进

在文档操作中,经常需要让某段落相对于其他段落缩进一些以显示不同的层次,如中文通常习惯在每一段落的首行缩进 2 个字符,这些都需要用到"段落缩进"设置,段落的缩进决定了段落到页边距的距离。

在设置段落格式时,先将光标定位到要设置的段落,或选定要设置的多个段落,然后单击"布局"→"段落"的右下角按钮,弹出图 3.60 所示的"段落"设置对话框,选择"缩进和间距"选项卡。

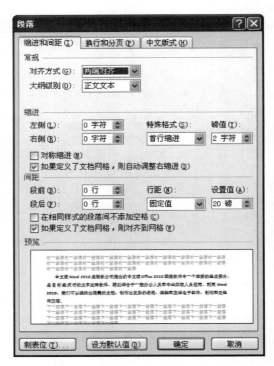

图 3.60 "段落"设置对话框

（1）段落缩进。在"段落"对话框的"缩进和间距"选项卡的"缩进"选项区中,在"左侧""右侧"数值框中直接输入数值,可以调整段落相对左、右页边距的缩进值。例如,在"左侧""右侧"数值框中分别输入"4字符",则光标所在段落或选定段落将相对左、右页边距各缩进4个字符的位置。

（2）首行缩进。按照中文的行文习惯,每段第一行会缩进2个字符,此时就需要用特殊缩进格式进行设置。在"缩进和间距"选项卡中,在"缩进"选项区的"特殊格式"下拉列表框中选择"首行缩进"选项,然后在"磅值"数值框中输入要缩进的值。

（3）悬挂缩进。在有些情况下,可能不需要首行缩进,而其他行要缩进,这时可以使用悬挂缩进方式。在"缩进"选项区的"特殊格式"下拉列表框中选择"悬挂缩进"选项,然后在"磅值"数值框中输入要缩进的值即可。

如果不希望打开"段落"对话框来调整缩进值,也可以通过鼠标拖动水平标尺上的段落缩进标记来实现选定段落的整段缩进和特殊缩进。如果文档中未显示标尺,可以选择"视图"→"标尺"菜单命令使其显示。

2. 行间距

在许多情况下,用户不但需要改变一个段落的间距,有时甚至需要改变整个文档的行间距,为此中文版 Word 2016 提供了精确控制段落行间距的方法,具体操作步骤如下。

（1）选择需要重新设置行间距的段落,可以选择整个段落或将光标置于段落中。

（2）选择"布局"→"段落"命令,打开"段落"对话框,如图3.60所示。

（3）在"间距"选项区的"设置值"数值框中输入需要设置的行距。

（4）单击"确定"按钮即可完成操作。

此外,也可以在"段落"对话框中选择固定大小的行间距,具体操作方法如下:

单击"段落"对话框中"行距"右侧的下拉按钮,在弹出的下拉列表框中选择一种行距,单击"确定"按钮即可。

3.7.7 打印文档

文档排版之后的下一项工作就是打印,打印文档有多种方法,打印时要根据具体情况使用不同的方法。下面将从打印预览、打印设置及打印文档等几个方面,详细介绍如何完成文档的打印操作。

1. 打印预览

在进行打印之前,可以通过 Word 提供的"打印预览"功能来模拟实际的打印效果,并能在打印预览模式下对文档进行修改,具体操作步骤如下:选择"文件"→"打印"菜单命令,弹出"打印"面板如图3.61所示,页面右侧会显示当前文本的打印预览效果。

2. 打印设置

1）设置打印机类型

在"打印机"选项区的"名称"下拉列表框中列出了当前系统中已经安装的所有打印机,在其中选择计算机当前连接的打印机型号,即完成打印机类型的设置,并且在"打印机"选项区的下部显示所选打印机的状态、型号和连接端口。

2）设置打印机属性

要更改当前打印机的设置,可以在"打印"面板中单击"打印机属性",弹出图3.62所示的属性对话框。

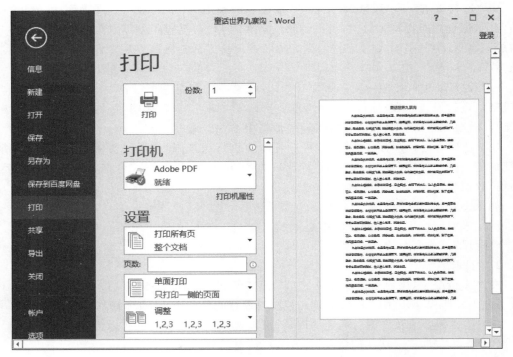

图 3.61 "打印"面板

图 3.62 打印机属性对话框

在"布局"选项卡中,用户可以设置"方向",包括"纵向"和"横向"两种;也可以设置"页序",即打印页的顺序,包括"从前向后"和"从后向前"两种;在"每张纸打印的页数"数值框中可以设置每张纸打印的文档页数。

3)设置打印范围

在图 3.61 所示的"打印"面板"设置"选项中,有 4 种选择。

① 打印所有页:打印活动文档的所有页。

② 打印所选内容：在文档中选定文本或图形后，选中该单选按钮将只打印选定内容。

③ 打印当前页面：打印活动文档的光标所在页。

④ 打印自定义范围：选中该按钮后，可以在旁边的文本框内指定要打印的页或节，或者若干节中的页，如图 3.63 所示。

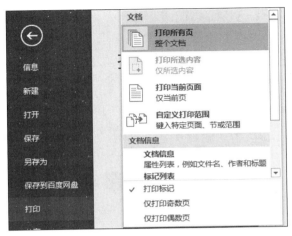

图 3.63　"打印内容"选择对话框

4）设置打印份数

在图 3.61 所示的"打印"面板中，用户可以通过"份数"数值框设置重复打印的份数。在打印多份文档时，单击"设置"选项下面的"调整"，可以让 Word 打印完一份完整的文档后再打印下一份。

3. 打印文档

完成打印设置后，如果当前打印机处于联机状态，单击"打印"面板中的"打印"按钮，即可开始打印文档。

如果不需要重新设置打印选项，则可单击"打印"面板中的"打印"按钮，直接开始打印文档。

如果用户选择后台打印的方式输出文档，那么打印文档时，在"任务栏"的输入法图标旁边会出现一个打印机图标，双击该图标，可以启动打印机管理程序，用户可以清除打印作业或暂停打印。如果有多个文档在排队打印，还可以改变打印的先后顺序。当文档打印结束后，打印机图标会自动从任务栏中消失。

3.8　长篇文档的编辑

我们会经常遇到处理长篇文档的情况，如毕业论文，通常都是洋洋洒洒几十页。长篇文档除了篇幅较长外，每每困扰大家的就是排版问题，每次都要花大量的时间进行格式修改、制作目录和页眉页脚等操作。解决这些问题重点要抓住两点。

① 制作长篇文档前，先要规划好各种设置，尤其是样式的设置。

② 需要不同格式的部分一定要分节，而不是分页。

下面就以毕业论文的撰写和排版为例来介绍长篇文档的处理方法。

3.8.1 页面设置

撰写论文前,不要急于动笔,先要找好合适大小的"纸",这个"纸"就是 Word 中的页面。让我们先看看论文页面格式的基本要求。

① 纸型:A4 纸。

② 页边距:上 3.8cm,下 3.8cm,左 3.2cm,右 3.2cm。

③ 页眉:2.8cm;页脚:3cm;左侧装订。

④ 每行打印字数:32~34 字。

⑤ 每页打印行数:29~31 行。

针对这些要求,页面设置的操作步骤如下。

(1) 单击"布局"→"页面设置"的右下角按钮,弹出"页面设置"对话框,如图 3.64 所示,上面需要的设置都可以在"页边距""纸张""版式""文档网格"选项卡中进行设置。

图 3.64 "页边距"选项卡

(2) 页边距的设置。在"页面设置"对话框中的"页边距"选项卡中,在"页边距"选项中设置"上""下""左""右"页边距的值,在这里还可以设置装订线的位置。

(3) 页眉和页脚相关设置。选择"版式"选项卡中,可以设置页眉和页脚距离页边界的位置、奇数页和偶数页的页眉是否相同等。

(4) 每页的行数和每行的字数设置。选择"文档网格"选项卡,如图 3.65 所示,选中"指定行和字符网格"单选按钮,在"字符数"数值框中设置每行包括的字符个数。同样,在"行数"选项中设置每页包括的行数,然后单击"确定"按钮。

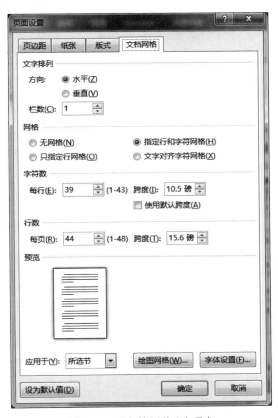

图 3.65 "文档网格"选项卡

3.8.2 样式设置

现在,还是不能急于录入文字,需要指定文字的样式。通常,很多人都是在录入文字后,用"字体""字号"等命令设置文字的格式,用"两端对齐""居中"等命令设置段落的对齐方式,但这样的操作要重复很多次,而且一旦设置得不合理最后还要返回再修改。

熟悉 Word 技巧的人对于这样的格式修改并不担心,因为他可以用"格式刷"将修改后的格式应用到其他需要改变格式的地方。然而,如果有几十个、上百个这样的修改,也得刷上几十次、上百次,岂不是变成油漆工了?如果使用了样式,就不会有这样的担心。

简单地说,样式就是格式的集合。通常所说的"格式"往往指单一的格式,例如,"字体"格式、"字号"格式等。每次设置格式,都需要选择某种格式,如果文字的格式比较复杂,就需要多次进行不同的格式设置。而样式作为格式的集合,它可以包含几乎所有的格式,设置时只需选择某个样式,就能把其中包含的各种格式一次性设置到文字和段落上。

样式的设置非常简单。首先将各种格式设计好后,再起一个名字,就可以变成样式。而通常情况下,只需使用 Word 提供的预设样式就可以了,如果预设的样式不能满足要求,只需略加修改即可。

单击"开始"→"样式"右下角按钮,在弹出"样式"窗格如图 3.66 所示。

其中"正文"样式是文档中的默认样式,新建的文档中的文字通常都采用"正文"样式。很多其他的样式都是在"正文"样式的基础上经过格式改变形成的。因此"正文"样式是Word 中最基础的样式,不要轻易修改它,一旦它被改变,将会影响所有基于"正文"样式的其他样式的格式。

"标题 1""标题 2"为标题样式,它们通常用于设置文档中不同级别的标题,在 Word 中可以通过标题级别得到文档结构图、大纲和目录。在图 3.66 所示的样式列表中,只显示了"标题 1""标题 2" 2 个标题样式,如果标题的级别比较多,可单击图 3.66 右下角的"选项",在弹出的对话框中选择"所有样式",即可选择其他标题样式,如图 3.67 所示。

图 3.66 "样式"窗格

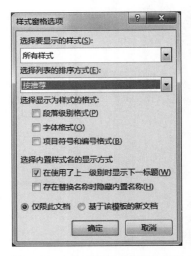

图 3.67 "样式窗格选项"对话框

3.8.3 插入分隔符

论文的不同部分通常会另起一页开始,很多同学习惯用加入多个空行的方法使新的部分另起一页。这是一种错误的做法,它会导致修改时的重复排版,降低工作效率。正确方法是通过插入"分页符"进行分页。操作方法如下。

选择"布局"→"页面设置"→"分隔符"命令,弹出对话框如图 3.68 所示,其中"分页符"就可以实现分页操作。

如果相邻页面需要不同的格式,就需要进行分节,通过插入分节符的方法实现,即在图 3.68 中选择"分节符"类型中的"下一页"命令,就会在当前光标位置插入一个不可见的分节符,这个分节符不但将光标位置后面的内容分为新的一节,而且使该节从新的一页开始,实现既分节又分页的功能。

如果要取消分节,只需删除分节符即可。分节符是不可打印字符,默认情况下在文档中不显示。在大纲视图中即可查看隐藏的编辑标记。

在段落标记和分节符之间单击,再按 Delete 键即可删除分节符,并使分节符前后的两节合并为一节。

3.8.4 创建页眉和页脚

1. 添加页眉

通过添加页眉、页脚可以为文章的外观增添色彩。通常文章的封面和目录不需要添加页眉,只有正文开始时才需要添加页眉,因为前面已经对文章进行分节,所以很容易实现这个操作。

设置页眉和页脚时,最好从文章最前面开始,这样不容易混乱。选择"插入"→"页眉和页脚"→"页眉"命令,弹出面板如图 3.69 所示,在其中选择合适的页眉样式,就可以对页眉内容进行输入和编辑。

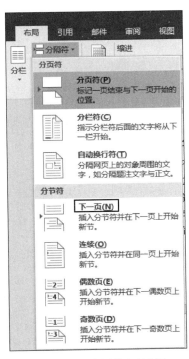

图 3.68 "分隔符"对话框

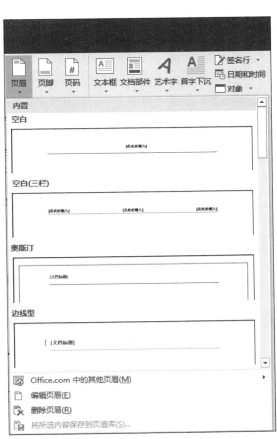

图 3.69 "页眉"选择面板

添加页眉后,系统自动生成"页眉和页脚工具"菜单命令,如图 3.70 所示,可以通过其中相关命令对页眉进行编辑。例如,在"导航"组中有一个"链接到前一条页眉"命令,默认情况下它处于按下状态,单击此命令,取消"链接到前一条页眉"设置,这时页眉右上角的"与上一节相同"的提示消失,表明当前节的页眉与前一节不同。

图 3.70　"页眉和页脚工具"菜单命令

完成编辑后,在"页眉和页脚工具"功能区中单击"关闭"按钮,即可退出页眉编辑状态。

有很多用户反映,在 Word 中添加页眉后,页眉就会强行自动添加一条横线。事实上,我们并不需要这条线。但是当你试图删除时,却发现该横线无法选中,应该如何删除呢?

首先左键双击页眉,使其处于可编辑状态,然后选择"开始"→"段落"→"边框和底纹"→"下框线"命令,此时会发现横线已经没有了。

页脚的编辑方法与页眉相似,此处不再说明。

2. 添加页码

对于长篇文档,页码是必不可少的,操作方法如下:选择"插入"→"页眉和页脚"→"页码"命令,弹出面板如图 3.71 所示。

在其中选择合适的页码样式,如果需要格式设置,选择其中的"设置页码格式"命令,进行设置,如图 3.72 所示。

图 3.71　插入页码对话框

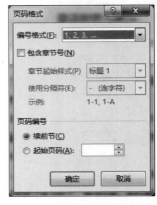

图 3.72　设置"页码格式"对话框

自动生成目录

3.8.5　自动生成目录

对于长篇文档,通常需要添加目录,以提高文档内容的查询速度,Word 提供了自动生成目录的功能。

系统自动生成目录,需要预先设置好出现在目录中不同级别的标题,按照中文目录普遍样式,一般在目录中提供 1 级、2 级、3 级共 3 个级别的标题,待标题设置完成后,就可以要求系统自动生成目录了。操作方法如下:将光标定位到需要插入目录的位置,选择"引用"→"目录"→"目录"命令,则弹出"目录"样式对话框如图 3.73 所示。

在其中选择"自动目录 1",就可以生成具有 3 级标题的目录,如果需要特殊设置,选择其中的"自定义目录"命令,则弹出图 3.74 所示对话框,可在其中进行相关设置。

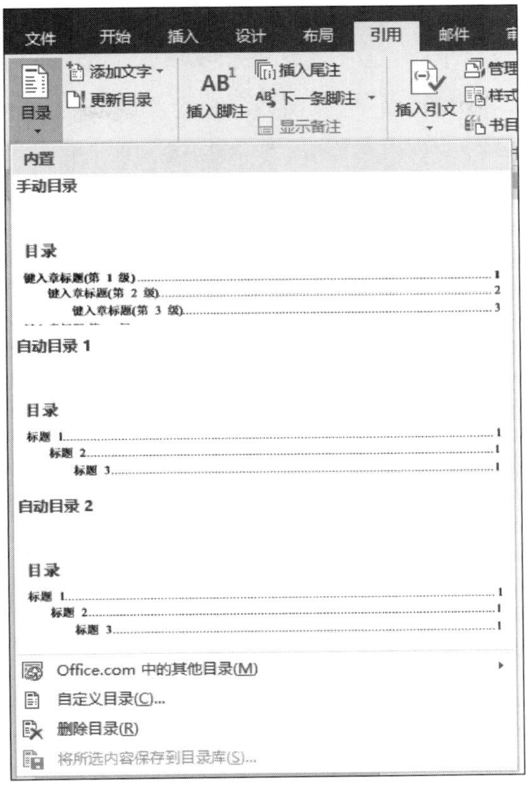

图 3.73 选择"目录"命令

图 3.74 设置"目录"对话框

当文档中的内容或页码有变化时,可在目录中的任意位置单击右键,选择快捷菜单中的"更新域"命令,显示"更新目录"对话框,如图 3.75 所示。如果只是页码发生改变,可选中"只更新页码"单选按钮;如果有标题内容的修改或增减,则选中"更新整个目录"单选按钮。

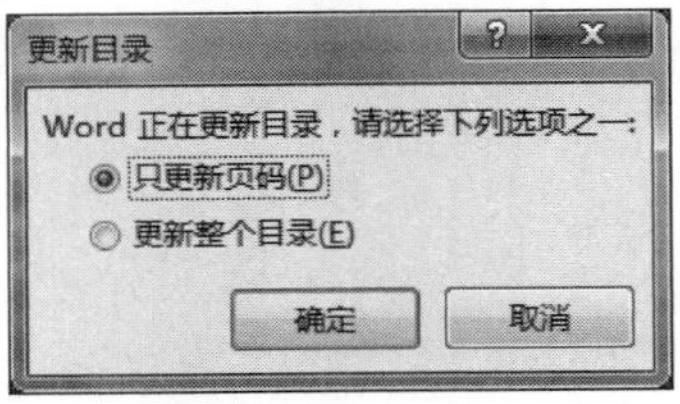

图 3.75 "更新目录"对话框

课 后 习 题

1. 选择题

(1) Word 2016 文档默认的文件扩展名是( )。

    A. DOCX   B. DOT   C. WRI   D. PPT

(2) 当前活动窗口是文档 d1.docx 的窗口,单击该窗口的"最小化"按扭后( )。

    A. 该窗口和 d1.docx 文档都被关闭

    B. 不显示 d1.docx 文档内容,但 d1.docx 文档并未关闭

    C. d1.docx 文档未关闭,且继续显示其内容

    D. 关闭了 d1.docx 文档但该窗口并未关闭

(3) 在 Word 2016 的编辑状态,执行快捷菜单中"复制"命令后( )。

    A. 被选择的内容被复制到剪贴板

    B. 被选择的内容被复制到插入点处

    C. 插入点所在的段落内容被复制到剪贴板

    D. 光标所在的段落内容被复制到剪贴板

(4) 在 Word 中,打印页码 2-4,8,11 表示打印的是( )。

    A. 第二页,第四页,第八页,第十一页

    B. 第二页至第四页,第八页至第十一页

    C. 第二页至第四页,第八页,第十一页

    D. 第二页至第八页,第十一页

(5) 在 Word 2016 编辑状态下,使用格式刷能够复制( )。

    A. 段落的格式和内容   B. 段落和文字的格式和内容

    C. 文字的格式和内容   D. 段落和文字的格式

(6) 在 Word 2016 的编辑状态,打开文档 ABC,修改后另存为 ABD,则( )。

    A. ABC 是当前文档   B. ABD 是当前文档

    C. ABC 和 ABD 均是当前文档   D. ABC 和 ABD 均不是当前文档

(7) 设置页眉和页脚,应打开( )。

    A. 视图   B. 插入   C. 开始   D. 引用

（8）在 Word 2016 中，切换"插入"和"改写"编辑状态，可以按（　　　）。

　　　A. Enter 键　　　　　B. Insert 键　　　　C. Delete 键　　　　D. Backspace 键

（9）在制作电子版报过程中需要随意移动插入的图片，但不影响文字的排版，此时可以将图片的环绕方式设置为（　　　）。

　　　A. 嵌入型　　　　　　B. 四周型　　　　　C. 浮动文字上方　　D. 衬于文字下方

（10）下列关于艺术字的说法，不正确的是（　　　）。

　　　A. 艺术字可以改变形状　　　　　　　　B. 艺术字可以自由旋转

　　　C. 艺术字是文字对象　　　　　　　　　D. 艺术字是图形对象

（11）在 Word 2016 中，有关"样式"命令，以下说法中正确的是（　　　）。

　　　A. "样式"只适用于文字，不适用于段落

　　　B. "样式"命令在"开始"选项卡中

　　　C. "样式"命令在"插入"选项卡中

　　　D. "样式"命令只适用于纯英文文档

（12）在 Word 2016 中，设定打印纸张的打印方向，应当使用的命令是（　　　）。

　　　A. 文件菜单中的"打印"命令　　　　　B. 文件菜单中的"页面设置"命令

　　　C. 视图选项卡中的"工具栏"命令　　　D. 视图选项卡中的"页面"命令

（13）如果需要将 Word 2016 文档中的一段文字设置为"黑体"，则应该先（　　　）。

　　　A. 在"开始"→"字体"组中的"字体"下拉列表中，选择"黑体"

　　　B. 单击"开始"→"字体"组中的"加粗"按钮 B

　　　C. 利用"开始"→"字体"组中的"字体颜色"按钮，将文字颜色设为黑色

　　　D. 选定这些文字

（14）下面关于 Word 2016 文档中"分栏"的说法，不正确的是（　　　）。

　　　A. 可以对某一段文字进行分栏

　　　B. 选择"页面布局"→"页面设置"→"分栏"菜单命令，可以实现分栏操作

　　　C. 在"分栏"对话框中，可以设置各栏的"宽度"、"间距"

　　　D. 只能对整篇文档进行分栏

（15）在 Word 编辑状态下，当前输入的文字显示在（　　　）。

　　　A. 鼠标光标处　　B. 插入点　　　　　C. 文件尾部　　　　D. 当前行尾

（16）Word 2016 中保存文档的命令出现在（　　　）选项卡里。

　　　A. 保存　　　　　　B. 开始　　　　　　C. 文件　　　　　　D. 实用程序

（17）在 Word 2016 编辑状态下，操作的对象经常是被选择的内容，若鼠标在某行行首的左边，下列（　　　）操作可以仅选择光标所在的行。

　　　A. 双击鼠标左键　　　　　　　　　　　B. 单击鼠标右键

　　　C. 将鼠标左键连击三下　　　　　　　　D. 单击鼠标左键

（18）在 Word 2016 编辑中，模式匹配查找中能使用的通配符是（　　　）。

　　　A. ＋和－　　　B. ＊和＼　　　　C. ＊和？　　　　D. ／和＊

（19）Word 中，要选定矩形文本块，拖动鼠标时应按（　　　）。

　　　A. Ctrl　　　　B. Alt　　　　C. Shift　　　　D. Tab

（20）在 Word 2016 中,选定表格的一行并单击快速工具栏中的"剪切"按钮,则（　　）。

    A. 该行被删除,表格减少一行

    B. 该行被删除,并且表格可能被拆分成上下两个表格

    C. 仅该行的内容被删除,表格单元变成空白

    D. 整个表格被完全删除

2. 填空题

（1）剪切、复制、粘贴的组合键分别是_____、_____、_____。

（2）打印之前最好能进行_____,以确保取得满意的打印效果。

（3）在 Word 中将页面正文的顶部空白部分称为_____。

（4）用户初次启动 Word 2016 时,Word 2016 打开了一个空白的文档窗口,其对应的文档所具有的临时文件名为_____。

（5）Word 中段落的对齐方式默认为_____。

（6）插入 Word 文档中的图片,默认的环绕方式是_____。

（7）Word 的文档录入中,每按一次_____键就创建一个段落。

（8）通常 Word 2016 文档文件的扩展名是_____。

（9）在 Word 2016 中,可用于计算表格中某一数值列平均值的函数是_____。

（10）利用 Word 编辑文档,间距缺省时,段落中文本行的间距是_____。

（11）在 Word 中,若单击文档窗口右上角的_____按钮,则相应窗口被放大。

（12）在文档某处插入公式,可从插入选项卡_____组中选择"公式"命令,就可进入公式编辑状态。

（13）在 Word 文档编辑中,若将选定的文本复制到目的处,可以采用鼠标拖动的方法。先将鼠标移到选定的区域,按住_____键后,拖动鼠标到目的处即可。

（14）仅在_____视图方式及打印预览中才能显示分栏的效果。

（15）在 Word 编辑中,选择一个矩形区域的操作是将光标移到待选文本的左上角,然后按_____键和鼠标左键拖动到文本块的右下角。

3. 判断题

（1）Word 文档只能保存在"我的文档(MyDocuments)"文件夹中。（　　）

（2）比较而言,Word 对艺术字的处理,更类似于对图形的处理,而不同于对字符的处理。（　　）

（3）对文档设置分栏,最多能分 4 栏。（　　）

（4）删除表格的方法是将整个表格选定,按 Delete 键。（　　）

（5）在用 Word 2016 编辑文本时,若要删除文本区中某段文本的内容,可先选取该段文本,再按 Delete 键。（　　）

4. 操作题

（1）按照要求对文档进行编辑。

① 请录入图 3.76 所示文字。

② 设置标题为艺术字、隶书、初号,设置正文为仿宋体、小四号字;段落首行缩进两个字符,行距为 2 倍行距,效果如图 3.76 所示。

③ 插入图 3.76 所示九寨沟风景图片,环绕方式为四周型,效果如图 3.76 所示。

童话世界九寨沟

九寨沟是水的世界,也是瀑布王国,所有的瀑布全都从密林里狂奔出来。其中最著名的诺日朗瀑布,由高高的翠岩上急泻而下,雄浑壮丽。有的瀑布从山岩上腾越呼啸,几经跌宕,形成叠瀑,似银龙飞舞,激起无数小水珠,化作迷茫的水雾,有时在阳光的照射下,常常出现绮丽的彩虹,使人赏心悦目,流连忘返。九寨沟山峰挺拔,冬季皑皑雪峰,尽收眼底。艳阳下的冰斗,让人头晕目眩。站在顶山,极目远眺,山峦叠嶂,深谷幽壑,如云海连天,时隐时现,犹如仙境。到了夜晚,满天繁星闪耀,一览无余。

图 3.76　输入的文字及图片

(2)建立以下公式:

$$y = \text{if}(a^2 > b)\,\text{and}(b^3 < \sqrt{c^2 + d^2})$$

(3)在 Word 中制作表 3.3 所示的表格,要求表格内文字对齐方式为水平居中,第一行底纹为深色 25%。

表 3.3　制作的表格

培训中心课程表			
班　　次	白班	晚班	周末班
Windows XP	元月 8 日/14 日	元月 11 日/14 日	2 月 29 日
UNIX	元月 16 日	元月 16 日	3 月 12 日
JAVA	元月 14 日	元月 15 日	3 月 19 日

第 4 章　电子表格处理软件 Excel 2016

Excel 2016 是 Microsoft Office 2016 的重要组件之一,是 Windows 环境下非常好用的电子表格软件。它提供了丰富的函数及强大的图表、报表制作功能,可以有效地建立与管理数据,所以被广泛应用于财经、行政管理、金融、经济、审计和统计等众多领域。而新版的 Excel 2016 可以通过比以往更多的方法分析、管理和共享信息,从而做出更好、更明智的决策。全新的分析和可视化工具可以跟踪和突出显示重要的数据趋势,在移动办公时几乎被所有 Web 浏览器或智能手机来访问重要数据,甚至可以将文件上传到网站并与其他人同时在线协作。无论是生成财务报表还是管理个人支出,使用 Excel 2016 都能够更高效、更灵活地实现目标。

本章介绍 Excel 2016 的基本功能与操作,主要包括 Excel 的工作环境、工作簿与工作表的操作、公式计算与数据统计、数据分析和报表打印等。

4.1　Excel 2016 概述

4.1.1　Excel 2016 的功能与特点

1. Excel 2016 的主要功能

(1)电子表格中的数据处理。在电子表格中允许输入多种类型的数据,可以进行数据的编辑和格式化,还可以利用公式和函数对数据进行复杂的数学分析及报表统计。

(2)制作图表。可以将表格中的数据以各种统计图表的形式显示,以便直观地分析和观察数据的变化及变化趋势。当工作表中的数据源发生变化时,图表中对应项的数据也自动更新。系统提供了十几种图表类型供用户选择使用。

(3)数据库管理。能够以数据库管理方式管理表格数据,如对数据进行排序、筛选、分类汇总等,还可以与其他数据库软件如 Foxpro、Access 等交换数据。

2. Excel 2016 中的新增和改进功能

(1)可视化工具和命令系统。Excel 2016 中新增和改进的功能可以帮助用户进一步提高工作效率,但前提条件是用户必须熟练操作以便能够在需要时找到这些功能。

(2)对数据列表进行快速、有效地比较。Excel 2016 提供了强大的新功能和工具,可帮助用户发现模式或趋势,从而做出更明智的决策并提高用户分析大型数据集的能力。Excel 2016 使用单元格内嵌的迷你图及带有迷你图的文本数据获得数据的直观汇总。

(3)从桌面获得强大的分析功能。Excel 2016 中的优化和性能改进使用户可以更轻松、更快捷地完成工作。使用新增的搜索筛选器可以快速缩小表、数据透视表和数据透视图中可用筛选选项的范围,立即从多达百万甚至更多项目中进行准确定位。

(4)创建更卓越的工作簿。无论处理多少数据,Excel 2016 提供的新增和改进的图表、文本框中的公式、更多主题、带实时预览的粘贴功能、图片编辑等工具，都可以使用户随时使用所需工具来生成吸人眼球的图像（如图表、关系图、图片和屏幕截图）来分析和表达观点。

（5）采用新方法协作使用工作簿。Excel 2016 改进了用于发布、编辑和与组织中的其他人员共享工作簿的方法，这些功能包括共同创作工作簿、改进的 Excel Services、辅助功能检查器、改进的语言工具。

（6）采用新方法访问工作簿。Excel 2016 的 Microsoft Excel Web App、Microsoft Excel Mobile 2016 等功能，可以使用户几乎在任何地点进行编辑。如果不在家、学校或办公室时，可以在 Web 浏览器中查看和编辑工作簿。

（7）采用新方法扩展工作簿。Excel 2016 改进的可编程功能和支持高性能计算，可以为用户开发自定义的工作簿提供很好的解决方案。

4.1.2　启动 Excel 与认识工作环境

Microsoft Excel 是一套功能完整、操作简易的电子计算表格软件，提供了丰富的函数及强大的图表、报表制作功能，有助于高效率地建立与管理数据。

1. 启动 Excel 与认识工作环境

1）启动 Excel

启动 Excel 2016 有以下 2 种方法。

方法一：执行"开始"→"所有程序"→"Microsoft Office/Microsoft Excel 2016"命令启动 Excel，如图 4.1 所示。

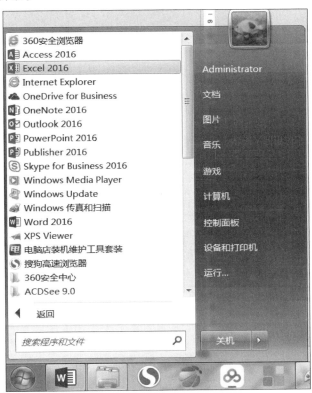

图 4.1　Excel 2016 的启动

方法二：双击已有 Excel 文件图标来启动 Excel。

除了执行命令来启动 Excel 外，在 Windows 桌面或文件资料夹视窗中双击 Excel 工作表的名称或图标，同样也可以启动 Excel。

2）Excel 2016 界面介绍

Excel 2016 窗口的基本界面如图 4.2 所示，主要组成元素有：快速访问工具栏、工作簿名称、功能选项卡、功能区、工作表区、工作表标签等。表 4.1 列出了 Excel 2016 窗口的主要组成部分及说明。

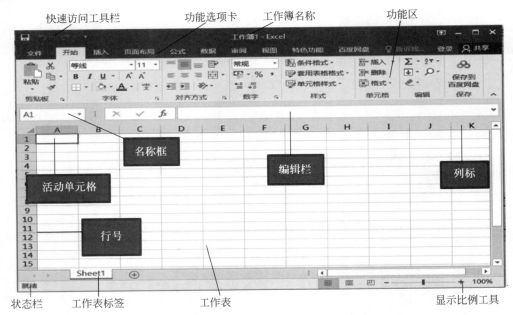

图 4.2　Excel 2016 窗口界面

表 4.1　Excel 2016 窗口的主要组成部分及说明

名　　称	说　　明
快速访问工具栏	显示可供快速访问的工具按钮，可自行设置选择
工作簿名称	显示当前使用的工作簿名称
功能选项卡	显示所有功能选项，可切换使用。每个选项卡上的功能又分若干个组
功能区	显示各功能选项卡上相应的工具（组合键：Alt＋字母或数字）
名称框	显示活动单元格或区域的名称
编辑栏	用来编辑和显示活动单元格内的数据或计算公式
行号	位于工作表左侧的数字编号区，单击行号可选择整行数据
列标	位于工作表上方的字母编号区，单击列标可选择整列数据
工作表标签	位于工作表区下方的标签，用于显示工作表的名称，单击工作表标签将激活相应的工作表
显示比例工具	用于设置表格的显示比例
状态栏	位于窗口底部的信息栏，提供与当前操作和系统状态有关的信息

Excel 窗口和建立文件

2. Excel 各组成部分介绍

1）认识功能选项卡

Excel 中所有的功能操作分门别类为 9 大选项卡，包括文件、开始、插入、页面布局、公式、数据、审阅、视图和特色功能。各选项卡中收录相关的功能群组，方便使用者切换、选用。例如，"开始"选项卡就是基本的操作功能，如字型、对齐方式等设定，只要切换到该功能选项卡即可看到其中包含的内容，如图 4.3 所示。

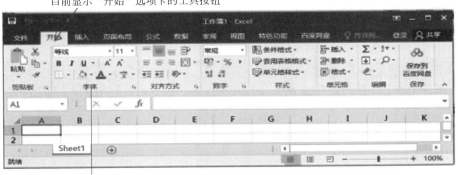

在功能页上按一下，即可切换到该选项卡

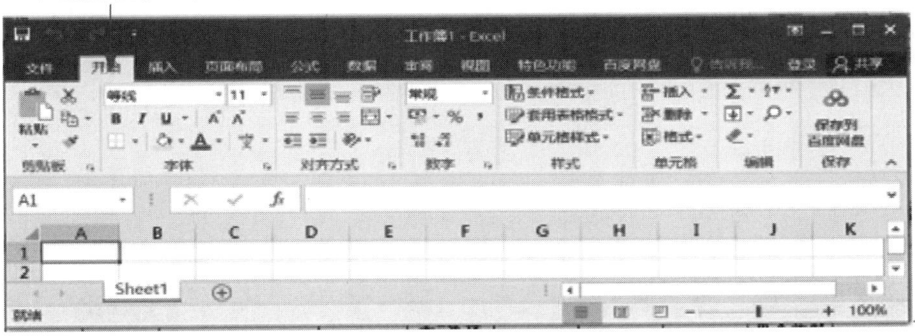

图 4.3　"开始"选项卡

2）认识功能区

视窗上半部的面板称为功能区，放置了编辑工作表时需要使用的工具按钮。开启 Excel 时默认会显示"开始"选项卡中的工具按钮，当选择其他的功能选项卡，便会改变显示该选项卡所包含的按钮，如图 4.4 所示。

目前显示"开始"选项卡的工具按钮

依功能还会再分隔成数个区块，如此处为字体区

图 4.4　"开始"选项卡的"字体"区

当进行某一项工作时，应先单击功能区上方的功能选项卡，再从中选择所需的工具按钮。例如，想在工作表中插入一张图片，便可单击"插入"选项卡，再单击"插图"区中的"图片"按钮，即可选取要插入的图片，如图 4.5 所示。

另外，为了避免整个画面太凌乱，有些选项卡会在需要使用时才显示。例如，当您在工作表中插入了一个图表，此时与图表有关的工具才会显示出来，如图 4.6 所示。

除了使用鼠标单击选项卡及功能区内的按钮外，也可以按键盘上的 Alt 键，即可显示各选项卡的组合键提示信息。当按选项卡的组合键之后，就会显示功能区中各功能按钮的组合键，从而可用键盘来进行操作，如图 4.7 所示。

电子表格处理软件 Excel 2016

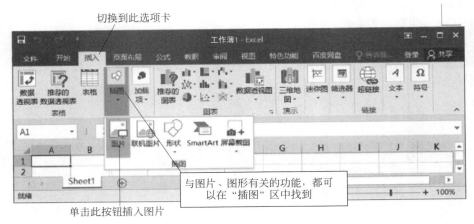

图 4.5 "插入"选项卡的"插图"区

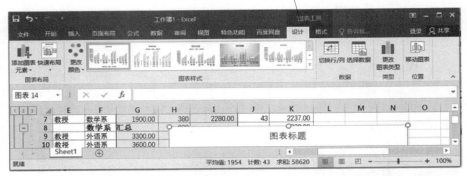

图 4.6 "图表工具"选项卡

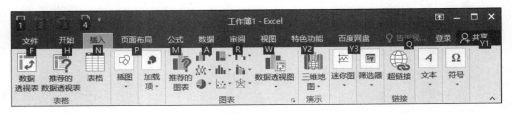

图 4.7 按 Alt 键时出现的组合键提示信息

在功能区中单击 ▣ 按钮,还可以开启专属的"对话框"或"工作窗格"做更详细的设定。例如,想要美化单元格的设定,就可以切换到"开始"选项卡,单击"字体"区右下角的 ▣ 按钮,打开"设置单元格格式"对话框来设定,如图 4.8 所示。

隐藏与显示"功能区":如果觉得功能区占用太大的版面位置,可以将"功能区"隐藏起来。隐藏"功能区"的方法如图 4.9 所示。

将"功能区"隐藏起来后,要再度使用"功能区"时,只要将鼠标移到任一个选项卡上单击即可开启;然而当鼠标移到其他地方再单击左键时,"功能区"又会自动隐藏。如果要固定显示"功能区",应在选项卡上右击,取消折叠功能区项目,如图 4.10 所示。

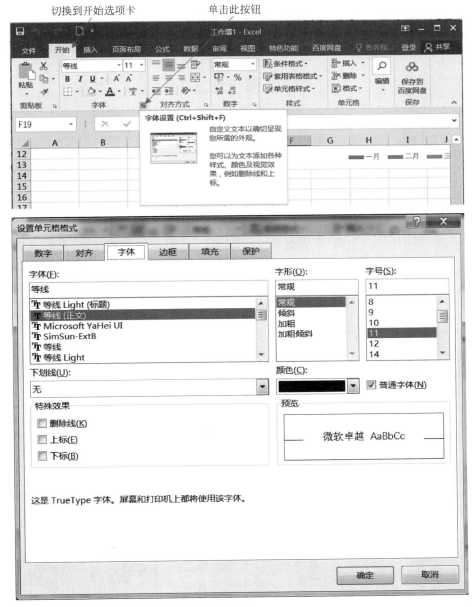

图 4.8 "设置单元格格式"对话框

3) "文件"选项卡

在 Excel 主视窗的左上角,有一个特别的选项卡,就是"文件"选项卡,单击该选项卡可以执行与文件有关的命令,如新建文件、开启旧文件、打印、保存及传送文件等。单击"文件"选项卡除了执行各项命令外,还会列出最近曾经开启及存储过的文件,方便再度开启。图 4.11 所示为"文件"选项卡中的"打印"功能。

4) 快速访问工具栏

"快速访问工具栏",顾名思义,就是将常用的工具摆放于此,以帮助快速完成工作。预

第 4 章

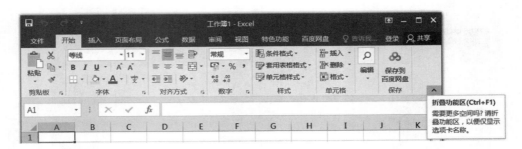

上图是功能区完整显示，下图是单击按钮折叠后

图 4.9　隐藏与显示"功能区"

将鼠标移到任何一个功能选项卡上单击，即会再度出现功能区

右击，取消勾选"折叠功能区"

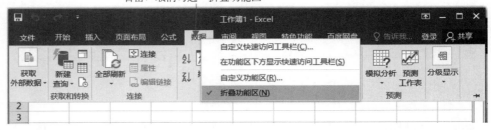

图 4.10　固定显示功能区

设的"快速访问工具栏"只有 3 个常用的工具，分别是"保存""撤销""恢复"，如果想将常用的工具也加入此区，应单击 按钮进行设定，如图 4.12 所示。

单击 按钮还可设定工具栏的位置。如果选择"在功能区下方显示"命令，可将"快速访问工具栏"移至"功能区"下方。

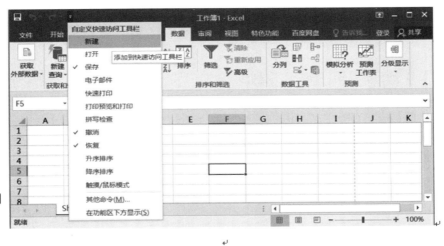

图 4.11 "文件"选项卡的"打印"功能

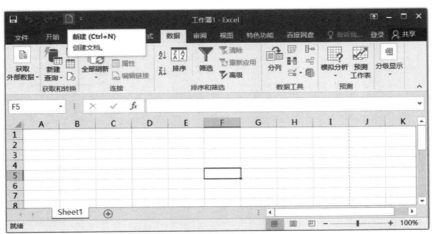

图 4.12 自定义快速访问工具栏

电子表格处理软件 Excel 2016

5）显示比例工具

视窗右下角是"显示比例"区，显示目前工作表的显示比例，单击 ⊕ 按钮可放大工作表的显示比例，每单击一次放大 10%，如 90%、100%、110%……；反之单击 ⊖ 按钮会缩小显示比例，每单击一次则会缩小 10%，如 110%、100%、90%……；或者也可以直接拖曳中间的滚动条，往 ⊕ 按钮方向拖曳可放大显示比例；往 ⊖ 按钮方向拖曳可缩小显示比例，如图 4.13 所示。放大或缩小文件的显示比例，并不会放大或缩小字型，也不会影响文件打印出来的结果，只是方便在屏幕上观看而已。

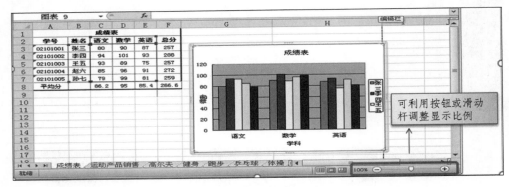

图 4.13　显示比例工具

如果鼠标附有滚轮，只要按住键盘上的 Ctrl 键，并滚动滚轮，即可快速放大、缩小工作表的显示比例。此外，也可以单击工具栏左侧的"缩放比例"按钮，由"显示比例"对话框来设定显示比例，或自行输入要显示的比例，如图 4.14 所示。当输入的值小于 100% 时，表示要缩小显示比例；当大于 100% 时，则表示要放大。若选中"恰好容纳选定区域"单选按钮，则Excel 会根据在工作表上选定的范围来计算缩放比例，使这个范围刚好填满整个工作簿窗口。

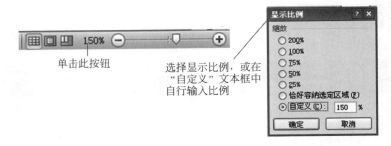

图 4.14　更改显示比例

4.1.3　Excel 2016 的基本术语

为了方便讲解，此处再次显示 Excel 2016 的窗口界面，如图 4.15 所示。

（1）工作簿：指 Excel 中用来存储和处理数据的文件，扩展名为.xlsx（2003 以前版本为.xls）。每个工作簿可以包含多个工作表（数量多少与内存、新建 Sheet 大小有关）。Excel 环境下新建的工作簿默认名为"工作簿 1""工作簿 2"……。

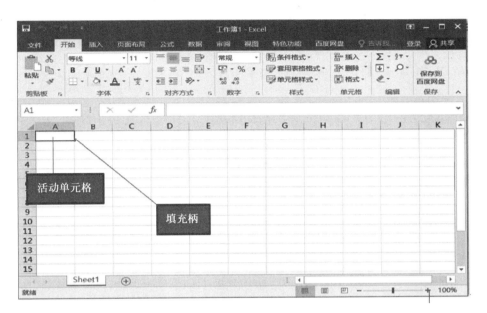

图 4.15　Excel 2016 窗口界面

（2）工作表：在 Excel 中用于存储和处理数据的主要文档，也叫作电子表格（二维表格）。用户可以将若干相关工作表组成一个工作簿，操作时不必打开多个文件，而直接在同一文件的不同工作表中方便地切换。工作表由排列成行和列的单元格组成，每张工作表都有一个相应的工作表标签，工作表标签上显示的就是该工作表的名称。新建的空白工作簿都包含有一个工作表，其初始名称为 Sheet1。

（3）单元格：指工作表中的最小单位，是行和列交叉处形成的白色长方格。纵向的称为列，列标用字母 A～XFD 表示，共 16384（2^{14}）列；横向的称为行，行号用数字 1～1048576 表示，共 1048576（2^{20}）行。每个单元格用它所在的行号和列标来引用，如 A6、D23 等。可用单元格来存储字符、数值和日期等类型的数据，其中数据通过其名称访问，单元格名可作为变量应用在表达式中。文本框、图片、艺术字等数据可作为图形对象，存储于工作表中，但并不属于某一个单元格。

（4）区域：多个单元格可组成一个区域，选择一个区域后，可对其数据或格式进行操作。

（5）输入框：一个新的工作簿打开后，在第一个表的第一个单元格 A1 被套上一个加粗的黑框，这个框就称为输入框。

（6）填充柄：输入框右下方的黑色小方块，称为填充柄。用鼠标左键或右键拖动填充柄，可以快速实现数据的输入和格式、公式等的复制。

（7）活动单元格：当前可操作其数据或格式的单元格称为活动单元格。通过单击，或使用方向键移动输入框，可使一个单元格变为活动的。活动单元格的名称会自动显示在名称框中。

4.2　Excel 2016 的基本操作

4.2.1　工作簿的创建、保存和打开

1. 工作簿的创建

若要创建新工作簿,可以打开一个空白工作簿;也可以基于现有工作簿、默认工作簿模板或任何其他模板创建新工作簿。

在 Windows 文件夹窗口中,可以通过"新建"→"新建 Microsoft Excel 工作表"菜单命令来创建一个 Excel 的空白工作簿文件。

在 Excel 2016 窗口中,选择"文件"选项卡上的"新建"选项,系统显示诸多"可用模板",用户可根据需要进行选择,最常用的是"空白工作簿"(要快速新建空白工作簿,也可以按 Ctrl+N 组合键)。

2. 保存工作簿

可以通过单击快速访问工具栏中的"保存"按钮,或选择"文件"→"保存"命令,或按 Ctrl+S 组合键等方式,对当前工作簿进行保存。如果是新工作簿的第一次保存,系统会自动弹出图 4.16 所示的"另存为"对话框,用户可以重置文件保存位置,输入工作簿的文件名以及选择其他保存类型。

图 4.16　"另存为"对话框

在实际操作过程中常会发生一些异常情况,如死机、文件无法响应等导致编辑的文件不能及时保存,为此 Excel 2016 中提供定时保存功能,默认设置时间间隔是 10 分钟。如要修改,可在"文件"选项卡中单击"选项",在弹出的"Excel 选项"对话框中选择"保存"选项卡,在右侧"保存自动恢复信息时间间隔"中设置所需要的时间间隔即可。

3. 打开工作簿

如果要对已保存的工作簿进行编辑,则需先打开它,主要方法如下。

(1) 在工作簿文件所在文件夹中,直接双击工作簿文件名即可打开。

(2) 在 Excel 窗口中,选择"文件"→"打开"命令,或按 Ctrl+O 组合键,系统会弹出"打开"对话框,用户可以选择文件所在位置和文件名称,再单击"打开"按钮。

4. 关闭工作簿

选择"文件"→"关闭"命令,或单击工作簿窗口"关闭窗口"按钮,或按 Alt+F4 组合键,即可关闭当前工作簿。

4.2.2 工作表的基本操作

默认情况下,Excel 工作簿含有一张空白工作表,其名称为 Sheet1。工作表的名称显示在工作表标签上,通过单击相应的工作表标签,可以在工作表之间进行切换。工作表标签左边是 4 个导航按钮,工作表标签右边的按钮用于插入新的工作表,如图 4.17 所示。

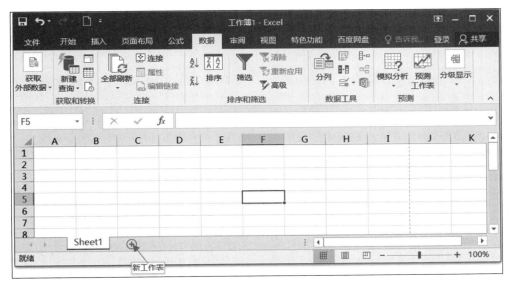

图 4.17　默认的一个工作表

1. 工作表的选择

1) 选择单个工作表

当工作表名称显示在工作表标签上时,直接单击工作表名便可以选择;当工作表名称未显示在工作表标签上时,可以通过单击工作表标签滚动按钮,使工作表名称显示在工作表标签上,再单击;或者右击工作表标签滚动按钮,在弹出的所有工作表中选择将要使用的工作表,如图 4.18 所示;也可以利用 Ctrl+PageUp 组合键切换到前一张工作表,按 Ctrl+PageDown 组合键可切换到后一张工作表。

2) 选择多个工作表

当用户正在创建或者编辑一组有类似作用和结构的工作表时,可以选择多个工作表,这样就能够在多个工作表中同时进行插入、删除或编辑工作。方法如下。

(1) 选择一组相邻的工作表。先单击第一个,按住 Shift 键不放,再单击最后一个工作

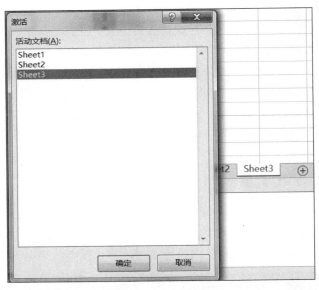

图 4.18　工作表标签

表标签。

　　(2) 选择不相邻的工作表。先单击第一个,按住 Ctrl 键不放,再单击每个要选择的工作表标签。

　　(3) 选择工作簿中的全部工作表。右击工作表标签,从弹出的快捷菜单中选择"选定全部工作表"命令,如图 4.19 所示。

图 4.19　工作表快捷菜单

　　选择多个工作表后,Excel 标题栏中会出现"工作组"字样。这时在一个工作表中输入文本,其他选择的工作表中也会出现同样的文本;如果改变一个工作表中某个单元格的格式,其他工作表的相应单元格的格式也会随着改变。

2. 工作表的插入、删除、重命名、移动或复制

　　进行工作表的插入、删除、重命名、移动或复制时,常用到工作表的快捷菜单(右击任意工作表标签即会弹出图 4.19 所示的快捷菜单),在此菜单中选择相应的命令,然后按有关提示进行操作,便可实现相应的功能。"移动或复制工作表"对话框如图 4.20 所示,复制工作表时，需勾选"建立副本"复选框。移动或复制工作表，可以在多个工作簿之间进行，若只在一个工作簿内移动或复制工作表，可直接通过鼠标拖曳来完成（复制时搭配使用 Ctrl 键），若要对多个工作表同时操作，则需首先同时选择这些工作表。

4.2.3　单元格的基本操作

1. 选择单元格或区域

为了方便同时操作多个单元格，必须先选择这些单元格。一个单元格或一个矩形区域被选择后，单元格或区域就会带上输入框。

选择操作一般可通过鼠标和方向键或加上 Shift 键来共同完成，下面分几种情况介绍单元格和区域的选择方法。

1）选择单个单元格

用方向键移动"输入框"到单元格上，或单击该单元格，可以选择一个单元格。

2）选择矩形区域

（1）将鼠标指针移向区域左上角的单元格，再按住鼠标左键并向右下角区域方向拖曳，当鼠标指针到达右下角单元格后，松开鼠标左键即可。当然，也可反向进行。以选取 A2～D5 范围为例，如图 4.21 所示。

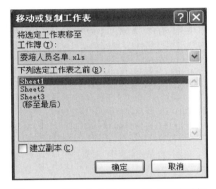

图 4.20　"移动或复制工作表"对话框

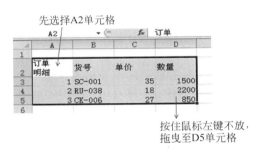

图 4.21　选择矩形区域

（2）单击左上角的单元格后，按住 Shift 键不放，再单击右下角的单元格（可以先拖曳鼠标指针到相应位置），最后松开 Shift 键。也可不用鼠标，只用方向键和 Shift 键来完成。

3）选择整个表

单击工作表左上角行、列交汇处的选择块，即可选择整个表。

4）选择整行或整列

单击工作表的列标，即可选择整列；单击工作表的行号，即可选择整行；单击并拖曳要选择相邻行的行号，即可选择相邻的行；单击并拖动要选择相邻列的列标，即可选择相邻的列。

5）选择不相邻的单元格或区域

先选择第一个单元格或矩形区域，再按住 Ctrl 键不放，然后选择其他单元格或矩形区域，完成后松开 Ctrl 键。例如，B2:D2、A3:A5，先选取 B2:D2 范围，然后按住 Ctrl 键，再选取第 2 个范围 A3:A5，选好后再放开 Ctrl 键即可。

6）取消选择对象

单击任意一个单元格就可取消所选择的区域。

2. 编辑单元格数据

（1）在单元格中输入数据。

只要选择该单元格，输入新内容即可替换原有内容。例如，输入"货号"2 个字，在输入数据时环境会发生一些变化，如图 4.22 所示。

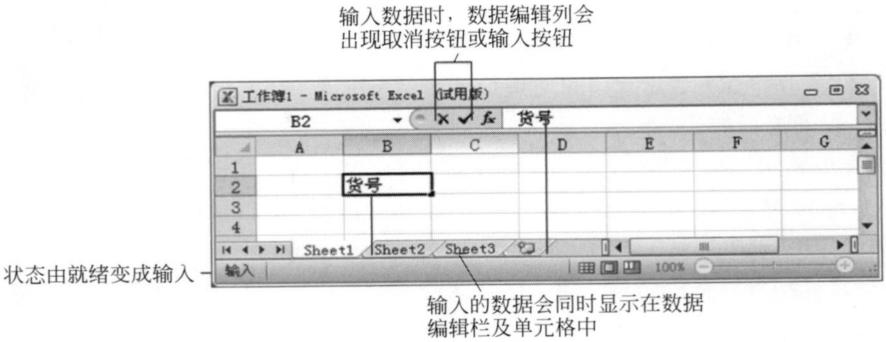

图 4.22　输入单行数据

（2）修改单元格中的部分数据。

首先双击单元格，或选择该单元格后按功能键 F2，使插入光标出现在单元格中，此时就可以进行单元格数据的修改了。除了用鼠标外，也可用左、右方向键来定位插入光标。

3. 复制单元格数据

将一个单元格或区域中的数据复制到其他地方，可按下列步骤进行操作。

（1）选择要复制的单元格或区域。

（2）按 Ctrl＋C 组合键，或右击单元格或区域，在弹出的快捷菜单中选择"复制"命令（这时在被选区域四周会出现一个虚框）。

（3）定位目标位置（复制数据放置位置的开始单元格）。

（4）按 Ctrl＋V 组合键，或右击目标单元格，在弹出的快捷菜单中选择"粘贴"命令，完成复制。

注意：Excel 中粘贴的数据会替换目标单元格的数据。如果以插入的方式粘贴数据，则不是执行"粘贴"命令，而是右击目标处，在弹出的快捷菜单中选择"插入复制的单元格"命令。在 Excel 中，除了"粘贴"功能外，还有功能更加强大的"选择性粘贴"功能，利用该功能可以选择性地粘贴"格式"或"数值"等，同时还可进行运算。"选择性粘贴"对话框如图 4.23 所示。

4. 移动单元格数据

1）利用鼠标拖放操作移动单元格数据

（1）选择要移动的单元格或区域。

（2）移动鼠标指针到区域边界，使鼠标指针变为箭头形状。

（3）按住鼠标左键不放，拖动鼠标指针到合适位置后，释放鼠标按键即可移动单元格或区域。

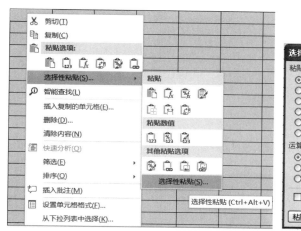
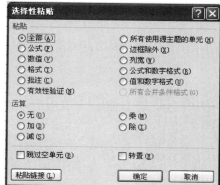

图 4.23 "选择性粘贴"命令及对话框

2）利用剪切和粘贴移动单元格数据

（1）选择要移动的单元格或区域。

（2）执行"剪切"的命令。

（3）定位目标位置。

（4）执行"粘贴"命令。

若以插入（而不是替换）方式进行粘贴，则执行"插入剪切的单元格"命令，这时会弹出图 4.24 所示的"插入粘贴"对话框，再根据需要继续完成操作。

5. 插入单元格、行和列

首先将插入光标移动到预定的行或列，也可选择行或列，然后执行"开始"→"单元格"→"插入"命令（或其子命令"插入复制的单元格""插入工作表行""插入工作表列"等），如图 4.25所示。

图 4.24 "插入粘贴"对话框

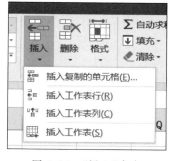

图 4.25 "插入"命令

6. 删除行、列或单元格

（1）选择整行或整列，然后执行"开始"→"单元格"→"删除"命令，即可完成。

（2）删除单元格或区域。首先选择要删除的单元格或区域，然后执行"开始"→"单元格"→"删除"→"删除单元格"命令，在弹出的对话框中，可以进一步选择"右侧单元格左移"或"下方单元格上移"，单击"确定"按钮完成操作。

4.2.4 输入数据

Excel 允许用户向单元格输入的数据有文本、数字、日期、时间等多种类型。所有数据类型及格式设置,可以通过选择"开始"→"单元格"→"格式"→"设置单元格格式"命令,或者右击,选择快捷菜单中的"设置单元格格式(F)…"命令,在打开的对话框中进行设置完成,如设置"数值"格式,如图 4.26 所示。

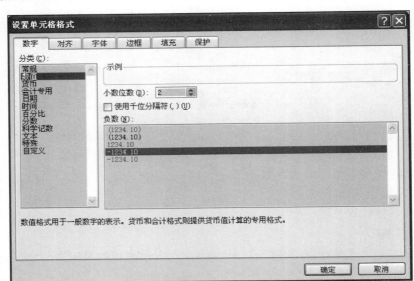

图 4.26　设置"数值"格式

Excel 中对于数据或公式的输入,可以在单元格中进行,也可以在输入框中完成。输入数据或公式后,按 Enter 键或 Tab 键、光标移动键,或单击编辑栏左边的"√",确认输入操作;若单击编辑栏左边的"×"按钮,或按 Esc 键,则取消输入操作。

Excel 会自动判断使用者输入的数据类型,来决定数据的预设显示方式,如数字数据靠右对齐、文字数据靠左对齐。若输入的数据超过单元格宽度时,Excel 将会改变数据的显示方式。当单元格宽度不足显示内容时,数字数据会显示成"＃＃＃",而文字数据则会由右边相邻的单元格决定如何显示。如图 4.27 所示,这时只要调整单元格的宽度或在标题栏的右框线上双击就可以调整宽度。调整高度的方法和调整宽度的方法一样,只要拖曳行下方的框线就可以了。

图 4.27　单元格宽度不足以显示内容

若想在一个单元格内输入多行数据,可在换行时按 Alt＋Enter 组合键,将插入点移到下一行,便能在同一单元格中继续输入下一行数据。

如果要清除单元格的内容,先选取欲清除的单元格,然后按 Delete 键或者右击,在弹出的快捷菜单中选择"清除内容"命令。

1. 输入文本型数据

文本型数据包含汉字、英文、数字、空格等可由键盘输入的符号。单元格中文本型数据的默认对齐方式为左对齐,用户也可以通过格式化的方法改变文本的对齐方式。

【**例 4.1**】 试在单元格中输入一个以"0"开头的纯数字字符串和一个电话号码。

当直接在单元格中输入一个以"0"开头的数字串后,系统会自动舍弃前面的"0",当直接在单元格中输入一个电话号码后,系统会自动将它变成科学记数形式,这是因为系统把它们都当作数字来处理了。要输入以"0"开头的纯数字字符串或如电话号码的长数字串,正确的方法主要有以下两种。

(1) 在数字串前面加上一个英文的单引号(输入结束后不会显示出来)。

(2) 先将单元格内容设置为"文本",再输入数字串。

2. 输入数值型数据

在 Excel 2016 中,数字是仅包含下列字符的常数值:

0 1 2 3 4 5 6 7 8 9 + － ( ) , / ￥ $ % . E e

在默认状态下,单元格中的数字为右对齐。

输入负数时数值前加上负号"－"即可,或者将数字括在圆括号内,如 －10 和(10)均表示负 10。

输入分数时,在分数前先输入一个 0 及一个空格,Excel 才能识别为分数;否则 Excel 2016 将把该数据当作日期处理。例如,要在单元格中显示"5/8";则应输入"0 5/8";否则 Excel 会将其理解为日期格式的"5 月 8 日"。

【**例 4.2**】 输入带两位小数的表示金额的数据。

当直接在单元格中输入最后的小数是"0"的数据时,系统会自动舍弃这些"0"。正确的输入方法通常有以下两种。

(1) 输入数据后,使用"开始"选项卡"数字"组中添加小数位功能命令,添加小数到两位。

(2) 先将单元格设置为带有两位小数的"数值"类型(图 4.26),再输入数据。

3. 输入日期和时间

输入日期时,按"年-月-日"或"年/月/日"的格式输入,如 14-09-10(系统会自动更正为默认格式 2014/09/10)。若用户想在活动单元格中插入当前日期,可按 Ctrl+";"组合键。

输入时间时,按"时:分"或"时:分:秒"的形式输入,小时以 24 小时制来表示,如 15:24:35。如要输入系统当前时间,可按 Ctrl+Shift+";"组合键。

4. 输入公式

当需要将工作表中的数字数据做加、减、乘、除等运算时,可以把计算的工作交给 Excel 的公式去做,省去自行运算的时间,而且当数据有变动时,公式计算的结果还会立即更新。

Excel 的公式和一般数学公式相似,数学公式的表示法为 A3＝A2＋A1,意思是 Excel 会将 A1 单元格的值加上 A2 单元格的值,然后把结果显示在 A3 单元格中。若将这个公式改用 Excel 表示,则变成要在 A3 单元格中输入:＝A2＋A1。

输入公式必须以等号"＝"开始,如＝A1＋A2,这样 Excel 才知道输入的是公式,而不是一般的文字数据。

【**例 4.3**】 求和。如图 4.28 所示,打算在 E2 单元格存放"王书恒的各科总分",也就是要将"王书恒"的英文、生物、理化分数加起来,放到 E2 单元格中,因此将 E2 单元格的公式设计为"＝B2＋C2＋D2"。步骤如下。

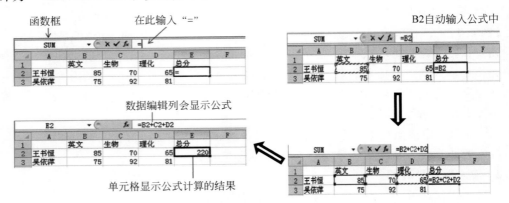

图 4.28　例 4.3 的输入步骤

① 选定要输入公式的 E2 单元格,并将指针移到数据编辑列中输入等号"＝"。

② 接着输入"＝"之后的公式,在单元格 B2 上单击,Excel 便会将 B2 输入数据编辑列中。

③ 再输入"＋",然后单击 C2 单元格,继续输入"＋",单击 D2 单元格,如此公式的内容便输入完成了。

④ 最后单击数据编辑列上的 ✓ 按钮或按 Enter 键,公式计算结果马上显示在 E2 单元格中。

也可以直接在 E2 单元格中,由键盘直接输入"＝B2＋C2＋D2",再按 Enter 键来确认公式。若想直接在单元格中查看公式,可按下 Ctrl ＋ ` 组合键(` 键在 Tab 键的上方),在公式和计算结果间做切换。

公式的计算结果会随着单元格内容的变动而自动更新。以上例来说,假设当公式建好以后,才发现"王书恒"的"英文"成绩打错了,应该是"90"分才对,当将单元格 B2 的值改成"90"时,E2 单元格中的计算结果立即从 220 更新为 225。

5．输入函数

函数是 Excel 根据各种需要,预先设计好的运算公式,可以节省自行设计公式的时间,借助它可实现许多复杂的计算。

函数只能在公式中使用,使用函数时可以直接从键盘输入函数。如例 4.3 中求和的计算公式,可用"＝SUM(B2:D2)"取代。

【**例 4.4**】　如图 4.29 所示,假设要在 B8 单元格运用 SUM 函数来计算班费的总支出。步骤如下。

① 首先单击存放计算结果的 B8 单元格,并在数据编辑列中输入等号"＝"。

② 接着单击函数框右侧的下拉按钮,在显示窗口中选取 SUM 函数,此时会开启函数参数对话框来协助输入函数。

函数显示窗口只会显示最近用过的 10 个函数,若在函数框显示窗口中找不到想要的函

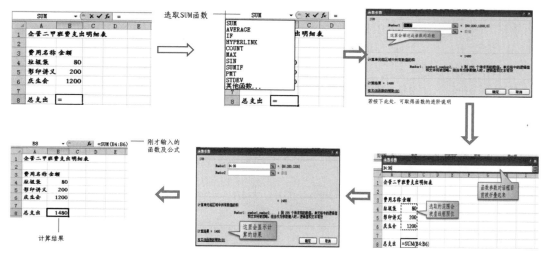

图 4.29　例 4.4 的操作步骤

数,可选取"其他函数"命令打开"插入函数"对话框来寻找想使用的函数。

　　③ 设定函数的自变量。先单击第一个自变量栏 Number 1 右侧的折叠按钮 ![]。

　　④ 将"函数参数"对话框收起来,再从工作表中选取 B4:B6 当作自变量。

　　⑤ 单击自变量栏右侧的展开按钮 ![],再度将"函数参数"对话框打开。

　　除了从工作表中选取单元格来设定自变量外,也可以直接在自变量栏中输入自变量,免去了折叠、展开"函数参数"对话框的麻烦。

　　⑥ 单击"确定"按钮,函数的计算结果就会显示在 B8 单元格内。

　　还可以利用"自动求和"按钮快速输入函数:在"开始"选项卡编辑区有一个"自动求和"按钮 ![],可以快速输入常用的函数。例如,当选取 B8 单元格,并单击 ![] 按钮时,便会自动插入 SUM 函数,且连自变量都已经自动设定好了。

　　除了求和功能外,还提供了几种常用的函数,只要单击 ![] 按钮旁边的下拉按钮,即可选择要进行的计算,如图 4.30 所示。

图 4.30　"自动求和"按钮

6. 快速填充数据

　　如果某一行或某一列的数据为一组固定的序列数据(如星期日、星期一……星期六,甲、乙、丙……),或是等差数列和等比数列(如 1,3,5… 和 1,2,4,8…),此时可以使用自动填充功能快速输入。

　　数据或公式填充的方法主要有以下几种。

① 按住鼠标左键拖动填充柄。

② 按住鼠标右键拖动填充柄(系统会弹出快捷菜单)。

③ 使用“开始”选项卡上“编辑”组中“填充”工具。

1) 填充相同数据

如果要在多个单元格中输入相同的数据,可以先同时选择这些单元格,然后在活动单元格中输入数据,输入完毕后,按 Ctrl+Enter 组合键,此时所选定的单元格中都填上了相同的数据。若数据在相邻的单元格中,还可以先在一个单元格中输入数据,再用鼠标左键拖动填充柄将其填充到其他单元格中(必要时配合使用 Ctrl 键)。

图 4.31 所示为 J 列的自动填充。

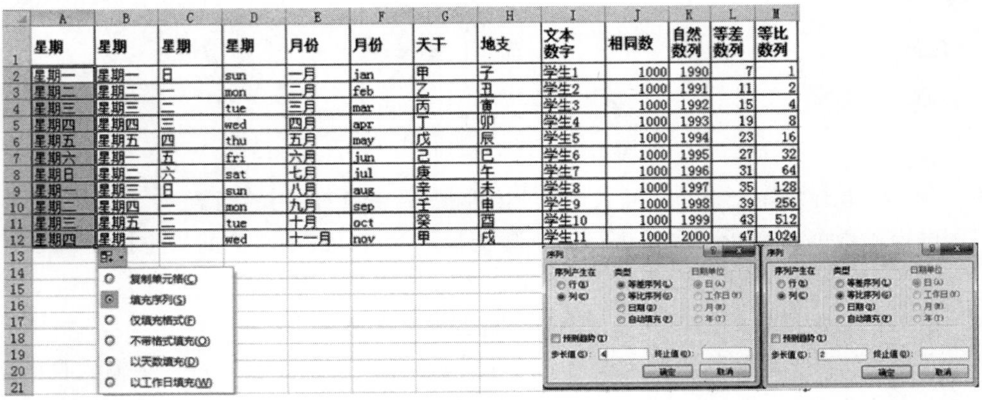

	A	B	C	D	E	F	G	H	I	J	K	L	M
1	星期	星期	星期	星期	月份	月份	天干	地支	文本数字	相同数	自然数列	等差数列	等比数列
2	星期一	星期一	日	sun	一月	jan	甲	子	学生1	1000	1990	7	1
3	星期二	星期二	一	mon	二月	feb	乙	丑	学生2	1000	1991	11	2
4	星期三	星期三	二	tue	三月	mar	丙	寅	学生3	1000	1992	15	4
5	星期四	星期四	三	wed	四月	apr	丁	卯	学生4	1000	1993	19	8
6	星期五	星期五	四	thu	五月	may	戊	辰	学生5	1000	1994	23	16
7	星期六	星期一	五	fri	六月	jun	己	巳	学生6	1000	1995	27	32
8	星期日	星期二	六	sat	七月	jul	庚	午	学生7	1000	1996	31	64
9	星期一	星期三	日	sun	八月	aug	辛	未	学生8	1000	1997	35	128
10	星期二	星期四	一	mon	九月	sep	壬	申	学生9	1000	1998	39	256
11	星期三	星期五	二	tue	十月	oct	癸	酉	学生10	1000	1999	43	512
12	星期四	星期一	三	wed	十一月	nov	甲	戌	学生11	1000	2000	47	1024

图 4.31 数据填充示例

在 J2:J12 单元格区域输入 1000,可以使用以下几种方法。

① 选定 J2:J12 共 11 个单元格,输入 1000,再按 Ctrl+Enter 组合键。

② 在 J2 中输入 1000,再用鼠标左键按住 J2 右下角的填充柄,向下拖动到 J12 单元格。

③ 在 J2 中输入 1000,再用鼠标右键按住 J2 右下角的填充柄,向下拖动到 J12 单元格,在弹出的快捷菜单中选择“复制单元格”或“不带格式填充”命令。

2) 使用序列填充数据

Excel 内部已经定义了一些固定的序列,如星期日、星期一……甲、乙、丙……。使用序列输入数据的具体方法是在一个单元格中输入某个序列的任何一项(如星期序列中的星期一),再将这些项填充到其他单元格,就会自动输入序列中的其他项(如向下或向右填充,就产生星期二、星期三……)。

图 4.31 中,A、C、D、E、F、G、H、I、K 列,填充时右下角菜单都选择“填充序列”命令;B 列填充时右下角菜单选择“以工作日填充”命令。

3) 使用公式填充数据

对等差序列和等比序列及其他一些数列,可以使用公式填充来完成。

如图 4.31 所示,在 K 列、L 列和 M 列中分别输入自然数列、等差数列和等比数列。

K 列的填充方法一:首先在 K2 单元格输入 1990,然后按住 Ctrl 键不放,用鼠标左键拖动 K2 单元格的填充柄向下填充到 K12,最后松开鼠标。

K 列的填充方法二:首先在 K2 单元格输入 1990,然后用鼠标左键拖动 K2 单元格的填充柄向下填充到 K12,单击右下角菜单,选择"填充序列"命令。

L 列的填充方法一:首先在 L2 和 L3 单元格中分别输入 7 和 11,然后选定 L2 和 L3 两个单元格,最后用鼠标左键拖动填充柄向下填充到 L12。

L 列的填充方法二:首先在单元格 L2 中输入 7,在 L3 中输入公式"＝L2＋4",然后选定 L3 单元格,最后用鼠标左键拖动填充柄向下填充到 L12。

L 列的填充方法三:首先在单元格 L2 中输入 7,用鼠标左键拖动填充柄向下填充到 L12(此时整列数据都是 7),然后用鼠标左键选择"开始"→"编辑"→"填充"→"序列"命令(图 4.31),在"序列"对话框的"类型"选项组中选中"等差序列"单选按钮,在"步长值"文本框中输入 4,单击"确定"按钮,原来 L 列中的 7 就变成等差数列了。

M 列的填充方法一:首先在 M2 单元格中输入 1,再在 M3 单元格中输入公式"＝2＊M2",然后选定 M3 单元格,最后用鼠标左键拖动填充柄向下填充到 M12。

M 列的填充方法二:首先在 M2 单元格中输入 1,然后用鼠标右键拖动 M2 的填充柄向下到单元格 M12,在系统自动弹出的快捷菜单中选择"序列"命令,再在打开的对话框中选择"类型"为"等比数列",设置"步长值"为 2,最后单击"确定"按钮完成。

4.3　工作表格式化

为了使创建的工作表美观、数据醒目,可以对其进行必要的格式编排,如改变数据的显示格式和对齐方式、调整列宽和行高、添加表格边框和底纹等。

4.3.1　格式设置有关工具

Excel 2016 中,工作表的格式化主要通过使用"开始"选项卡上诸多工具来完成(图 4.32)。例如,"剪贴板"组的"格式刷";"字体"组的"字体""字号""字体颜色""边框/绘制边框";"对齐方式"组的各种对齐方式、"方向""自动换行""合并后居中";"数字"组的"百分比""增加/减少小数位数";"格式"组的"条件格式""套用表格格式""单元格样式";"单元格"组中的"格式"等。

图 4.32　"开始"选项卡

图 4.33 中是一些常用格式设置示例。

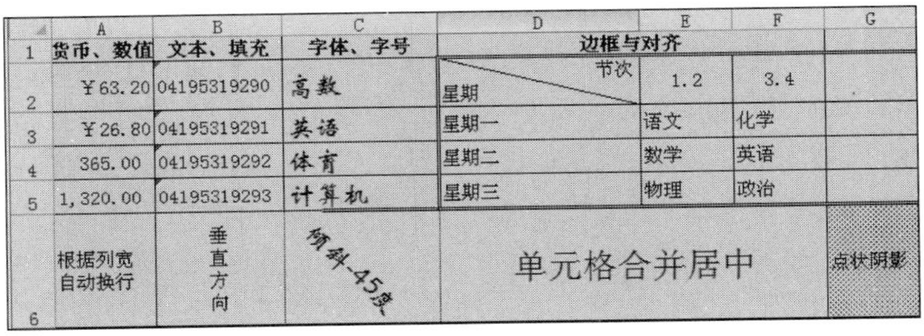

图 4.33　单元格格式设置示例

通常,使用填充柄填充时,同时也将原单元格的格式复制到目标单元格上。

"格式刷"的功能:"开始"选项卡上"剪贴板"组的"格式刷"是将现有单元格格式复制到其他单元格的专用工具。"格式刷"的用法是,首先选定现有单元格或区域,然后单击(或双击)"格式刷",这时鼠标指针变成了刷子形状,再用单击或拖动的方式刷到目标单元格或区域(双击"格式刷"时,可连续多次使用刷子。不用时,再次单击"格式刷"即可取消)。

4.3.2 设置单元格格式

1. 设置数据类型及格式

数据类型及格式的设置可在图 4.26 所示的"设置单元格格式"对话框的"数字"选项卡中进行。

【例 4.5】 依照图 4.33 中 A2 和 A3 单元格中货币形式的数据,输入 A9 和 A10 单元格中。

操作方法及步骤如下。

① A9 和 A10 单元格中分别输入 63.2 和 26.8,再选择这两个单元格。

② 右击选择的单元格,在快捷菜单中单击"设置单元格格式"命令,弹出图 4.26 所示的对话框。

③ 选择"货币"选项的默认设置,并单击"确定"按钮。

【例 4.6】 依照图 4.33 中 B2～B5 单元格中的数据格式,在 B9～B12 单元格中输入同样的数据。

操作方法及步骤如下。

① 右击 B9 单元格,在快捷菜单中单击"设置单元格格式"命令,弹出图 4.26 所示的对话框,在"分类"列表中选择"文本"选项,并单击"确定"按钮。

② 在 B9 单元格输入"04195319290"。

③ 将 B9 单元格向下填充到 B12。

2. 设置数据对齐格式

【例 4.7】 依照图 4.33 中 D6～F6 单元格中文字和格式,在 D9～F9 单元格中输入同样的内容并设置水平方向和垂直方向都居中。

操作方法和步骤如下。

① 在 D9 单元格中输入文字"单元格合并居中",并设置字号为 20。

② 选定 D9:F9 单元格区域,调出"设置单元格格式"对话框,选择"对齐"选项卡,如图 4.34 所示。

③ 在"文本对齐方式"选项组中,"水平对齐"和"垂直对齐"都选择"居中"。

④ 在"文本控制"选项区域中,勾选"合并单元格"复选框,单击"确定"按钮即可。

3. 条件格式设置

通过条件格式,可以对满足不同条件的数据单元格设置不同的字体、边框和底纹格式。

【例 4.8】 有一个成绩表,要对各科成绩的分数进行不同颜色的设置:小于 60 分的为红色,60～89 分的为蓝色,90 分以上的为紫色。

操作方法和关键步骤如下。

① 选定各科成绩。

② 使用"开始"选项卡上"样式"组中"条件格式"的"管理规则",打开图 4.35 所示的"条件格式规则管理器"对话框。

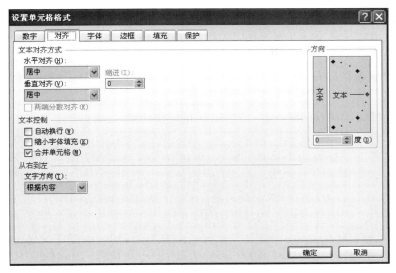

图 4.34　"设置单元格格式"的"对齐"选项卡

图 4.35　"条件格式规则管理器"对话框

③ 单击"新建规则"按钮,打开图 4.36 所示的对话框,将"选择规则类型"设置为"只为包含以下内容的单元格设置格式",并在"编辑规则说明"区域中进行相应的设置。

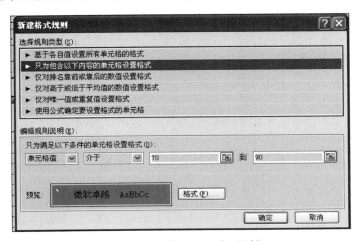

图 4.36　"新建格式规则"对话框

4.3.3 更改列宽和行高

利用"开始"选项卡上"单元格"组中"格式"中的"行高""列宽""隐藏和取消隐藏"等相关命令,可精确设置表格的行高和列宽,并可对行和列进行隐藏。下面介绍如何改变行高和列宽。

(1) 手工改变表格的列宽(行高)。将鼠标指针移动要改变列宽(行高)的列(行)标题的边界处,鼠标指针变成指向左右(上下)的双向箭头形状,然后按住鼠标左键拖动其边界到适当的宽(高)度,松开鼠标。如要同时更改多列(行)的宽(高)度,先选择这些列(行),然后拖动其中一个列(行)右(下)方的边界线到适当宽(高)度即可。

(2) 自动改变表格的列宽(行高)到最合适的宽(高)度。将鼠标指针移动到要改变列宽(行高)的列(行)标题的边界处,鼠标指针变成指向左右(上下)的双向箭头形状,然后双击。如要同时更改多列(行)的宽度,则需要先选择这些列(行),然后拖曳这些列(行)任意相邻两列(行)之间的分界线。如要一次性改变整个表格的列宽(行高),则要先选择整个表格,然后拖曳两列(行)之间的分界线。

4.3.4 表格样式的自动套用

Excel 提供了表格格式自动套用的功能,可以利用此功能制作出美观、大方的报表。

【例 4.9】 使用"套用表格格式"功能,制作图 4.37 所示的表。

操作方法和步骤如下。

① 输入表格内容。

② 首先选择表格,然后选择"开始"→"样式"→"套用表格格式"命令。

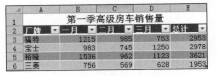

图 4.37 自动套用格式示例

4.4 公式和函数

在 4.2.4 小节中已经简单介绍过使用公式和函数进行计算的方法,本节将进一步做出较为详细的介绍。

4.4.1 单元格的引用

在公式中要使用单元格中已有的数据,可以将单元格的名字写在公式中,这就是单元格的引用。引用对象除单个单元格外,还可以是区域(包括整行、整列)等。下面对单元格引用进行较为详细的介绍。

1. 引用的作用

引用单元格的作用在于标识工作表上的单元格或区域,并指明公式中所使用数据的位置。通过引用,可以在公式中使用工作表中单元格的数据。

2. 引用的表示

单元格的引用示例如表 4.2 所示。

表 4.2　引用单元格或区域示例

单元格或区域	引用名
位于第 1 列、第 1 行的单元格	A1
A 列从第 2 行到第 10 行的单元格组成的区域	A2:A10
第 1 行从 B 列到 F 列的单元格组成的区域	B1:F1
从 B2 至 F10 的单元格组成的矩形区域	B2:F10
第 5 行中的所有单元格	5:5
从第 5 行至第 10 行的所有单元格	5:10
第 H 列中的所有单元格	H:H
从第 H 列到第 J 列的所有单元格	H:J

3. 引用的分类

单元格的引用分为 3 类,即相对引用、绝对引用和混合引用。

(1) 相对引用。

在图 4.31 中,使用了填充公式的方法。在第 M 列输入等比序列 1,2,4,8,…,这里 M3 中的公式是“=2*M2”(可理解为 M3=2*M2)。而将 M3 的公式向下填充时,被填充的单元格也得到了类似的公式,如 M4 中的公式是“=2*M3”,这就是相对引用。

单元格的名称直接用在公式中,就称为单元格的相对引用。当一个单元格中的公式复制(或填充)到其他单元格时,公式中引用的单元格的名称就会发生“相对”变化;复制到其他行时,其行号改变;复制到其他列时,其列标改变;复制到其他行和其他列时,其行号和列标都改变。例如,M3 中的公式是“=2*M2”,将它复制到 M4 时,就成了“=2*M3”;将它复制到 N3 时,就成了“=2*N2”;将它复制到 N4 时,就成了“=2*N3”。从本质上讲,公式中的单元格和存放公式的单元格的相对位置保持不变。

(2) 绝对引用。

单元格绝对引用的方法是在列标和行号前都加上美元符号“$”,如 $A$1,表示 A 列第 1 行的单元格。包含绝对引用的公式,无论被复制到哪个单元格,引用位置都不变。实际上,“$”的作用就是在公式复制过程中,限制单元格的列标或行号,让它无法改变。

(3) 混合引用。

单元格混合引用的方法是在列标或者行号前加上美元符号“$”,如 $A1 和 A$1,都表示 A 列第 1 行的单元格。但将引用它们的公式复制到其他单元格时,未加“$”的列标,会随列的改变而改变;未加“$”的行号,会随行的改变而改变。

下面以实例说明 3 种引用的使用方式。

【例 4.10】　如图 4.38 所示,先选取 D2 单元格,在其中输入公式“=B2+C2”并计算出结果,根据前面的说明,这是相对引用地址。下面要在 D3 单元格输入绝对引用的公式 =$B$3+$C$3。选取 D3 单元格,然后在数据编辑列中输入“=B3”,按 F4 键,B3 会切换成 $B$3 的绝对引用地址,也可以直接在数据编辑列中输入“=$B$3”。接着输入“+C3”,再按 F4 键将 C3 变成 $C$3,最后按 Enter 键,公式就建立完成了。D2 及 D3 的公式分别是由相对引用与绝对引用组成,但两者的计算结果却一样。到底它们差别在哪里呢? 选定 D2:D3 单元格,拖住控点到下一列,将公式复制到 E2:E3 单元格:计算结果不同了。

D2 的公式 =B2+C2 使用了相对引用,表示要计算 D2 往左找两个单元格(B2、C2)的总

143

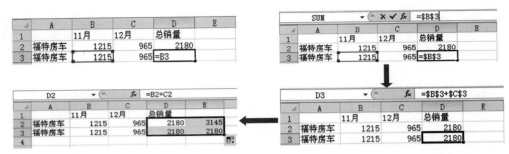

图 4.38　例 4.10 用图

和,因此当公式复制到 E2 单元格后,便改成从 E2 往左找两个单元格相加,就变成 C2 和 D2 相加的结果,如图 4.39 所示。

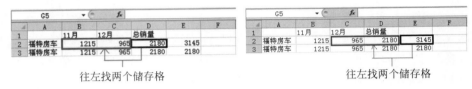

图 4.39　相对引用

D3 的公式＝＄B＄3＋＄C＄3,使用了绝对引用,因此不管公式复制到哪里,Excel 都是找出 B3 和 C3 的值来相加,所以 D3 和 E3 的结果都是一样的,如图 4.40 所示。

　　思考:如图 4.41 所示,在单元格 A1、B1、C1、A2、A3 中分别输入了数值 1、2、3、4、5。如果在 B2 单元格中输入公式＝＄A＄1＋A＄2＋＄B1,并将此公式复制到 C2、B3、C3,那么,B2 单元格的值是多少? C2、B3、C3 单元格的值又是多少?

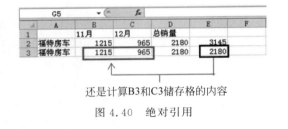

图 4.40　绝对引用

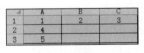

图 4.41　样表

4.4.2　运算符的使用

　　在 Excel 中,表达式由常量、变量(单元格名称和区域名称)、函数、圆括号及运算符组成。公式的作用是计算表达式的值,并将结果显示在所在单元格中。在输入公式时,常用函数可在名称框中选择得到或直接输入,单元格或区域名称可通过鼠标选择输入。

　　一般来说,公式中除了汉字外,其他所有字符都是英文半角格式。

　　Excel 的运算符类型主要有算术运算符、文本运算符、比较运算符和日期运算符。

　　(1) 算术运算符:＋(加法)、－(减法)、*(乘法)、/(除法)、^(乘方)、%(百分数)。

　　(2) 文本运算符:&,其用于合并文本。例如,在单元格 A1 中输入"计算机",在单元格 A2 中输入"世界",在 A3 中输入公式"＝A1 & A2"(注意 & 两边要留空格),就可以得到"计算机世界"。特别指出,& 可合并非文本型数据和常量。

（3）比较运算符：＜（小于）、＞（大于）、＝（等于）、＜＞（不等于）、＜＝（小于或等于）、
＞＝（大于或等于）。用于对两个数据进行比较，运算后的结果只有真（TRUE）或假
（FALSE）两个值。例如，在一个单元格中输入公式"＝5＜9"，返回的结果是 TRUE；如果
输入公式"＝5＞9"，返回的结果是 FALSE。公式的输入和修改可以在单元格内进行，也可
以在编辑栏中进行。

（4）日期运算符：＋（加法）、－（减法）。值得注意的是，日期与日期只能相减，结果得
到两者之间相差的天数；日期可与数值相加减，结果得到另一个日期。

4.4.3 常用函数的使用

函数是非常重要的计算工具，函数的使用对解决复杂的计算问题提供了有力的帮助。
在学习使用函数时应注意，在图 4.42 所示的"插入函数"（通过选择"开始"→"编辑"→"自动
求和"→"其他函数"命令得到）的对话框中，显示了函数的格式和功能，选择某个函数（如
SUM）后单击"确定"按钮，系统显示图 4.43 所示的"函数参数"对话框，其中对参数的数目
和使用进行了说明。

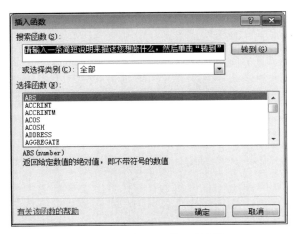

图 4.42 "插入函数"对话框

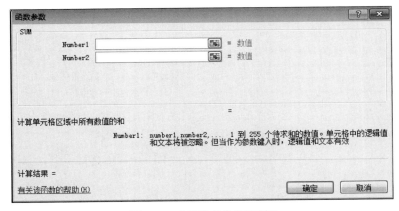

图 4.43 "函数参数"对话框

为了方便介绍函数的使用,这里给出图 4.44 所示的学生成绩表和图 4.45 所示的班级人数和奖学金统计表。

	A 班级	B 学号	C 姓名	D 性别	E 英语	F 高数	G 电工	H e语言	I 总分	J 名次	K 挂科数	L 等级	M 奖学金	N
1	班级	学号	姓名	性别	英语	高数	电工	e语言	总分	名次	挂科数	等级	奖学金	
2	自动化1101	120114309	孙明玉	女	61	83	88	100	332	6	0	B	400	3000
3	自动化1101	120114310	孙永哲	男	56	99	53	89	297	11	2	B	400	
4	自动化1101	120114311	卢帅蝶	男	78	78	51	87	294	13	1	C	200	
5	自动化1102	120114402	高景健	男	53	98	65	91	307	9	1	B	400	
6	自动化1102	120114403	王好帅	男	77	58	85	59	279	15	2	C	200	
7	测控1101	120112505	于庆宇	女	98	78	69	93	338	3	0	A	600	
8	测控1101	120112506	曲东	男	99	60	54	69	282	14	1	C	200	
9	测控1102	120112612	傅强	女	65	87	87	79	318	8	0	B	400	
10	测控1102	120112613	金潇	女	81	62	61	57	261	17	1	C	200	
11	自动化1101	120114301	庭蒙	女	89	57	75	79	300	10	1	B	400	
12	自动化1101	120114306	史浩阳	女	83	89	93	72	337	5	0	A	600	
13	自动化1101	120114320	梁宏途	女	62	56	51	87	256	18	2	C	200	
14	自动化1102	120114413	周志鹏	男	50	72	57	92	271	16	2	C	200	
15	自动化1102	120114424	张伟泽	女	71	67	97	62	297	11	0	B	400	
16	测控1101	120112513	梁明	女	88	100	72	87	347	1	0	A	600	
17	测控1101	120112519	毕云才	女	86	98	95	59	338	3	1	A	600	
18	测控1102	120112609	于斌	男	87	82	96	67	332	6	0	A	600	
19	测控1102	120112610	冉乾霏	男	95	67	96	86	344	2	0	A	600	
20	平均分				76.6	77.3	74.7	78.6	307.2					
21	最高分				99	100	97	100	347					
22									344					

图 4.44　学生成绩表

	A	B	C	D		G	H	I	J
23	班级人数汇总					班级奖学金汇总			
24									
25	班级	男	女	合计		班级	男	女	合计
26	自动化1101	2	4	6		自动化1101	600	1600	2200
27	自动化1102	3	1	4		自动化1102	800	400	1200
28	测控1101	1	3	4		测控1101	200	1800	2000
29	测控1102	2	2	4		测控1102	1000	600	1600
30	合计	8	10	18		合计	2600	4400	7000

图 4.45　班级人数及奖学金统计表

要求 1:图 4.44 中,每个学生的"名次"根据其"总分"确定,最高分的名次为 1,部分总分相同者名次相同,后面的名次则需加前面的重复数;每个学生的"挂科数"是其 4 门科目中分数低于 60 分的门数;每个学生的"等级"由其名次决定:名次≤5 的为"A"等,名次≥人数－5 的为"C"等,其他均为"B";"奖学金"按成绩等级 A、B、C 分别为 600、400、200;"平均分"和"最高分"指各科目所有学生成绩的平均分和最高分。所有计算结果都要求用公式求出,当单科成绩有修改时,计算结果都能被自动更新。

要求 2:图 4.44 与图 4.45 在同一个工作表内,后者是基于前者来统计的,所有计算结果都要求用公式求出,当单科成绩有修改时,计算结果都能被自动更新。

在公式中使用函数的基本方法,在 4.2.4 小节中已经做了介绍。Excel 提供了丰富的功能强大的函数,从图 4.42 所示的对话框中,可以查看各个函数的功能及对语法格式的简要说明。

这里进一步介绍一些常用函数的语法格式,并适当举例说明。

1. 随机数函数 RAND

功能:返回大于或等于 0 且小于 1 的均匀分布随机数,每次计算工作表时都将返回一个新的数值。

语法:RAND()(不需要参数)。

说明:若要生成 a 与 b 之间的随机实数,则使用 RAND() * (b－a)＋a。如果要使用函数 RAND 生成一随机数,并且使之不随单元格计算而改变,可以在编辑栏中输入"＝RAND()",

保持编辑状态,然后按 F9 键,将公式永久性地改为随机数。

示例:

(1) 公式"＝RAND()"产生大于或等于 0 且小于 1 的一个随机数(变量);

(2) 公式"＝RAND() ∗ 100"是产生大于或等于 0 且小于 100 的一个随机数(变量)。

【例 4.11】 利用随机函数产生图 4.44 中所有学生四门成绩的分数,要求都是 50～100 的随机整数。

操作方法和步骤如下。

① 在单元格 E2 中输入公式"＝50＋INT(51 ∗ RAND())"。

② 将 E2 的公式向右填充至 H2。

③ 在 E2:H2 处于选定状态下,继续将区域 E2:H2 的公式向下填充至 H19。

④ 选择 E2:H19,执行"复制"操作,再执行"选择性粘贴"操作,选择"数值"。

2. 向下(小)取整函数 INT

示例:

(1) 公式"＝INT(8.9)"是将 8.9 向下(小)舍到最接近的整数,结果为 8;

(2) 公式"＝INT(−8.9)"是将 −8.9 向下(小)舍到最接近的整数,结果为 −9。

3. 四舍五入函数 ROUND

示例:

(1) 公式"＝ROUND(2.15,1)"是将 2.15 四舍五入到一位小数位,结果为 2.2;

(2) 公式"＝ROUND(2.149,1)"是将 2.149 四舍五入到一位小数位,结果为 2.1;

(3) 公式"＝ROUND(−1.475,2)"是将 −1.475 四舍五入到两位小数位,结果为 −1.48;

(4) 公式"＝ROUND(12345,−2)"是将 12345 四舍五入到小数点左侧两位,结果为 12300。

4. 求和函数 SUM

示例:

(1) 公式"＝SUM(4,5)"是将 4 和 5 相加,结果为 9;

(2) 公式"＝SUM("5",15,TRUE)"是将 5、15 和 1 相加,因为文本值被转换为数字,逻辑值 TRUE 被转换成数字 1,结果为 21;

(3) 设单元格 A1:A5 中的数据分别为 −5、15、30、'5'、TRUE,则公式"＝SUM(A1:A5,2)"是将 A 列中前 5 行中的值之和与 2 相加,因为引用非数值的值不被转换,故结果为 42。

RANK 函数
的使用

【例 4.12】 用 SUM 函数计算图 4.44 中所有学生的总分。

操作方法和步骤如下。

① 在单元格 I2 中输入公式"＝SUM(E2:H2)"。

② 将 I2 的公式向下填充至 I19。

5. 排位函数 RANK

函数 RANK 的结果为数值所在位置的序号,该函数对重复数的排位相同,但重复数的存在将影响后续数值的排位。例如,在一列按升序排列的整数中,如果整数 12 出现两次,其排位在 2,则 13 排位为 4(没有排位为 3 的数值)。

示例:设单元格区域 A1:A6 中数据分别是 6、3、1、4、3、2,则公式"＝RANK(A2,A1:

第 **4** 章

A6,1)"表示单元格 A2 中的数据 3 在 A 列数据中按升序排位,结果为 3;公式"＝RANK(A6,A1:A6)"表示单元格 A6 中的数据 2 在 A 列数据中按降序排位,结果为 5。

注意:RANK 函数中,若第三个参数省略,则表示此排序为降序排列。

【例 4.13】 计算图 4.44 中所有学生的名次(高分到低分降序)。

操作方法和步骤如下。

① 在单元格 J2 中输入公式"＝RANK(I2,I＄2:I＄19)"。

② 将 J2 的公式向下填充至 J19。

6. 计数函数 COUNT、COUNTIF 和 COUNTIFS

函数在计数时,将把数字、日期或以文本代表的数字计算在内,但是错误值或其他无法转换成数字的文字将被忽略。如果参数是一个数组或引用,那么只统计数组或引用中的数字,数组或引用中的空白单元格、逻辑值、文字或错误值都将被忽略。

【例 4.14】 计算图 4.44 中第一名学生的挂科数。

操作:在 K2 中输入公式"＝COUNTIF(E2:H2,"<60")",计算结果为 0。

【例 4.15】 计算图 4.44 中"自动化 1101"班男生人数。

操作:在 B26 中输入公式"＝COUNTIFS(A2:A19,A26,D2:D19,"男")",计算结果为 3。

7. 条件取值函数 IF

高级筛选和 IF 函数

示例:

(1) 如果在单元格 B1 中输入公式"＝IF(A1<60,"不及格","及格")",那么,当单元格 A1 的值是 50 时结果为"不及格",当单元格 A1 的值是 90 时结果为"及格";

(2) 如果在单元格 B1 中输入公式"＝IF(A1<60,"不及格",IF(A1<70,"及格",IF(A1<85,"良好","优秀")))"那么,当单元格 A1 的值是 50、65、75、90 时结果为"不及格、及格、良好、优秀"。

【例 4.16】 计算图 4.44 中所有学生的等级。

操作方法和步骤如下。

① 在单元格 L2 中输入公式"＝IF(J2<＝5,"A",IF(J2>＝COUNT(J＄2:J＄19)－5,"C","B"))"。

② 将 L2 的公式向下填充至 L19。

【例 4.17】 计算图 4.44 中所有学生的奖学金。

操作方法和步骤如下。

① 在单元格 M2 中输入公式"＝IF(L2="A",600,IF(L2="B",400,200))"。

② 将 M2 的公式向下填充至 M19。

【例 4.18】 利用条件函数和随机函数生成图 4.44 中所有学生的性别。

操作方法和步骤如下。

① 在单元格 D2 中输入公式"＝IF(RAND()<0.5,"男","女")"。

② 将 D2 的公式向下填充至 D19。

③ 选择 D2:D19,执行"复制"操作,再执行"选择性粘贴"操作,选择"值"。

8. 条件求和函数 SUMIF 和 SUMIFS

(1) SUMIF:指基于单条件的求和,格式如下。

SUMIF(参数 1,参数 2,参数 3):参数 1 是要判断的区域,通常是整列或区域列;参数

2 是要判断的条件,可以是公式、数值或表达式;参数 3 指符合条件后求和的区域,通常是实际求和的数值列。

【例 4.19】 用 SUMIF 函数计算图 4.44 中所有学生获一等奖学金(600)的总数。

操作提示:在单元格 N2 中输入公式"=SUMIF(M2:M19,600)",可得结果 3000。

(2) SUMIFS:指基于多个条件的求和,格式如下。

SUMIFS(求和区域,条件 1 区域,条件 1,条件 2 区域,条件 2,条件 3 区域,条件 3)

【例 4.20】 用 SUMIFS 函数计算图 4.44 中"自动化 1101"班"女"奖学金总数。

操作提示:在单元格 I26 中输入公式"=SUMIFS(M2:M19,A2:A19,G26,D2:D19,"女")",可得结果 1600。说明:M2:M19 是求和数据区域;A2:A19,G26 是指满足条件"班级为自动化 1101";D2:D19,"女"是指满足条件"性别为女"。

9. 求平均值函数 AVERAGE、AVERAGEIF 和 AVERAGEIFS

【例 4.21】 计算图 4.44 中各科平均分(只显示一位小数)。

操作方法和步骤如下。

① 在单元格 E20 中输入公式"=AVERAGE(E2:E19)"。

② 使用"开始"选项卡"数字"组中"减少/增加小数位数"命令,将 E20 中数据设为一位小数。

③ 将 E20 公式向右填充至 H20。

求平均值函数的用法与求和函数完全相同,在此不再赘述。

10. 求最大值函数 MAX 和第 K 个最大值函数 LARGE

【例 4.22】 计算图 4.44 中"总分"的最高分。

操作提示:在单元格 I21 中输入公式"=MAX(I2:I19)"。

【例 4.23】 求出图 4.44 中"总分"的第二高分。

操作提示:在单元格 I22 中输入公式"=LARGE(I2:I19,2)",可得结果是 344。

11. 求最小值函数 MIN 和第 K 个最小值函数 SMALL

MIN 和 SMALL 的用法同 MAX 和 LARGE。

12. 当天日期和时间函数 NOW

无参数的函数 NOW()返回日期时间格式的当前日期和时间。

13. 当天日期函数 TODAY

无参数的函数 TODAY()返回日期格式的当前日期。

14. 生成日期函数 DATE

示例:若在某个单元格中输入"=DATE(2014,9,10)",则在此单元格显示一个日期"2014-9-10"(或"2014/9/10")。

15. 求日期间隔函数 DATEDIF

示例:若在某个单元格 A1 和 A2 中分别输入两个日期 2011-3-5 和 2014-9-10,而在 A3、A4、A5 分别输入公式"=DATEDIF(A1,A2,"y")""=DATEDIF(A1,A2,"m")""=DATEDIF(A1,A2,"d")",则得到两个日期相差的年数、月数、日数分别为 3、42、1285。又如,求一个人的年龄(周岁)的公式是"=DATEDIF(出生日期,TODAY(),"y")"。

16. 求日期中年、月、日的函数 YEAR、MONTH、DAY

YEAR 函数返回某日期对应的年份,返回值为 1900~9999 的整数;MONTH 函数返回以序列号表示的日期中的月份,返回值为 1~12 的整数;DAY 函数返回以序列号表示的某日期的天数,用整数 1~31 表示。

示例:在单元格 A1 中输入公式"=DATE(2014,9,10)",则显示 2014-9-10;若再在 A2 中输入公式"=YEAR(A1)+MONTH(A1)+DAY(A1)",则显示 2033(常规格式)。

17. 求时间中时、分、秒的函数 HOUR、MINUTE、SECOND

HOUR 函数返回时间值的小时数,是一个 0~23 的整数;MINUTE 函数返回时间值中的分钟数,其值为 0~59 的整数;SECOND 函数返回时间值的秒数,其值为 0~59 的整数。

示例:在单元格 A1 中输入公式"=TIME(12,34,56)",则显示"12:34"或"12:34PM"(重新设置 A1 的时间格式可显示 12:34:56);若再在单元格 A2 中输入公式"=HOUR(A1)+MINUTE(A1)+SECOND(A1)",则显示 102(常规格式)。

18. 文本提取子串函数 LEFT、RIGHT、MID

示例:在单元格 A1 中输入一个身分证号 210014200910061234。

(1) 在单元格 A2 中输入公式"=LEFT(A1,6)",则显示 210014。

(2) 在单元格 A3 中输入公式"=RIGHT(A1,4)",则显示 1234。

(3) 在单元格 A4 中输入公式"=MID(A1,7,8)",则显示 20091006。

(4) 在单元格 A5 中输入公式"=DATE(MID(A1,7,4),MID(A1,11,2),MID(A1,13,2))",则显示与身份证号对应的出生日期 2009-10-6。

4.5 图 表

Excel 图表创建与编辑

当完成工作表的制作时,工作表中的数据若用图表来表达,可让数据更具体、更直观。Excel 内建了多达 70 余种图表样式,只要选择适合的样式,马上就能制作出一张具有专业水平的图表,使数据一目了然。切换到"插入"选项卡,在"图表"组中即可看到内建的图表类型,如图 4.46 所示。

4.5.1 使用功能键创建柱形图表

Excel 不仅能完成复杂的数值计算工作,而且能够创建直观、形象的图表。在 Excel 中,图表可以放在工作表中,也可以放在图表工作表中。直接放在工作表中的图表称为嵌入图表,图表工作表是工作簿中只包含图表的工作表。嵌入图表和图表工作表均与工作表数据相连接,并随工作表数据的变化而自动更新。

1. 创建图表工作表

Excel 默认的图表类型是柱状图,在工作簿中创建图表工作表的方法很简单。先在工作表中选定用于创建图表的数据区,再按 F11 键,便会得到一个图表工作表。例如,选择图 4.37 中的 2~6 行 A~E 列,再按 F11 键,便得到图 4.47 所示的名为 Chart1 的图表工作表。但是所建立的图表类型是默认的柱形图,如果自行修改过默认的图表类型,将以设定的类型显示。

2. 插入图表

使用"插入"选项卡上"图表"组和"迷你图"组中各种类型的图表样式,可为电子表格创

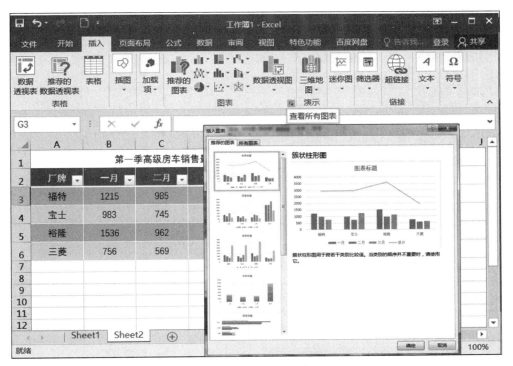

图 4.46　内建的图表类型

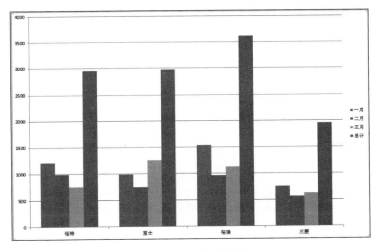

图 4.47　簇状柱形图

建各式各样的图表。插入图表的基本方法是，首先选择图表所需要的数据区域，然后选择"插入"选项卡上"图表"组或"迷你图"组上某个图表样式，即可在数据所在表中插入一个相应的图表。

【例 4.24】　在含有图 4.37 所示数据的工作表中插入图 4.47 所示的柱形图表。

操作提示：选择图 4.37 中 2～6 行、A～E 列，选择"插入"选项卡上"图表"组中"柱形图"中"二维柱形图"中第一项"簇状柱形图"，便可在工作表中插入与图 4.47 一样的图表，过

电子表格处理软件 Excel 2016

程如图 4.48 所示。

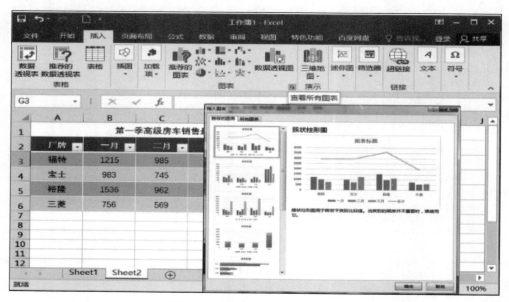

图 4.48　插入"簇状柱形图"过程

【例 4.25】　利用图 4.37 所示数据,创建一月份各车销售量的饼图。

操作方法与步骤如下。

① 选择数据:在图 4.37 所示的数据表中,首先拖动鼠标选择第一列第 2~6 行"厂牌"至"三菱",然后按住 Ctrl 键不放,拖动鼠标选择第二列第 2~6 行"一月"至"756",松开 Ctrl 键。

② 选择"插入"→"图表"→"饼图"→"二维饼图"→"饼图",便可在工作表中插入图 4.49 所示的饼图。

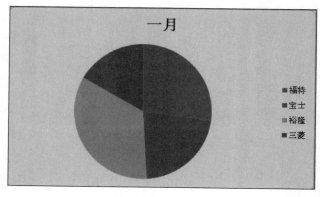

图 4.49　饼图

4.5.2　图表编辑

Excel 2016 中,一旦选择了图表,功能区上就会自动悬浮显示"图表工具"页,如图 4.50 所示。它含有两个选项卡,即"设计"和"格式",每个选项卡中,又有许多功能选项组,通过系统提供的这些功能,可以方便地对图表进行操作。

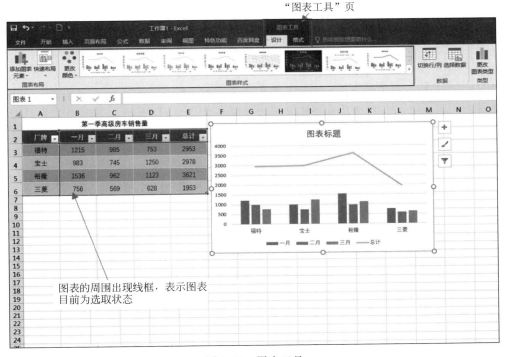

图 4.50　图表工具

1. 改变图表类型

对已经创建好的图表可以方便地改变其类型,以找出最具表现力的图形来表示数据。其操作步骤如下。

(1) 选定要改变类型的图表。

(2) 选择"图表工具"→"设计"选项卡上的"类型"组中"更改图表类型"功能,这时出现图 4.51 所示的"更改图表类型"对话框。

(3) 选择图表和子图表类型,单击"确定"按钮,完成图表类型的更改。

注意:每一种图表类型都有自己的特色,而且绘制的方法也不尽相同,千万不要以为只要任意选取了一个数据范围,就可以画出各种图表。例如,饼图就只能表达一组数据系列中各数据所占的百分比,所以数据范围应该只包含一组数据序列。如图 4.49 所示,饼图只能描述一组数据序列。

2. 修改图表

在修改图表之前,先认识一下图表的各组成部分,如图 4.52 所示。

1) 图表的更新

在建立好图表之后,才发现当初选取的数据范围错了,想改变图表的数据源范围,可以做以下操作,而不必重新建立图表。

以房车销售量为例,现在只需要一到三月的销售量,而不需将第一季的总销售量也绘制成图表(图 4.53),所以要重新选取数据范围。

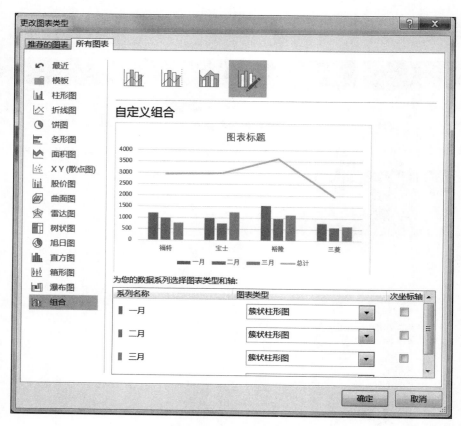

图 4.51　更改图表类型

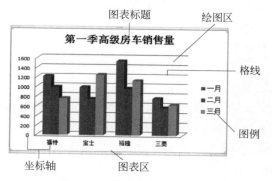

图 4.52　图表的各组成部分

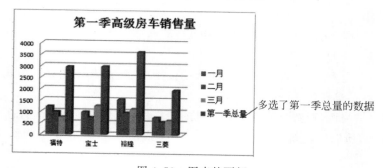

图 4.53　图表的更新

选取图表对象后,切换到"图表工具"→"设计"选项卡,然后单击"数据"区的"选择数据"按钮,打开"选择数据源"对话框来操作,如图 4.54 所示。单击"确定"按钮后,图表就会自动依据选取范围重新绘图,如图 4.55 所示。

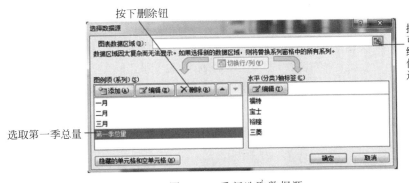

图 4.54　重新选取数据源

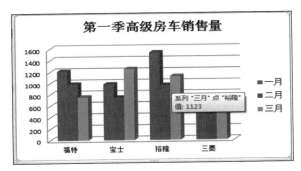

图 4.55　只绘制一到三月的销售量

图 4.55 所示的数据序列是来自列,若想将数据序列改成从行取得,选取图表对象,然后切换到"图表工具"→"设计"选项卡,选择"数据"区的"切换行/列"命令即可,如图 4.56 所示。

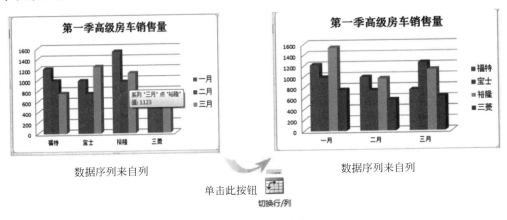

图 4.56　行/列转换

2)添加、修改和删除图表标签

使用"图表工具"→"设计"选项卡上"图表布局"组的相关功能,可以添加、修改或设置图表标题、坐标轴标题、数据标签等。

【例4.26】 为图4.47添加图表标题、横纵坐标标题、数据标签。

主要操作方法与步骤如下。

① 添加图表标题：首先选择图表，然后在"图表工具"→"设计"选项卡上"图表布局"组的"添加图表元素"中选择"图表标题"第二项"图表上方"，系统会在图表的上方添加一个标题框，这时再输入标题内容即可。

② 添加"一月"的数据标签：首先在图表中选择全部表示"一月"的柱形条，然后在"图表工具"→"设计"选项上"图表布局"组的"添加图表元素"的"数据标签"最下面选择"其他数据标签选项"，系统会在工作表右侧打开图4.57所示"设置数据标签格式"窗格，它是可移动的。在"标签选项"选项卡中勾选"系列名称""类别名称"和"值"，最后关闭该窗格。

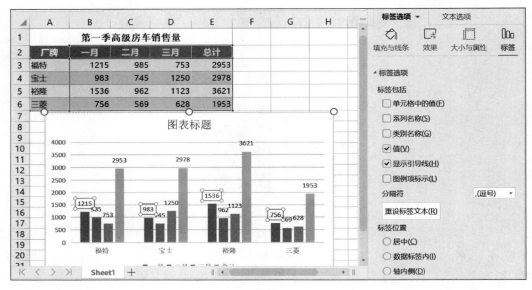

图4.57 "设置数据标签格式"窗格

添加了标签后，图表变成图4.58所示的样式。

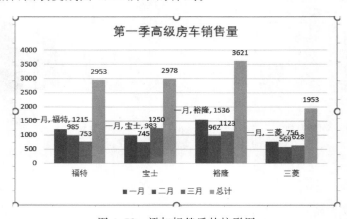

图4.58 添加标签后的柱形图

3. 图表的格式化

为了让图表更加美观,还可以对图表进行格式化处理,如对图表标题、序列名称、类别名称、横纵坐标标题、数据标签等项进行位置、字体等多方面的修改。

4.6 数 据 管 理

Excel 2016 中,数据管理主要使用"数据"选项卡的各项功能来实现。本节主要介绍数据的排序、筛选、合并计算和分类汇总等功能。

4.6.1 数据排序

排序就是根据数值或数据类型来排列数据表中的记录,可以根据字母、数字、日期等顺序进行排序。例如,图 4.44 中的学生成绩表,可以按任意列为主要关键字进行排序。

【例 4.27】 对图 4.44 所示学生成绩表中学生记录行,按"班级"为主要关键字、"学号"为次要关键字进行排序。

操作方法如下。

① 选中 A1:M19,选择"数据"→"排序和筛选"→"排序"命令,调出"排序"对话框。

② 选择主要关键字为"班级"。

③ 单击"添加条件"按钮,选择次要关键字为"学号",如图 4.59 所示。

图 4.59 "排序"对话框

④ 单击"确定"按钮,完成排序操作。

这时数据表中的学生记录已经按班级顺序进行排列,并且同一个班级内的学生记录已经按学号顺序进行了排列。排列结果如图 4.60 所示。

4.6.2 数据筛选

对于一个大的数据表,要快速找到自己所需的数据并不太容易,通过筛选数据表,可以只显示满足指定条件的数据行。在 Excel 2016 中,数据的筛选通过使用"数据"→"排序和筛选"→"筛选""清除""重新应用""高级"等命令来实现,筛选方式分"自动筛选"和"高级筛选"两种。下面通过两个具体例子来介绍。

【例 4.28】 使用"自动筛选"方式。在图 4.44 所示的数据表中,筛选出测控 1101 班和测控 1102 班中"电工"的分数低于 55 分或高于 95 分的所有学生记录。

	A	B	C	D	E
1	班级	学号	姓名	性别	英语
2	测控1101	120112505	于庆宇	女	98
3	测控1101	120112506	曲东	男	99
4	测控1101	120112513	梁明	女	88
5	测控1101	120112519	毕云才	女	86
6	测控1102	120112609	于斌	男	87
7	测控1102	120112610	冉乾霖	男	95
8	测控1102	120112612	傅强	女	65
9	测控1102	120112613	金潇	女	81
10	自动化1101	120114301	庭豪	女	89
11	自动化1101	120114306	史浩阳	女	83
12	自动化1101	120114309	孙明玉	女	61
13	自动化1101	120114310	孙永哲	男	56
14	自动化1101	120114311	卢峥嵘	男	78
15	自动化1101	120114320	梁宏途	女	62
16	自动化1102	120114402	高景健	男	53
17	自动化1102	120114403	王好帅	男	77
18	自动化1102	120114413	周志鹏	男	50
19	自动化1102	120114424	张伟泽	女	71

图 4.60　按"班级""学号"排序

操作方法和步骤如下。

① 单击表中任意数据部分，或选择所有数据（含列标题），选择"数据"→"排序和筛选"→"筛选"命令，这时，数据表的各列标题旁边出现了"筛选"下拉按钮，使数据表处于自动筛选状态。

② 单击列标题"班级"旁边的"筛选"按钮，在弹出的下拉菜单中反复单击"全选"，使每个选项都不被选中，而重新只勾选"测控 1101"和"测控 1102"，单击"确定"按钮后即完成对班级的筛选。

③ 单击列标题"电工"旁边的筛选按钮，在弹出的下拉菜单中将鼠标指向"数字筛选"，此时界面如图 4.61 所示，在展开的级联子菜单中单击"自定义筛选"命令，打开图 4.62 所示的"自定义自动筛选方式"对话框。

图 4.61　"自定义筛选"命令

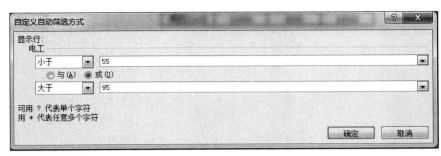

图 4.62 "自定义自动筛选方式"对话框

④ 在对话框中设置"小于"55、"或""大于"95,单击"确定"按钮后完成整个筛选操作任务,结果如图 4.63 所示。

▲	A 班级	B 学号	C 姓名	D 性别	E 英语	F 高数	G 电工	H c语言	I 总分	J 名次	K 挂科数	L 等级	M 奖学金
1													
3	测控1101	120112506	曲东	男	99	60	54	69	282	14	1	C	200
6	测控1102	120112609	于斌	男	87	82	96	67	332	6	0	B	400
7	测控1102	120112610	冉乾霏	男	95	67	96	86	344	2	0	A	600

图 4.63 筛选结果:电工高于 95 或者低于 55

本题中,③和④两步也可只在图 4.61 所示的菜单中,去掉"全选"的勾选,再勾选"54"和"96"即可。

【例 4.29】 使用"高级筛选"方式。在图 4.44 所示的数据表中,筛选出"高数"或"C 语言"的分数高于 95 分的所有学生记录。

操作方法和步骤如下。

① 在非数据区设置筛选条件:在同一行并列输入列标题"高数"和"C 语言",然后在该行下面分两行输入两个条件式">95",如图 4.64 所示。

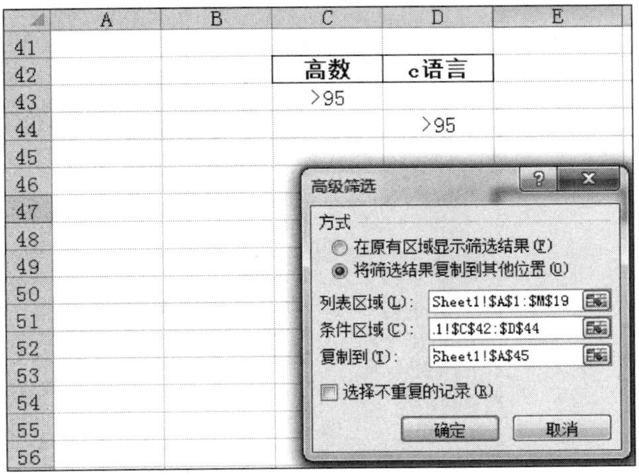

图 4.64 "高级筛选"对话框

提示:条件区域的位置可任意,同一条件行不同单元格的条件为"与"关系,不同条件行不同单元格的条件为"或"关系。

② 应用"数据"→"排序和筛选"→"高级"命令,调出"高级筛选"对话框。

③ 选择"方式"为"将筛选结果复制到其他位置",并使用鼠标拖动方式选择区域来设置

"列表区域""条件区域""复制到"的位置(存放筛选结果的起始单元格),如图 4.64 所示,单击"确定"按钮后,得到图 4.65 所示的筛选结果。

	A	B	C	D	E	F	G	H	I	J	K	L	M
41													
42			高数	c语言									
43			>95										
44				>95									
45	班级	学号	姓名	性别	英语	高数	电工	c语言	总分	名次	挂科数	等级	奖学金
46	测控1101	120112513	梁明	女	88	100	72	87	347	1	0	A	600
47	测控1101	120112519	毕云才	女	86	98	95	59	338	3	1	A	600
48	自动化1101	120114309	孙明玉	女	61	83	88	100	332	6	0	B	400
49	自动化1101	120114310	孙永哲	男	56	99	53	89	297	11	2	B	400
50	自动化1102	120114402	高景健	男	53	98	65	91	307	9	1	B	400

图 4.65 高级筛选的结果

4.6.3 数据分类汇总

分类汇总在实际应用中经常要用到,像仓库的库存管理,经常要统计各类产品的库存总量,学校的成绩管理经常要统计学生各科成绩等,它们的共同点是首先要进行分类,将同类别数据放在一起,然后再进行数量求和之类的汇总运算。Excel 具有分类汇总功能,但并不局限于求和,也可以进行计数、求平均数等其他运算,并且针对同一个分类字段,可进行多种汇总。进行分类汇总操作前,用以汇总的分类字段必须为已经分类或排序好的数据。

【例 4.30】 对图 4.44 所示的学生成绩表,按照班级分类汇总以统计各班人数。

操作方法和步骤如下。

① 选择数据表区域 A1:M19。

② 应用"数据"选项卡上"分级显示"组中"分类汇总"功能,调出"分类汇总"对话框,并设置"分类字段"为"班级"、"汇总方式"为"计数"、"选定汇总项"为"性别"(或"班级"或"学号"),如图 4.66 所示。单击"确定"按钮后得到图 4.67 所示的结果,如单击出现在左边的分级数字序号 2 和 1,则分别显示图 4.68 和图 4.69 所示的结果。

图 4.66 "分类汇总"对话框

【例 4.31】 对图 4.44 所示的学生成绩表,按照班级分类汇总以统计各班奖学金总数。

操作提示:基本同例 4.30(只是在图 4.66 中设置"汇总方式"为"求和"、"选定汇总项"为"奖学金"即可)。

若要取消分类汇总,则只需调出"分类汇总"对话框,单击"全部删除"按钮即可。

图 4.67　分类汇总班级人数（3 级）

图 4.68　分类汇总班级人数（2 级）

图 4.69　分类汇总班级人数（1 级）

4.6.4　数据透视表

数据透视表是一种对大量数据快速汇总和建立交叉列表的交互式表格，其可以转换行和列以查看源数据的不同汇总结果，可以显示不同页面的筛选数据，还可以根据需要显示区域中的细节数据。

注意：在做数据透视表之前，必须保证数据表没有被分类汇总。

【例 4.32】　建立基于图 4.44 所示的学生成绩表的数据透视表。

操作方法和步骤如下。

① 应用"插入"选项卡中"表格"组中"数据透视表"功能，调出"创建数据透视表"对话框，并设置要分析的数据区为"A1:M19"、位置为"现有工作表"的"J33"，如图 4.70 所示，单击"确定"按钮后又得到图 4.71 所示的设计界面。

② 在图 4.71 所示的设计界面中，已经分别将"专业名称""班级""性别""学号"4 个字段拖至"报表筛选""行标签""列标签""数值"中，之后便可得到各班级、各性别人数的交叉表。

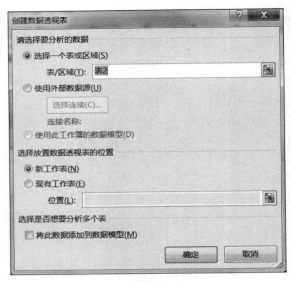

图 4.70　"创建数据透视表"对话框

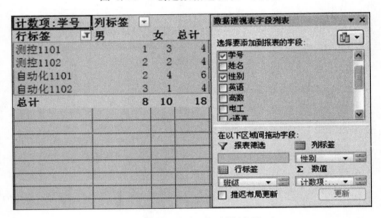

图 4.71　数据透视表及设计界面 1

③ 若将"专业名称"和"班级"字段拖至"行标签","性别"和"学号"字段分别拖至"列标签"和"数值"中,则可得到图 4.72 所示的各班级、各性别的奖学金总数的交叉表。

图 4.72　数据透视表及设计界面 2

特别地，数据透视表中，还可以对各字段的值进行取舍，以及选择其他数值计算方式，如求平均值、计数等。

删除数据透视表时，只需单击"开始"→"编辑"→"清除"命令即可。

4.7 工作表的打印

工作表创建好后，为了提交或者留存查阅方便，常常需要把它打印出来，或者只打印它的一部分。此时，需先进行页面设置（在只打印工作表一部分时，还须先选定要打印的区域），再进行打印预览，最后打印输出。

1. 页面设置

Excel 具有默认的页面设置，因此用户可以直接打印工作表。如有特殊需要，使用页面设置可以设置工作表的方向、缩放比例、纸张大小、页边距、页眉、页脚等。选择"页面布局"→"页面设置"命令，在弹出的"页面设置"对话框中进行设置。

（1）设置页面。

在"页面设置"对话框的"页面"选项卡中可以进行以下设置，如图 4.73 所示。

图 4.73 "页面"选项卡

"方向"：设置打印出的纸张是横向还是纵向。

"缩放"：用于放大或者缩小打印工作表，其中"缩放比例"允许为 10%～400%。"调整为"表示把工作表拆分为几部分打印，如调整为 3 页宽、2 页高，表示水平方向截为三部分，垂直方向截为两部分，共分 6 页打印。

"打印质量"：表示每英寸（1 英寸＝2.54 厘米）打印多少点，打印机不同，数字会不一样，打印质量越好，数字越大。

"起始页码"：可输入打印首页页码，默认"自动"从第一页或接上一页打印。

（2）设置页边距。

如图 4.74 所示，在"页面设置"对话框的"页边距"选项卡中，可以设置打印数据在所选

163

第 4 章

纸张的上、下、左、右留出的空白尺寸；设置页眉和页脚距上下两边的距离，注意该距离应小于上下空白尺寸，否则将与正文重合；设置打印数据在纸张上水平居中或垂直居中，默认为靠上靠左对齐。

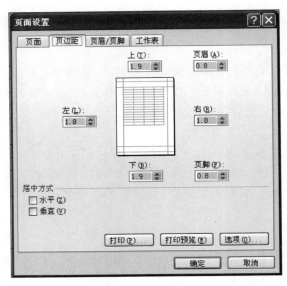

图 4.74 "页边距"选项卡

（3）设置页眉/页脚。

如图 4.75 所示，在"页面设置"对话框的"页眉/页脚"选项卡中单击"页眉""页脚"右侧的下拉箭头会出现许多预定义的页眉、页脚格式。还可单击"自定义页眉"或"自定义页脚"按钮自行定义（图 4.76），输入位置为左对齐、居中、右对齐的 3 种页眉，9 个小按钮自左至右分别用于定义字体、插入页码、总页码、当前日期、当前时间、工作簿名、工作表名、插入图片和设置图片格式。

图 4.75 "页眉/页脚"选项卡

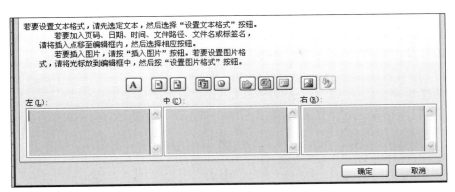

若要设置文本格式,请先选定文本,然后选择"设置文本格式"按钮。
　若要加入页码、日期、时间、文件路径、文件名或标签名,
请将插入点移至编辑框内,然后选择相应按钮。
　若要插入图片,请按"插入图片"按钮。若要设置图片格
式,请将光标放到编辑框中,然后按"设置图片格式"按钮。

左(L):　　　　　　中(C):　　　　　　右(R):

图 4.76　"自定义页眉/页脚"按钮

(4)设置工作表。

在图 4.77 所示的"页面设置"对话框的"工作表"选项卡中可做以下设置。

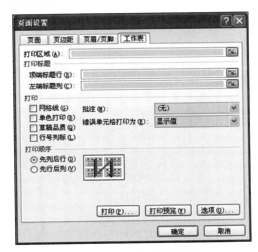

图 4.77　"工作表"选项卡

"打印区域":允许用户单击右侧对话框折叠按钮,选择打印区域。

"打印标题":用于当工作表较大时,要分成多页打印,会出现除第一页外其余页要么看不见列标题、要么看不见行标题的情况。"顶端标题行"和"左端标题列"用于指出在各页上端和左端打印的行标题与列标题,便于对照数据表格。

"网格线"复选框:选中时用于指定工作表带表格线输出;否则只输出工作表数据,不输出表格线。

"单色打印"复选框:用于当设置了彩色格式而打印机为黑白色时选择,另外彩色打印机选此选项可减少打印时间。

"草稿方式"复选框:可加快打印速度但会降低打印质量。

"行号列标"复选框:允许用户打印输出行号和列标,默认为不输出。

"批注":用于添加打印批注及打印的位置。

如果工作表较大,超出一页宽和一页高时,"先列后行"规定垂直方向先分页打印完,再考虑水平方向分页,此为默认打印顺序。"先行后列"规定水平方向先分页打印。

2. 设置打印区域和分页

设置打印区域可将选定的区域定义为打印区域，分页则是人工设置分页符。

（1）设置打印区域。

用户有时只想打印工作表中部分数据和图表，如果经常需要这样的打印时，可以通过设置打印区域来解决。

先选择要打印的区域，再选择"文件"→"打印"命令，在"设置"区域单击"打印活动工作表"，在其下拉列表框中选择"打印选定区域"，如图4.78所示，则打印时只有被选定的区域中数据被打印。打印区域可以设置为"打印活动工作表""打印整个工作簿""打印选定区域"3种。

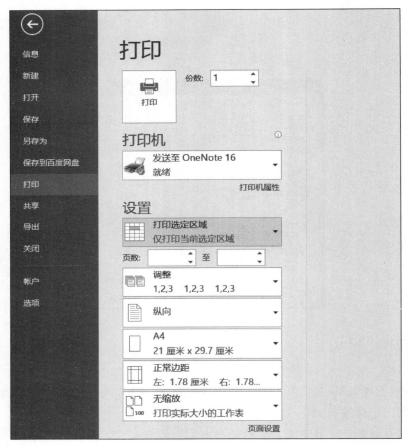

图4.78　设置打印区域

（2）插入和删除分页符。

工作表较大时，Excel一般会自动为工作表分页，如果用户不满意这种分页方式，可以根据自己需要对工作表进行人工分页。

为达到人工分页的目的，用户可手工插入分页符。分页包括水平分页和垂直分页。设置水平分页操作步骤为：首先单击要另起一页的起始行号（或选择该行最左边单元格），然后选择"页面布局"→"分隔符"→"插入分页符"命令，在起始行上端出现一条水平虚线表示分页成功。

垂直分页时必须先单击另起一页的起始列号(或选择该列最上端单元格),然后选择"页面布局"→"分隔符"→"插入分页符"命令,分页成功后将在该列左边出现一条垂直分页虚线。如果选择的不是最左或最上的单元格,插入分页符将在该单元格上方和左侧各产生一条分页虚线。

删除分页符可选择分页虚线的下一行或右一列的任一单元格,选择"页面布局"→"分隔符"→"删除分页符"命令即可。选中整个工作表,然后选择"页面布局"→"分隔符"→"删除分页符"命令可删除工作表中所有人工分页符。

(3)分页预览。

通过分页预览可以在窗口中直接查看工作表的分页情况。它的优越性还体现在分页预览时,仍可以像平常一样编辑工作表,可以直接改变设置的打印区域大小,还可以方便地调整分页符位置。

分页后选择"视图"→"工作簿视图"→"分页预览"命令,进入分页预览视图,如图 4.79 所示。视图中粗实线表示分页情况,每页区域中都有暗淡页码显示,如果事先设置了打印区域,可以看到最外层粗边框没有框住所有数据,非打印区域为深色背景,打印区域为浅色背景。分页预览时同样可以设置、取消打印区域,插入、删除分页符。

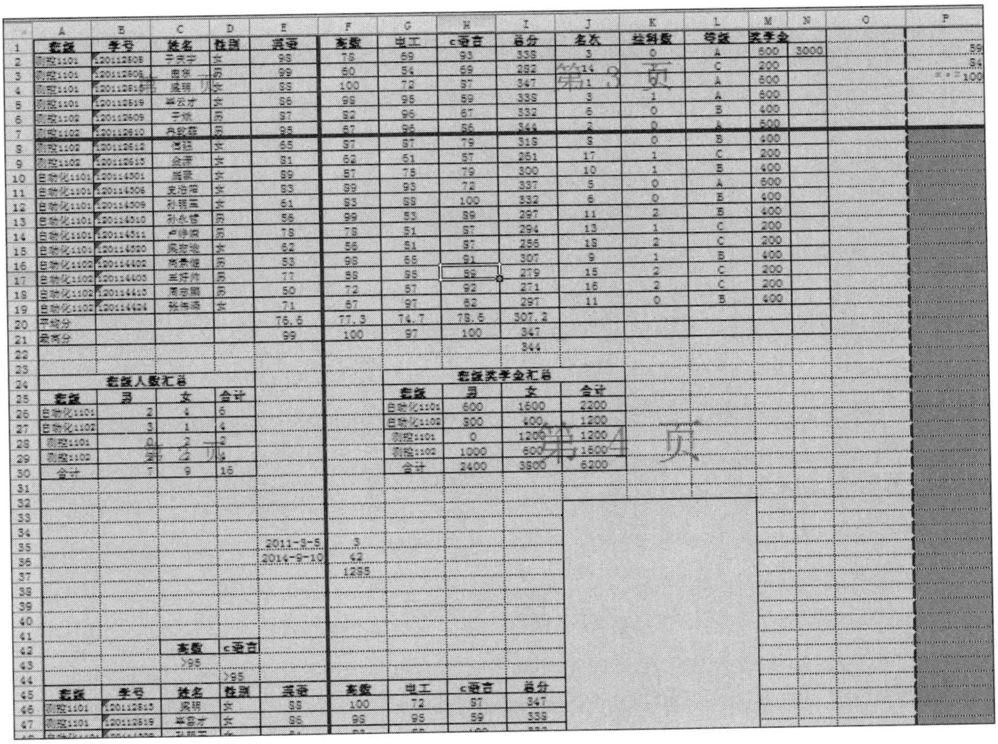

图 4.79　分页预览

分页预览时,改变打印区域大小操作非常简单,将鼠标移到打印区域的边界上,当指针变为双箭头形状时,拖曳鼠标即可改变打印区域。

此外,预览时还可以直接调整分页符的位置:将鼠标指针移到分页实线上,当指针变为双箭头形状时,拖曳鼠标可调整分页符的位置。选择"视图"→"工作簿视图"→"普通"命令

电子表格处理软件 Excel 2016

可结束分页预览返回到普通视图中。

3. 打印预览和打印

打印预览为打印之前预览文件的外观,模拟显示打印的设置结果,一旦设置正确即可在打印机上正式打印输出。选择"文件"→"打印"命令,如图 4.80 所示,其右侧两个窗格分别为打印设置区和打印预览区。

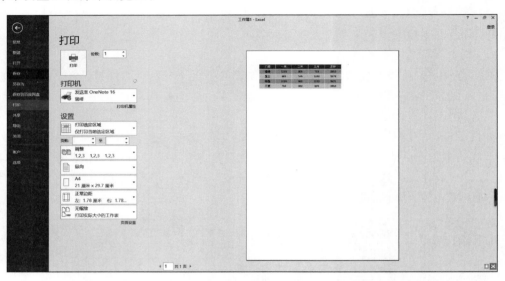

图 4.80　打印预览

(1) 打印预览。

打印预览区右下角有两个按钮。

"缩放":此按钮可使工作表在总体预览和放大状态间来回切换,放大时能看到具体内容,但一般需移动滚动条来查看,注意这只是查看,并不影响实际打印大小。

"页边距":单击此按钮使预览视图出现虚线表示页边距和页眉、页脚位置,拖曳鼠标可直接改变它们的位置,这比页面设置改变页边距直观得多。

(2) 打印设置。

打印设置区可以实现打印机设置、打印范围设置、打印方式设置、打印方向设置等,方法与 Word 打印基本相似,此处不再赘述。

课 后 习 题

1. 简答题

(1) Excel 有哪些基本功能?

(2) 单元格和区域的选定方法有哪些?

(3) 什么是活动单元格?填充柄有什么作用?

(4) 什么是公式?它有什么意义?

(5) 什么是相对引用、绝对引用和混合引用?并通过例子说明其区别。

(6) 分类汇总的作用是什么?其主要操作步骤有哪些?

（7）数据表的自动筛选是如何设置的？

（8）数据表的高级筛选是如何设置的？

（9）图表有哪几类？如何创建数据表的图表？

2. 选择题

（1）Microsoft Excel 工作簿是计算和存储数据的（   ）。

    A. 文件   B. 表格   C. 图表   D. 数据库

（2）在 Excel 中，要选定不连续的多个单元格或区域，应当在单击或拖动鼠标左键的同时按住（   ）键。

    A. Shift   B. Ctrl   C. Alt   D. Ctrl＋Shift

（3）在默认的情况下，Microsoft Excel 的工作簿窗口中有（   ）个工作表。

    A. 1   B. 3   C. 16   D. 255

（4）Microsoft Excel 工作簿的扩展名约定为（   ）。

    A. doc   B. txt   C. xls   D. mdb

（5）在 Microsoft Excel 中，下列几个算术运算符号的优先级由大到小的顺序为（   ）。

    A. ％、^、＊、＋   B. ％、＊、＋、^   C. ^、＊、＋、％   D. ^、＊、％、＋

（6）在 Excel 中，选定整个工作表的方法是（   ）。

    A. 双击状态栏

    B. 单击左上角的行、列坐标的交叉点

    C. 右击任一单元格，从弹出的快捷菜单中选择“选定工作表”命令

    D. 按 Alt 键的同时双击第一个单元格

（7）在 Excel 中产生图表的源数据发生变化后，图表将（   ）。

    A. 不会改变   B. 发生改变，但与数据无关

    C. 发生相应的改变   D. 被删除

（8）在 Excel 中输入分数时，最好以混合形式（0 ？／ ?）输入，以免与（   ）格式弄混。

    A. 日期   B. 货币   C. 数值   D. 文本

（9）在 Excel 中，在单元格中输入“＝12＞24”，确认后，此单元格显示的内容为（   ）。

    A. False   B. ＝12＞24   C. true   D. 12＞24

（10）在 Excel 中，工作表名称被放置在（   ）。

    A. 标题栏   B. 标签行   C. 工具栏   D. 信息行

（11）在 Excel 中，在单元格中输入“＝6＋16＋MIN(16,6)”，将显示（   ）。

    A. 38   B. 28   C. 22   D. 44

（12）在 Excel 中选取“自动筛选”命令后，在列表中的（   ）出现了下拉式按钮图标。

    A. 字段名处   B. 所有单元格内   C. 空白单元格内   D. 底部

（13）Excel 工作表中可以选择一个或一组单元格，其中活动单元格的数目（   ）。

    A. 是一个单元格   B. 是一行单元格

    C. 是一列单元格   D. 等于被选中的单元格数目

（14）在 Excel 中，若单元格 C1 中公式为“＝A1＋B2”，将其复制到单元格 E5 中的公式是（   ）。

    A. ＝C3＋A4   B. ＝C5＋D6   C. ＝C3＋D4   D. ＝A3＋B4

（15）Excel 的 3 个主要功能是（　　）、图表和数据库。

    A. 电子表格　　　　B. 文字输入　　　　C. 公式计算　　　　D. 公式输入

（16）在 Excel 中，默认情况下，输入日期"2002/8/10"时，单元格显示的格式是（　　）。

    A. 2002-8-10　　　B. 2002/8/10　　　C. 8-10-2002　　　D. 10-8-2002

（17）在同一工作簿中，Sheet 1 工作表中的 D3 单元格要引用 Sheet 3 工作表中的 F6 单元格的数据，其引用表述为（　　）。

    A. ＝F6　　　　　B. ＝Sheet3！F6　　C. ＝F6！Sheet3　　D. ＝Sheet3♯F6

（18）在 Excel 中，在单元格输入数据时，若要取消输入，则按（　　）键。

    A. Enter　　　　　B. Esc　　　　　C. 左光标　　　　D. 右光标

（19）在 Excel 中系统默认的图表类型是（　　）。

    A. 柱形图　　　　B. 饼图　　　　　C. 面积图　　　　D. 折线图

（20）在 Excel 中，Sheet2＄A＄4 表示（　　）。

    A. 对工作表 Sheet2 中的 A4 单元格绝对引用

    B. 对 A4 单元格绝对引用

    C. 对 Sheet2 单元格同 A4 单元格进行！运算

    D. 对 Sheet2 工作表同 A4 单元格进行！运算

（21）Excel 的数据类型包括（　　）。

    A. 数值型数据　　B. 字符型数据　　C. 逻辑型数据　　D. 以上全部

（22）在 Excel 中，利用填充功能可以自动快速地输入（　　）。

    A. 文本数据　　　　　　　　　　B. 公式和函数

    C. 数字数据　　　　　　　　　　D. 具有某种内在规律的数据

（23）在 Excel 中，已知某单元格的格式为 000.00，值为 23.785，则显示的内容为（　　）。

    A. 23.78　　　　　B. 23.79　　　　　C. 23.785　　　　D. 023.79

（24）一般情况下，Excel 默认的显示格式为右对齐的是（　　）。

    A. 数值型数据　　B. 字符型数据　　C. 逻辑型数据　　D. 不确定

（25）在 Excel 中活动单元格是指（　　）的单元格。

    A. 正在处理　　　　　　　　　　B. 每一个都是活动

    C. 能被移动　　　　　　　　　　D. 能进行公式计算

3. 操作题

（1）新建一个 Excel 工作簿，建立图 4.81 所示的同样形式的数据表，要求如下：

① 在 A1:K1 区域中输入图 4.81 中第一行的数据，然后在总分前增加"文学"一项。

② 在 A2 单元格中输入一个学号，学号列的其他项通过填充自动产生，并增加到 50 项。

③ 在 B2 单元格中输入一个公式，能随机生成"男"或"女"，性别列的其他项通过填充自动产生。

④ 在 C2 单元格中输入一个公式，能随机生成一个 50～100 的整数，再由此产生 50 名学生 6 门课程成绩的所有分数。

⑤ 利用公式求出"总分"到"等级"的所有数据（参考图 4.44 的说明）。

⑥ 将此工作表命名为"学生成绩表 1"，并建立此工作表的两个副本，分别取名为"学生成绩表 2"和"学生成绩表 3"。

学号	性别	语文	数学	英语	体育	艺术	总分	名次	挂科数	等级

图 4.81　学生成绩表

⑦ 利用复制和选择性粘贴(选择"值")命令,将 3 个工作表中所有公式产生的数据值进行固定(过滤公式)。

⑧ 对"学生成绩表 1"进行高级筛选,筛选出所有男生中语文、数学、英语至少有一门课程成绩超过 90 分的记录,结果放到一个新的工作表中。

⑨ 在"学生成绩表 1"中,进行自动筛选,筛选出所有男生中语文、数学成绩都超过 80 分的记录。

⑩ 在"学生成绩表 2"中,根据性别排序并进行分类汇总,分别求出男、女生人数;然后删除上述分类汇总结果,再根据"等级"排序进行分类汇总,分别求出 A、B、C 各等级的人数。

⑪ 根据"学生成绩表 3"建立数据透视表,查看男、女生中 A、B、C 各等级的人数,再查看男、女生"挂科数"之和。

(2) 在 Excel 中建立图 4.82 所示的表格,要求如下。

某企业职工文化水平统计表				
学历	人数		占全部职工的百分比(%)	
	小计	其中:30岁以下	小计	其中:30岁以下
大学以上	282	82		
中专	530	256		
高中	1170	553		
小学	948	381		
文盲	295	52		
合计				

图 4.82　某企业职工文化水平统计表

① 所有数据必须都输入在 A1:E9 区域中,设置格式与样表一致。

② 利用公式计算表格中所有空白单元格中的结果(公式中不允许使用任何具体数据)。

③ 根据 A4:C8 区域中的数据创建一个柱形图,并显示数据标志。

④ 根据 A4:A8 和 C4:C8 区域中的数据创建一个饼图,并显示出百分比。

⑤ 将工作表命名为"职工文化统计表",并保存工作簿,取名为"某企业职工学历分析表"。

第5章 演示文稿制作软件 PowerPoint 2016

Microsoft PowerPoint 2016 是微软公司出品的 Office 2016 软件包中的重要组件之一，是一种演示文稿制作软件，常用于教学、培训、演讲、报告、项目交流、广告宣传、产品演示等。用户可以将文字、图片、声音、视频等各种信息合理地组织在一起，制作出图文并茂、声形兼备及变化效果丰富的多媒体演示文稿。本章主要介绍 PowerPoint 2016 的基本操作方法，包括演示文稿的制作及浏览、放映、打包演示文稿等方面的内容。

5.1 PowerPoint 2016 概述

PowerPoint 2016 是用户表达思想强有力的辅助工具，无论是日常教学，向用户介绍一个计划、一个产品，还是演讲或作报告，参照演示文稿讲解，就会使你的阐述清晰直观，让人一目了然。PowerPoint 2016 是在 PowerPoint 2003/2007 版本上发展起来的演示文稿制作软件，功能与用户体验较原来版本有了很大提升，编辑界面也更为人性化，在演示文稿的制作、编辑等方面使操作更加方便、高效。

5.1.1 PowerPoint 2016 的功能与特点

Microsoft PowerPoint 2016 提供了灵活而强大的新方法、新功能，来满足用户的不同需求。Microsoft PowerPoint 2016 新增了视频、图片编辑，动画增强和屏幕录制功能，提供了许多处理演示文稿的新方式。此外，切换效果和动画运行起来比以往更为平滑和丰富，并且现在它们在功能区中有自己的选项卡。使用 2016 版可以更加轻松地播放和共享演示文稿，其主要功能与特点有以下几方面。

（1）使用简单。PowerPoint 2016 的操作简单，一般用户在经过短时间的学习之后就可以制作出有一定水平的演示文稿。如果想制作出高水平的演示文稿，必须进行深入、系统的学习。

（2）多媒体效果演示。制作的演示文稿可以方便地在计算机屏幕或多媒体投影仪上进行演示，演示的内容包括文字、图表、声音和视频等多媒体信息，并且对这些信息进行方便快捷地编辑。可以使用动画增强功能丰富演示效果，在演示过程中可以使用画笔对重点内容进行标记。

（3）打印讲义和大纲。可以将制作好的演示文稿打印成讲义和大纲。

（4）打包幻灯片。可以将制作好的演示文稿打包，这些幻灯片可以在没有安装 PowerPoint 2016 的情况下演示。

（5）联机演示。日常工作中常常会借助 PPT 进行演示，而相关人员无法到场参加时，就可以使用 PowerPoint 2016 的联机演示功能来进行远程教学或培训。

5.1.2 PowerPoint 2016 工作界面

演示文稿
工作窗口

在使用 PowerPoint 2016 编辑演示文稿前,应先了解它的工作界面。PowerPoint 2016 工作界面由快速访问工具栏、标题栏、功能区、工作区、状态栏、视图切换区和比例缩放区组成,如图 5.1 所示。

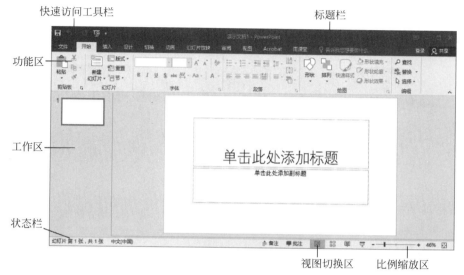

图 5.1 PowerPoint 2016 工作界面

(1)快速访问工具栏。快速访问工具栏位于窗口左上角,用于显示常用的工具。默认情况下,快速访问工具栏中包含"保存""撤销""恢复"和"从头开始"4 个快捷按钮,用户还可以根据需要进行添加。单击某个按钮即可实现相应的功能。

(2)标题栏。标题栏位于窗口的最上方,由标题、功能区显示选项和窗口控制按钮组成。标题用于显示当前编辑的演示文稿名称。"功能区显示选项"按钮用于设置自动隐藏功能区、显示选项卡和命令。窗口控制按钮由"最小化""向下还原/最大化"和"关闭"按钮组成,用于实现窗口的最小化、向下还原、最大化及关闭。

(3)功能区。功能区主要由选项卡、功能组和命令按钮组成,用户可以切换到某个选项卡中,在相应的功能组中单击相应的命令按钮,即可完成相应的操作。在功能区的右端有"功能区最小化"按钮,单击它可以收缩功能区,通过标题栏的"功能区显示选项"按钮可以展开功能区;选项卡右侧的"请告诉我"输入框,在这里输入内容,用户可以查找到需要帮助的信息。

(4)工作区。工作区是用户编辑演示文稿的区域。左侧是"幻灯片预览窗格",默认以普通视图方式预览演示文稿。右侧是"幻灯片设计"窗格,是编辑演示文稿的核心区,用于编辑和设计幻灯片。"幻灯片设计"窗格下方是"备注"窗格,用户可以在此添加一些备注信息,为当前幻灯片中的相应内容进行解释说明,或者补充幻灯片内容。

(5)状态栏。状态栏位于窗口的最下方,主要用于显示当前演示文稿的状态信息,包括幻灯片编号、主题名称、语言、视图切换区和比例缩放区。

5.1.3 PowerPoint 2016 视图

在 PowerPoint 2016 中,可用于编辑、打印和放映演示文稿的视图有普通视图、大纲视图、幻灯片浏览视图、备注页视图、阅读视图、幻灯片放映视图、母版视图。

在"视图"选项卡的"演示文稿视图"组中提供了"普通""大纲视图""幻灯片浏览""备注页""阅读视图"的命令按钮,在"母版视图"组中提供了"幻灯片母版""讲义母版""备注母版"的命令按钮,如图 5.2 所示。

图 5.2　视图选项卡

状态栏的视图切换区中,也提供了普通视图、幻灯片浏览视图、阅读视图和幻灯片放映视图的切换按钮,如图 5.3 所示。

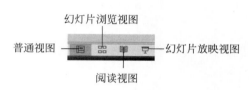

图 5.3　视图切换区

普通视图:在这种视图模式下,可以对幻灯片进行编辑排版,添加文本,插入图片、表格、SmartArt 图形、图表、表格、文本框、视频、音频、超链接和动画。

幻灯片浏览视图:在此视图下,可方便地对幻灯片进行移动、复制、删除、页面切换等效果的设置,也可以隐藏和显示指定的幻灯片,查看缩略图形式的幻灯片。

阅读视图:此视图用于作者自己查看演示文稿而非放映演示文稿,不进入全屏方式。

幻灯片放映视图:此视图可以放映演示文稿。幻灯片放映时会占据整个计算机屏幕,用户可以看到图形、计时、动画、视频、动画效果和切换效果在实际演示中的具体效果。

备注页视图:此视图用来显示和编排备注页内容。在备注页视图中,视图的上半部分显示幻灯片,下半部分显示备注内容。

母版的内容是在每张幻灯片中都会出现的样式,可设置母版标题样式、母版文本样式(多级)、日期、页脚、编码等内容。

【例 5.1】　在 PowerPoint 2016 中,幻灯片视图主要用于(　　　)。

A. 对幻灯片的内容进行编辑、修改及格式调整

B. 观看幻灯片的播放效果

C. 对所有幻灯片进行整理编排或次序调整

D. 对幻灯片的内容进行动画设计

操作提示:在幻灯片浏览视图中,以全局的方式按序号顺序显示出幻灯片的缩略图。浏览视图下,可以复制、删除幻灯片,调整幻灯片的顺序,但不能对个别幻灯片的内容进行编

辑、修改。双击某一选定的幻灯片缩略图,可以切换到显示此幻灯片的普通视图并预览。因此,本题答案为 C。

5.2 演示文稿的基本操作

用户要使用 PowerPoint 2016 制作演示文稿,应先掌握演示文稿的基本操作方法。演示文稿的基本操作包括创建、保存、打开与关闭演示文稿及幻灯片的选择、插入、移动、复制、删除等操作。

5.2.1 演示文稿的创建

演示文稿创建及编辑

用户在创建演示文稿时,可以创建空白演示文稿,也可以使用 PowerPoint 2016 系统自带的模板和主题创建演示文稿。

1. 创建空白演示文稿

启动演示文稿,单击"空白演示文稿"选项,或者单击"文件"选项卡,选择"新建"命令,在右侧的"新建"面板中单击"空白演示文稿"选项,完成演示文稿的创建,如图 5.4 所示。

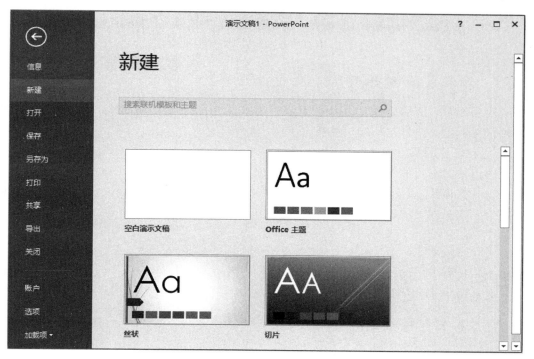

图 5.4 创建空白演示文稿

2. 使用模板和主题创建演示文稿

单击"文件"选项卡,选择"新建"命令,在右侧"新建"面板中的模板和主题列表框中选择合适的模板,如选择"环保"模板。然后,单击"创建"按钮即可创建一个基于该模板的演示文稿,如图 5.5 所示。

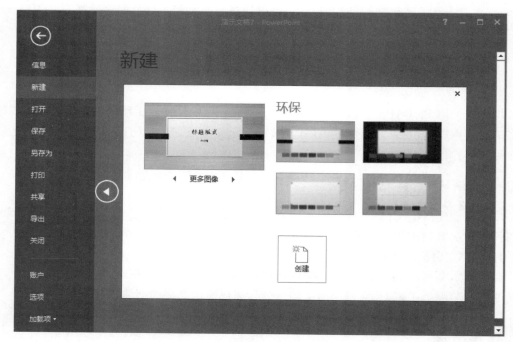

图 5.5　使用模板和主题创建演示文稿

5.2.2　演示文稿的保存

创建和编辑好演示文稿后，需要将其保存起来，以便以后查看和使用。演示文稿的保存有两种情况。

1. 保存新建的演示文稿

可单击快速访问工具栏上的"保存"按钮，或者单击"文件"→"保存"命令，弹出"另存为"对话框，在"保存位置"下拉列表框中选择存储位置，在"文件名"下拉列表框中输入名称，再单击"保存"按钮即可将演示文稿保存。

2. 保存已有的演示文稿

可直接单击快速访问工具栏上的"保存"按钮，或者单击"文件"→"保存"命令，软件不会出现保存位置与文件名称的提示。"文件"选项卡中的"另存为"命令，可以将当前演示文稿保存到其他地方或以另外的名称保存，对原文稿不产生任何影响。

5.2.3　演示文稿的打开与关闭

创建和保存好演示文稿后，用户在使用时可以打开或者关闭演示文稿。

1. 演示文稿的打开

启动 PowerPoint 2016，单击"文件"→"打开"命令，弹出"打开"对话框，查找文件位置与文件名，再单击"打开"按钮；或者直接双击扩展名为 .pptx 或 .ppt 的演示文稿文件，可自动启动 PowerPoint 2016 并打开该文件。

2. 演示文稿的关闭

单击"文件"→"关闭"命令；或者单击标题栏右侧的"关闭"按钮，都可关闭当前演示文稿。

5.2.4 幻灯片的基本操作

1. 选择幻灯片

在制作幻灯片时,有时需要选择单张幻灯片,有时又需要选择多张幻灯片,主要选择方法有以下几种。

(1) 在"幻灯片预览"窗格中,单击需要选择的幻灯片,即可选择单张幻灯片。

(2) 在"幻灯片预览"窗格中,按住 Ctrl 键依次单击某些幻灯片,可以实现不连续幻灯片的选择。

(3) 在"幻灯片预览"窗格中,按住 Shift 键,先单击第一张幻灯片,再单击最后一张幻灯片,可以实现连续幻灯片的选择。

2. 插入幻灯片

默认情况下,新演示文稿中只有一张幻灯片,在演示文稿的制作过程中,需要插入新的幻灯片,插入幻灯片的方法有以下几种。

(1) 通过"开始"选项卡"幻灯片"组中的"新建幻灯片"命令按钮,可在原来幻灯片下方插入一张新的幻灯片,如图 5.6 所示。

(2) 在"幻灯片预览"窗格中某张选中的幻灯片上按 Enter 键,即可插入一张新的幻灯片,如图 5.7 所示。

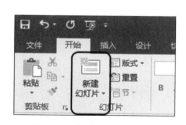

图 5.6 新建幻灯片按钮

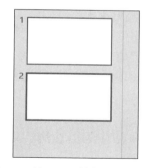

图 5.7 按 Enter 键插入新幻灯片

3. 移动幻灯片

移动幻灯片的方法有两种:一种方法是通过"幻灯片预览"窗格,按住鼠标左键将选中的幻灯片拖动到新的位置,再释放鼠标;另一种方法是通过在"幻灯片浏览"视图中,将选中的幻灯片拖动到新的位置,再释放鼠标。

4. 复制幻灯片

在幻灯片制作过程中,如果新幻灯片与已完成幻灯片的内容或布局相似时,可通过复制幻灯片的方法进行复制,再修改,以加快幻灯片的制作速度,常用的复制方法有以下两种。

(1) 选择需要复制的幻灯片,按住 Ctrl 键的同时拖动源幻灯片到目标位置,释放鼠标即可实现复制。

(2) 选择需要复制的幻灯片,按 Ctrl+C 组合键进行复制,到目标位置后,再按 Ctrl+V 组合键粘贴即可。

5. 删除幻灯片

对于不需要的幻灯片,可以将其删除,基本的操作方法有两种:一种方法是通过键盘,将需要删除的幻灯片选中,按键盘上的 Delete 键;另一种方法是使用鼠标,右击选中的幻灯片,在快捷菜单中选择"删除幻灯片"命令。

5.3　演示文稿的编辑

演示文稿中可以插入和编辑文本、表格和图表、剪贴画、艺术字和图片、公式及各种多媒体对象。

5.3.1　文本的基本操作

文本是演示文稿中最基本的元素,用以表达幻灯片的主要内容。

1. 插入文本框

通过"插入"选项卡"文本"组的"文本框"按钮,可插入横排与竖排文本框,具体操作步骤如下。

(1) 单击"插入"选项卡,再单击"文本"组的"文本框"按钮,在弹出的菜单中选择"横排文本框"或"垂直文本框"命令。

(2) 将鼠标指针移动到幻灯片中,当光标变成竖线或者横线时,单击鼠标并拖动,即可绘制出一个文本框。

2. 输入与编辑文本

文本框绘制完成后,可以往文本框中添加文本或编辑文本,当文本添加完成后,单击幻灯片的空白位置即可确认文本的输入。可以对输入的文本进行编辑,如设置字体、段落等,这些操作同 Word 2016 中对文本的编辑是一样的。

5.3.2　插入表格和图表

为了表达和说明数据,在演示文稿中可以插入表格和图表。

1. 插入表格

在幻灯片中插入表格,可以单击"插入"→"表格"→"插入表格"命令,在弹出的对话框中输入表格的行数和列数,单击"确定"按钮,这样就插入了一张表格,如图 5.8 所示,然后就可以在表格中输入和编辑数据了。

图 5.8　"插入表格"对话框

新创建的表格样式是默认统一的,有时不能满足用户的需求,因此,需要对表格样式进行更改。可以选择需要修改样式的表格,单击"表格工具"→"设计"选项卡下的"表格样式"组,可以单击"其他"按钮,选择需要的表格样式,如选择"无样式,网格型",如图 5.9 所示。

2. 插入图表

图表采用对比的方式来说明数据,能够更加形象和直观地说明问题。单击"插入"→"图表"命令,弹出"插入图表"对话框,如图 5.10 所示,选择图表类型,即可在当前幻灯片中插入一个图表。例如,选择"柱形图"→"簇状柱形图"选项,弹出名为"Microsoft PowerPoint 中的图表"工作簿,如图 5.11 所示,通过拖曳区域右下角,可以调整数据区域的大小。

关闭工作簿,此时,演示文稿中显示的就是表格中的数据。

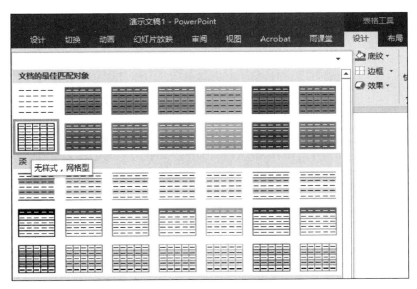

图 5.9　表格样式

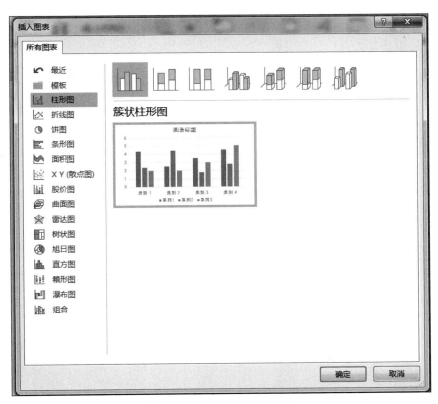

图 5.10　"插入图表"对话框

单击"图表工具"→"设计"→"图表布局"→"快速布局"命令，从弹出的下拉菜单中选择需要的布局，如选择"布局 1"。单击"图表工具"→"设计"→"添加图表元素"命令，从弹出的下拉菜单中选择"图表标题"，可以设置图表的标题。例如，从弹出的下拉列表框中选择"图

演示文稿制作软件 *PowerPoint 2016*

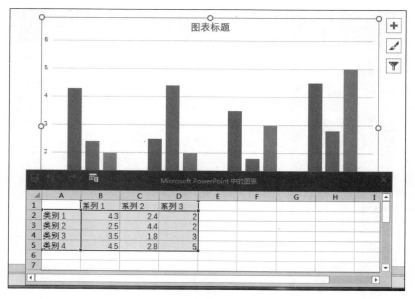

图 5.11　插入图表产生的表格

表上方"，则标题会显示在图表上方。选中图表或其中的内容，切换到"图表工具"→"格式"选项卡，单击"形状样式"→"其他"按钮，可以为图表或其中内容设置轮廓和填充颜色。

5.3.3　插入剪贴画、艺术字和图片

演示文稿
外观设计

在演示文稿中经常会使用图片，图片使演讲形象、生动，使观众更快、更好地了解宣传者的观点。在幻灯片中插入的图片包括剪贴画、艺术字和自选图片文件等。

1. 插入剪贴画

打开演示文稿，选择要插入剪贴画的幻灯片（如第一张幻灯片），单击"插入"→"联机图片"，弹出插入联机图片对话框，如图 5.12 所示。

图 5.12　插入联机图片

在"搜索必应"文本框中输入要搜索的文字，然后单击"搜索"按钮。在下方"搜索结果"列表框中选择要插入的剪贴画，单击"插入"按钮，即可将其插入当前幻灯片中。在插入剪贴画后，可以通过鼠标拖动调整它的位置，也可以通过拖曳图片边界来调整图片尺寸等。

2. 插入艺术字

打开演示文稿，选择要插入艺术字的幻灯片，单击"插入"→"文本"→"艺术字"命令，从弹出的下拉菜单中选择相应的艺术字样式，如"填充-橙色，着色 2，轮廓-着色 2"选项，即在幻灯片中插入一个艺术字框，在其中输入文字"演示艺术字"，然后利用鼠标拖动可以将艺术字移动到幻灯片合适的位置。

选中艺术字，选择"绘图工具"→"格式"选项卡，单击"艺术字样式"→"文本轮廓"右侧的下箭头按钮，在弹出的下拉列表中选择相应的颜色，可以设置艺术字的轮廓颜色，如选择"红色"。同样，单击"艺术字样式"→"文本填充"可以设置填充文本的颜色。

选中艺术字，切换到"开始"选项卡，在"字体"→"字体"下拉列表框中选择相应字体选项，可以设置艺术字的字体，如选择字体"华文楷体"、字号"100 磅"，如图 5.13 所示。

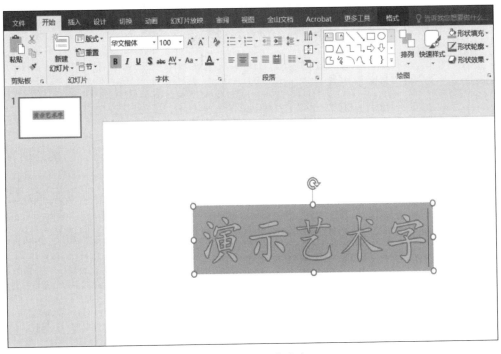

图 5.13　插入艺术字

3. 插入图片

打开演示文稿，选择要插入图片的幻灯片，单击"插入"→"图像"→"图片"命令，弹出"插入图片"对话框，从中选择要插入的素材图片。单击"插入"按钮即可将选中的图片插入当前幻灯片中。

选择"图片工具"→"格式"选项卡，单击"图片样式"→"其他"按钮，在其中选择相应样式选项，如选择"金属椭圆"样式，可以设置图片样式。选择"大小"→"裁剪"→"裁剪为形状"，可以将图片裁剪成多种形状，如选择裁剪成"圆角矩形"选项。通过鼠标拖曳图片的边界可以调整图片的大小，或者通过"大小"组中的"高度"和"宽度"设置图片大小，效果如图 5.14 所示。

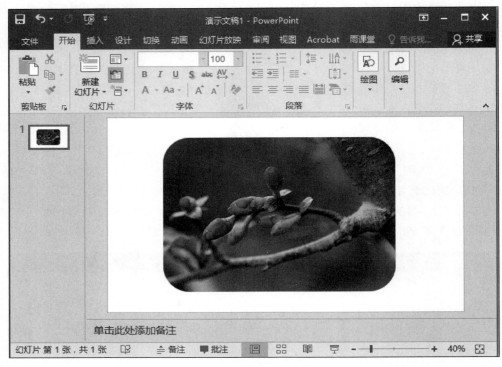

图 5.14　插入图片效果

【**例 5.2**】　某注册会计师协会培训部的李老师正在准备有关审计业务档案管理的培训课件，请帮助她完成以下演示文稿的制作。

（1）在考生文件夹下新建一个名为 PPT.pptx 的新演示文稿（.pptx 为扩展名），之后操作均基于此文件。

（2）将第 1 张幻灯片的版式设置为"标题和内容"，在该幻灯片的右下角插入任意一幅联机图片，设置动画效果为"浮入"。

（3）新建第 2 张幻灯片，并且将第 2 张幻灯片的版式设置为"两栏内容"。

操作提示：

（1）在考生文件夹下右击空白处，选择快捷菜单中的"新建"→"新建 Microsoft PowerPoint 演示文稿"命令，将文件名设置为 PPT.pptx。

（2）双击打开 PPT.pptx，单击"单击以添加第一张幻灯片"按钮，即可新建一张幻灯片。

选择第 1 张幻灯片，选择"开始"选项卡，单击"幻灯片"组中的"版式"按钮，在弹出的下拉菜单中选择"标题和内容"版式。

选择"插入"→"图像"→"联机图片"命令，在"搜索必应"文本框中输入如"人物""笑脸"，按 Enter 键进行搜索，选择需要的图像，单击"插入"按钮。选择插入的图片，单击"动画"→"动画"→"浮入"命令，设置动画效果。

（3）在"幻灯片预览"窗格中，选择第 1 张幻灯片，按 Enter 键即可新建第 2 张幻灯片。选择第 2 张幻灯片，选择"开始"→"幻灯片"→"版式"命令，在弹出的下拉菜单中选择"两栏内容"版式。

5.3.4 插入自选图形和 SmartArt 图形

在演示文稿中,可以插入自选图形和 PowerPoint 2016 自带的 SmartArt 图形。

1. 插入自选图形

打开演示文稿,选择要插入自选图形的幻灯片,单击"插入"→"插图"→"形状",可以从中选择插入各种自选图形,如选择"矩形"→"圆角矩形"。

自选图形绘制完成后,在图形里添加文本。通过鼠标拖曳图片的边界可以调整自选图形的大小,也可以选中自选图形,然后在"绘图工具"→"格式"里,设置自选图形的形状样式、图形大小,如图 5.15 所示。

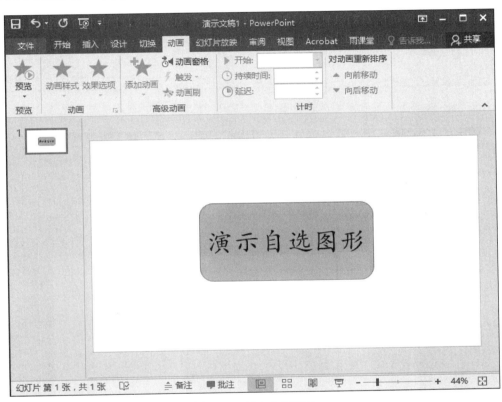

图 5.15　插入自选图形

2. 插入 SmartArt 图形

SmartArt 图形是 PowerPoint 2016 自带的现成图形,可以以直观的方式交流信息。

打开演示文稿,选择要插入 SmartArt 图形的幻灯片,单击"插入"→"插图"→"SmartArt"命令,弹出"选择 SmartArt 图形"对话框,如图 5.16 所示,在列表中选择 SmartArt 图形。例如,选择"流程"→"垂直流程"选项,单击"确定"按钮,即可在当前幻灯片中插入该流程。

通过鼠标拖动 SmartArt 图形和拖曳图形边框,可以调整 SmartArt 图形的位置和大小。选中 SmartArt 图形,单击"设计"→"更改颜色"命令,可以更改 SmartArt 图形颜色,如从弹出的下拉菜单中选择"彩色-个性色"命令,效果如图 5.17 所示。

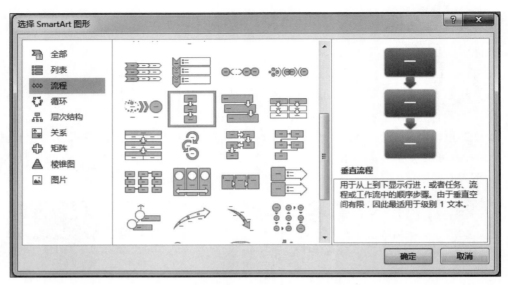

图 5.16　"选择 SmartArt 图形"对话框

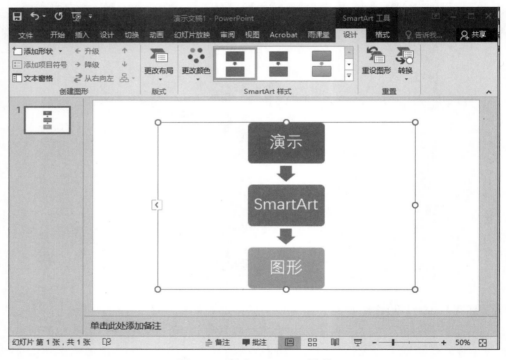

图 5.17　插入 SmartArt 图形

【**例 5.3**】　小姚负责新员工的入职培训,在培训演示文稿中需要制作公司的组织结构图,在 PowerPoint 2016 中最优的操作方法是(　　　)。

A. 通过插入 SmartArt 图形制作组织结构图

B. 直接在幻灯片的适当位置通过绘图工具绘制出组织结构图

C. 通过插入图片或对象的方式,插入在其他程序中制作好的组织结构图

D. 先在幻灯片中分级输入组织结构图的文字内容,然后将文字转换为 SmartArt 组织结构图

操作提示:在 PowerPoint 2016 中插入 SmartArt 图形制作组织结构图,可以轻松制作公司的组织结构。故正确答案为 A 选项。

5.3.5　插入声音和视频

在制作演示文稿时,用户可以在演示文稿中插入各种声音和视频文件,使其变得有声有色,更具有感染力。

1. 插入声音文件

用户可以添加剪辑管理器中的声音,也可以添加文件中的音乐。在添加声音后,幻灯片上会显示一个声音图标。

打开演示文稿,选择要插入声音的幻灯片,单击"插入"→"媒体"→"音频"命令,在弹出的下拉菜单中选择"PC 上的音频"命令,弹出"插入音频"对话框,找到要添加的声音文件,单击"插入"按钮,即可插入一个声音文件,效果如图 5.18 所示。用同样方法,选择"录制音频"命令,弹出"录制声音"对话框,单击"录制"按钮■可以录制并添加声音,如图 5.19 所示。

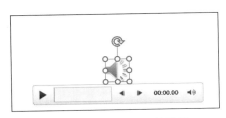

图 5.18　插入声音文件效果

图 5.19　录制并插入声音

选中"声音"图标,单击"音频工具"→"播放"选项卡,在"音频选项"组中可以设置在幻灯片播放时如何开始播放声音,如选择"自动",如图 5.20 所示,则在放映幻灯片时就自动播放声音文件。

图 5.20　声音播放设置

2. 插入视频文件

打开演示文稿,选择要插入视频的幻灯片,单击"插入"→"媒体"→"视频"命令,在弹出的下拉菜单中选择"PC 上的视频"命令,弹出"插入视频"对话框,找到要添加的视频文件,单击"插入"按钮,即可插入一个视频文件,效果如图 5.21 所示。

选中"视频"图标,单击"视频工具"→"播放"选项卡,在"视频选项"组中可以设置在幻灯片播放时如何开始播放声音,如选择"单击时",则在放映幻灯片时通过鼠标单击来播放视频文件。

图 5.21　插入视频文件效果

5.4　幻灯片母版的使用

　　母版具有统一每张幻灯片上共同具有的背景图案、文本位置与格式的作用。PowerPoint 2016 提供了 3 种母版，分别是幻灯片母版、讲义母版、备注母版，其中使用最多的是幻灯片母版。

　　幻灯片母版用于存储演示文稿的主题和幻灯片版式的信息，如背景、颜色、字体、效果等，使用幻灯片母版可以对幻灯片进行统一的样式修改，在每张幻灯片上显示相同信息，这样可以加快演示文稿的制作速度，节省设计时间。

　　1. 插入幻灯片母版

　　打开演示文稿，选择"视图"→"母版视图"→"幻灯片母版"命令，进行幻灯片母版设计，如图 5.22 所示。

　　可以修改标题和文本的字体、字号、颜色及对字体的各种修饰，可以设置页眉、页脚和幻灯片的编号，切换到"插入"选项卡，单击"页眉和页脚"按钮，这时会弹出"页眉和页脚"设置对话框，如图 5.23 所示，可以设置幻灯片的日期、页脚、编号等。

　　2. 删除幻灯片母版

　　当幻灯片中母版过多或不满足用户需求时，可以将其删除。删除的首要条件是演示文稿中必须有两个或两个以上的幻灯片母版，才可以删除。如果只有一个母版，则"删除"按钮将不可用。选中要删除的母版，单击"幻灯片母版"→"编辑母版"→"删除"按钮，即可以删除一个不需要的幻灯片母版，如图 5.24 所示。

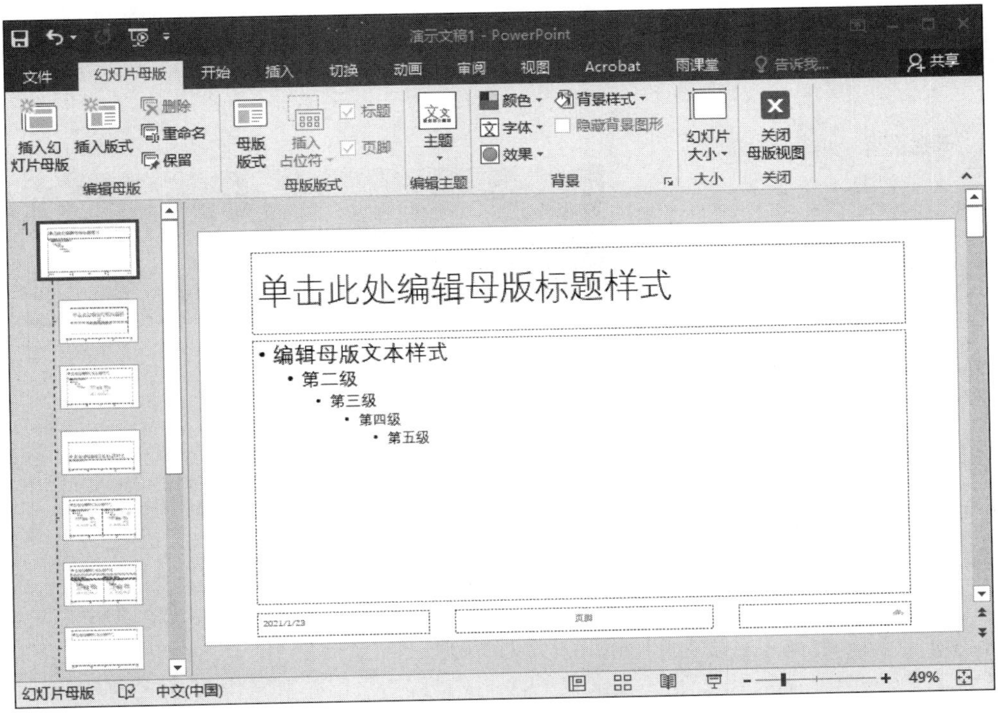

图 5.22 "幻灯片母版"视图

图 5.23 "页眉和页脚"对话框

演示文稿制作软件 PowerPoint 2016

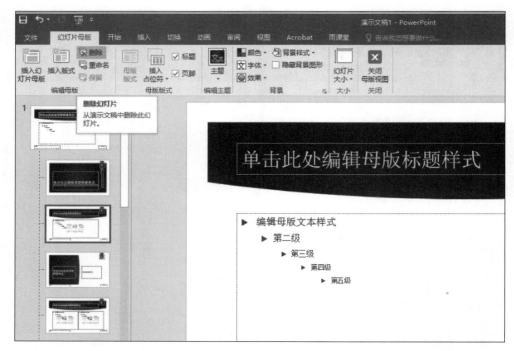

图 5.24　幻灯片母版的删除

【例 5.4】　如果需要在一个演示文稿的每页幻灯片左下角相同位置插入学校的校徽图片，最优的操作方法是（　　　）。

A. 打开幻灯片母版视图，将校徽图片插入母版中

B. 打开幻灯片普通视图，将校徽图片插入幻灯片中

C. 打开幻灯片放映视图，将校徽图片插入幻灯片中

D. 打开幻灯片浏览视图，将校徽图片插入幻灯片中

操作提示：幻灯片母版处于幻灯片层次结构中，其中存储了有关演示文稿的主题和幻灯片版式的所有信息，包括背景、颜色、字体、效果、占位符大小和位置。使用幻灯片母版可以使整个幻灯片具有统一的风格和样式，用户可以直接在相应的位置输入需要的内容，从而减少了重复性工作，提高了工作效率。故正确答案为 A 选项。

5.5　动画和超链接的使用

PowerPoint 2016 提供了动画和超链接技术，使幻灯片演示起来更为灵活、生动，给人以更好的视觉效果。

演示文稿
动画和打
印设置

5.5.1　插入动画效果

在 PowerPoint 2016 中，用户可以为幻灯片上的文本、图片、形状、表格、SmartArt 图形等对象设置动画效果，以控制演示文稿的放映，增强表达效果，提高演示文稿对观看者的吸引力。

打开演示文稿，选择要插入动画的幻灯片，选中标题，单击"动画"→"动画"→"其他"按

钮,在下拉列表框中选择相应的动画选项,如选择"弹跳"。返回幻灯片,此时在标题的左上角会出现数字标记,说明已经添加了动画效果。然后在"计时"功能组中的"开始"下拉列表框中选择"与上一动画同时"选项。

选中幻灯片中的图片,切换到"动画"选项卡,单击"动画"→"其他"按钮,在下拉列表框中选择相应的动画选项,如选择"进入"项目组中的"飞入"选项,然后在"计时"功能组中的"开始"下拉列表框中选择"上一动画之后"选项。

单击"高级动画"→"动画窗格"命令,弹出"动画窗格"任务窗格,选中图片动画,然后单击"计时"→"向前移动",可以改变动画顺序。选中标题,单击"动画"→"高级动画"→"动画刷",此时鼠标指针变成复制动画的形状,选中其他张幻灯片中的标题,即可将复制的动画效果应用在标题中,如图 5.25 所示。设置好动画后,可以通过"预览"按钮查看幻灯片的预览效果。

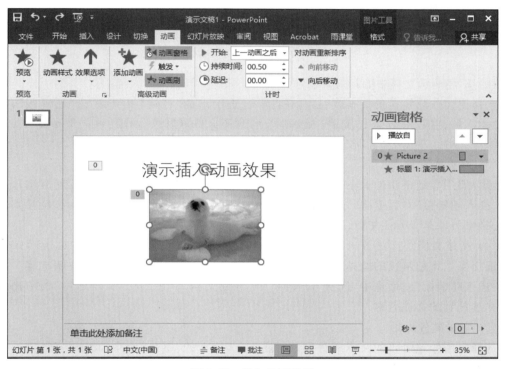

图 5.25　添加动画效果

5.5.2　添加超链接

在 PowerPoint 2016 中,超链接可以是从一张幻灯片到同一演示文稿中另一张幻灯片的链接,也可以是从一张幻灯片到不同演示文稿中另一张幻灯片、网页或文件、新建文档和电子邮件地址的链接。可以对文本、图片、艺术字或 SmartArt 图形等对象创建超链接。

1. 插入超链接。

(1) 同一演示文稿中的幻灯片。

打开演示文稿,选择要用作超链接的文本或其他对象。在"插入"选项卡的"链接"组中,单击"超链接",在弹出的"插入超链接"对话框中,选择"链接到"→"本文档中的位置",再单击选择要用作链接目标的幻灯片,如图 5.26 所示。

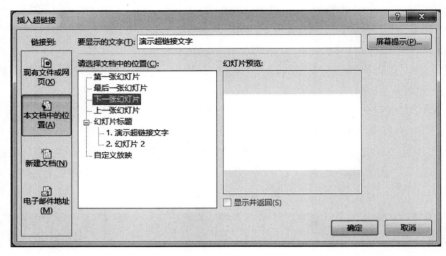

图 5.26　插入超链接

（2）不同演示文稿中的幻灯片。

选择要用作超链接的文本或对象,在"插入"选项卡的"链接"组中,单击"超链接",在弹出的"插入超链接"对话框中,选择"链接到"→"现有文件或网页",找到包含要链接到的幻灯片的演示文稿。单击"书签"按钮,然后单击要链接到的幻灯片。

（3）网页或文件。

选择要用作超链接的文本或对象,在"插入"选项卡的"链接"组中,单击"超链接",在弹出的"插入超链接"对话框中,选择"链接到"→"现有文件或网页",找到并选择要链接到的页面或文件（可以是 Word 文档、Excel 表格等）,然后单击"确定"按钮。

（4）新建文档。

选择要用作超链接的文本或对象,在"插入"选项卡的"链接"组中,单击"超链接",在弹出的"插入超链接"对话框中,选择"链接到"→"新建文档"。在"新建文档名称"框中输入要创建并链接到的文档名称。

（5）电子邮件地址。

选择要用作超链接的文本或对象,在"插入"选项卡的"链接"组中,单击"超链接",在弹出的"插入超链接"对话框中,选择"链接到"→"电子邮件地址"。在"电子邮件地址"框中输入要链接到的电子邮件地址,或在"最近用过的电子邮件地址"框中单击电子邮件地址。在"主题"框中输入电子邮件的主题。

2. 添加交互性动作

选择幻灯片,选中要添加交互性动作的对象,单击"插入"→"链接"→"动作"命令,弹出"操作设置"对话框,如图 5.27 所示。

选择"单击鼠标"选项卡,选中"超链接到"单选按钮,然后从下拉列表框中选择"幻灯片"选项,之后在列表中选择要链接到的幻灯片,如"幻灯片 3",设置完毕单击"确定"按钮,如图 5.28 所示。在幻灯片放映时,单击设置了超链接的对象,即可直接切换到链接的目标幻灯片中。

图 5.27　"操作设置"对话框

图 5.28　"超链接到幻灯片"对话框

5.6　演示文稿的放映与打印

　　演示文稿制作完成后,可以进行放映与打印。演示文稿的放映是指将演示文稿以全屏方式展示给观众或用户,演示文稿的打印是指将制作好的幻灯片通过打印机打印出来,通常以讲义方式打印。

5.6.1　演示文稿的放映

1. 幻灯片切换效果

幻灯片切换效果是指在放映幻灯片时,连续两张幻灯片之间的过渡效果,即从一张幻灯片切换到下一张幻灯片时出现的类似动画的效果。在 PowerPoint 2016 中预设了细微型、华丽型、动态内容 3 种类型,包括切入、淡出、推进、擦除等几十种切换方式。

打开演示文稿,选择第一张幻灯片,单击"切换"→"切换到此幻灯片"→"其他"按钮,在弹出的切换效果库中选择切换方案,如选择"百叶窗"。可以单击"计时"→"全部应用"按钮,将所有幻灯片的切换方式都设置为相同的方式。

2. 设置放映方式

单击"幻灯片放映"→"设置"→"设置幻灯片放映",弹出"设置放映方式"对话框,可设置放映类型、放映幻灯片、放映选项、换片方式等,如图 5.29 所示。

图 5.29 "设置放映方式"对话框

3. 设置自定义放映

自定义放映可供用户选择性地放映演示文稿中的部分幻灯片,以达到不同的演示效果。单击"幻灯片放映"→"自定义幻灯片放映",弹出"自定义放映"对话框,如图 5.30 所示。

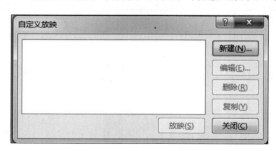

图 5.30 "自定义放映"对话框

单击"自定义放映"对话框中的"新建"按钮,在弹出的"定义自定义放映"对话框中,输入幻灯片放映名称,并选择需要放映的幻灯片添加至自定义放映中,如图 5.31 所示,单击"确定"按钮完成自定义放映的定义。当关闭"自定义放映"对话框后,用户自定义放映将出现在"自定义幻灯片放映"按钮下面。

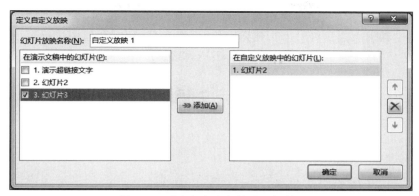

图 5.31 "定义自定义放映"对话框

4. 放映幻灯片

放映幻灯片,可以单击"幻灯片放映"→"开始放映幻灯片"→"从头开始"或"从当前幻灯片开始",也可以单击视图切换区的"幻灯片放映"按钮,从当前幻灯片开始放映,处于放映状态下的幻灯片会占满整个屏幕。

【例 5.5】 小李利用 PowerPoint 2016 制作产品宣传方案,并希望在演示时能够满足不同对象的需要,处理该演示文稿的最优操作方法是( )。

A. 制作一份包含所有人群的全部内容的演示文稿,每次放映时按需要进行删减

B. 制作一份包含所有人群的全部内容的演示文稿,放映前隐藏不需要的幻灯片

C. 制作一份包含所有人群的全部内容的演示文稿,然后利用自定义幻灯片放映功能创建不同的演示方案

D. 针对不同的人群,分别制作不同的演示文稿

操作提示:用户可以根据自己的需要,建立多种放映方案,在不同的方案中选择不同的幻灯片放映。可通过单击"幻灯片放映"→"开始幻灯片放映"→"自定义幻灯片放映",在打开的"自定义放映"对话框中进行设置。故正确答案为 C 选项。

5.6.2 演示文稿的打印

为了查阅方便,可以将演示文稿打印出来,在打印前,一般需要进行打印设置。

在"设计"选项卡的"自定义"组中单击"幻灯片大小"→"自定义幻灯片大小"按钮,打开"幻灯片大小"对话框,如图 5.32 所示,设置好幻灯片大小、方向等。

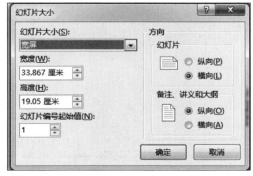

图 5.32 "幻灯片大小"对话框

193

演示文稿制作软件 *PowerPoint 2016*

选择"文件"→"打印"命令,再单击右侧的"打印机属性"按钮,设置打印纸张规格与方向。单击下方"编辑页眉页脚"按钮,在弹出的"页眉和页脚"对话框中进行页眉和页脚的设置。设置完成后,可单击"全部应用"按钮。最后,单击"打印"按钮即可打印演示文稿。

5.7 演示文稿的打包

PowerPoint 2016 可以将演示文稿及相关文件打包成 CD,方便那些没有安装 PowerPoint 2016 的用户放映演示文稿。

打开需要打包的演示文稿,选择"文件"→"导出"命令,单击"将演示文稿打包成 CD"→"打包成 CD"按钮,如图 5.33 所示。

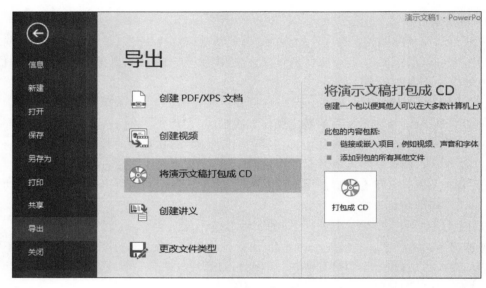

图 5.33 演示文稿的打包

在弹出的"打包成 CD"对话框中单击"复制到 CD"按钮,将演示文稿直接打包到 CD,或者单击"复制到文件夹"按钮,将演示文稿打包到硬盘上的指定文件夹中,如图 5.34 所示。

图 5.34 "打包成 CD"对话框

5.8　演示文稿的联机演示

PowerPoint 2016可以将演示文稿与自己的伙伴共享，联机放映。创建一个链接以便与人共享，当联机演示时，使用链接的任何人都可以观看幻灯片放映，不需要安装程序。

打开需要联机演示的演示文稿，选择"文件"→"共享"命令，单击"联机演示"→"联机演示"按钮，如图5.35所示。

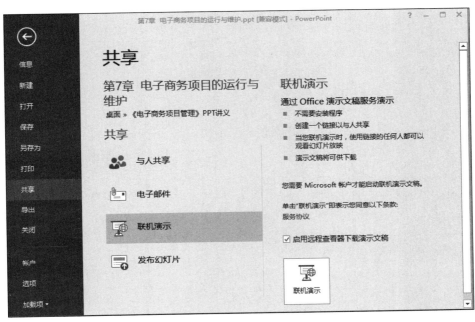

图5.35　演示文稿的联机演示

在弹出的"联机演示"对话框中，单击"复制链接"，可以与远程查看者共享此链接，然后单击"启动演示文稿"按钮，可与伙伴共同观看演示文稿放映，如图5.36所示。选择"联机演示"选项卡，单击"结束联机演示"按钮，可以结束联机演示。

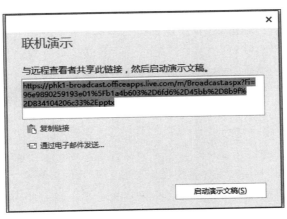

图5.36　"联机演示"对话框

演示文稿制作软件 *PowerPoint 2016*

课 后 习 题

1. 选择题

（1）在 PowerPoint 2016 中，下面表述错误的是（　　）。

    A. 幻灯片的放映必须是从头到尾的顺序播放

    B. 在幻灯片中可以插入超链接

    C. 所有幻灯片的切换方式可以是一样的

    D. 幻灯片是可以打印的

（2）PowerPoint 2016 演示文稿的扩展名是（　　）。

    A. psdx   B. ppsx   C. pptx   D. ppsx

（3）演示文稿的基本组成单元是（　　）。

    A. 图片   B. 幻灯片   C. 超链接   D. 文本

（4）在 PowerPoint 2016 中，用户在创建演示文稿时，下列说法错误的是（　　）。

    A. 可以创建空白演示文稿   B. 可以使用模板创建演示文稿

    C. 可以使用主题创建演示文稿   D. 可以使用视图创建演示文稿

（5）在 PowerPoint 2016 的（　　）视图中，在同一窗口能显示多个幻灯片，并在幻灯片的下面显示它的编号。

    A. 普通   B. 备注页   C. 幻灯片浏览   D. 阅读

（6）PowerPoint 2016 中，关于表格下列说法错误的是（　　）。

    A. 向幻灯片中插入表格，可以在普通视图下

    B. 可以通过表格工具，为表格设计不同的样式

    C. 可以向表格中输入文本

    D. 只能插入规则表格，不能在单元格中插入斜线

（7）在 PowerPoint 2016 幻灯片浏览视图中，选定多张不连续幻灯片，在单击选定幻灯片之前应该按住（　　）键。

    A. Alt   B. Shift   C. Tab   D. Ctrl

（8）在 PowerPoint 2016 的普通视图下，若要插入一张新幻灯片，其操作为（　　）。

    A. 单击"文件"选项卡下的"新建"命令

    B. 单击"开始"选项卡→"幻灯片"组中的"新建幻灯片"按钮

    C. 单击"切换"选项卡→"幻灯片"组中的"新建幻灯片"按钮

    D. 单击"设计"选项卡→"幻灯片"组中的"新建幻灯片"按钮

（9）PowerPoint 2016 中实现自动播放，下列说法正确的是（　　）。

    A. 选择"观看放映"方式   B. 选择"录制旁白"方式

    C. 选择"自动播放"方式   D. 选择"排练计时"方式

（10）PowerPoint 2016 中，在普通视图下删除幻灯片的操作是（　　）。

    A. 在"幻灯片预览"窗格中选定要删除的幻灯片，然后按 Delete 键

    B. 在"幻灯片预览"窗格中选定幻灯片，再单击"开始"选项卡中的"删除"按钮

C. 在"编辑"选项卡下单击"编辑"组中的"删除"按钮

D. 以上说法都不正确

（11）在 PowerPoint 2016 中,若一个演示文稿中有 3 张幻灯片,播放时要跳过第二张放映,可以的操作是(　　)。

    A. 取消第二张幻灯片的切换效果　　B. 隐藏第二张幻灯片

    C. 取消第一张幻灯片的动画效果　　D. 只能删除第二张幻灯片

（12）在 PowerPoint 2016 中,对母版样式的更改将反映在(　　)中。

    A. 当前演示文稿的第一张幻灯片　　B. 当前演示文稿的当前幻灯片

    C. 当前演示文稿的所有幻灯片　　D. 所有演示文稿的第一张幻灯片

（13）在 PowerPoint 2016 中,下列说法不正确的是(　　)。

    A. 不可以在幻灯片中插入剪贴画和自定义图像

    B. 可以在幻灯片中插入声音和影像

    C. 可以在幻灯片中插入艺术字

    D. 可以在幻灯片中插入超链接

（14）放映幻灯片时,若要从当前幻灯片切换到下一幻灯片,无效的操作是(　　)。

    A. 按 Enter 键　　B. 按 Delete 键　　C. 按 PgDn 键　　D. 单击鼠标

（15）在 PowerPoint 2016 中,下面不属于幻灯片的对象的是(　　)。

    A. 占位符　　B. 图片　　C. 表格　　D. 文本

2. 填空题

（1）PowerPoint 2016 共有 _____、_____、_____、_____、_____、_____和_____ 7 种视图。

（2）_____是供给演示人员使用的注释性文字。

（3）_____是为幻灯片设置的背景或者外观,是为所有的幻灯片设置成默认的版式或者格式的一张特殊的幻灯片。

（4）_____就是专门设计好的演示模型,用户可以在创建新的演示文稿时使用它。

（5）在演示文稿中插入新的幻灯片时,可以选择"插入"菜单下的_____命令,或者按_____组合键。

（6）设置超链接,首先选中需要设置超链接的对象,然后单击"插入"菜单中的_____命令。

（7）要在 PowerPoint 占位符外输入文本,应先插入一个_____,然后再在其中输入字符。

（8）在 PowerPoint 2016 中,利用"切换"选项卡中的_____功能,可以实现幻灯片的自动切换。

（9）在设计演示文稿过程中_____(可以/不可以)随时更换设计模板。

（10）在 PowerPoint 中,设置幻灯片各对象的播放顺序是通过_____对话框来设置的。

3. 操作题

（1）把演示文稿的第一张幻灯片版式设计为"内容与标题"。

（2）把演示文稿的第一张幻灯片的"文本"动画效果设置为"阶梯状左下展开",速度为

"慢速"。

（3）在演示文稿的第二张幻灯片插入形状"棱台"，用颜色渐变效果填充，效果为深色变体中心辐射。

（4）将演示文稿的第三张幻灯片背景设置为"白色大理石"纹理。

（5）任意选取一张图片，设置为演示文稿的第四张幻灯片的背景。

（6）在演示文稿的第五张幻灯片中插入艺术字"计算机等级考试"，并设置成"填充-橙色，着色 2，轮廓-着色 2"样式。

第6章　计算机网络

计算机网络是人类进入 20 世纪 60 年代以来，现代科学技术伟大的进步之一。网络已经遍布各个领域，成为全球范围内信息共享的平台。

计算机网络是计算机技术和通信技术相结合的产物，网络技术在计算机科学技术中占有重要的地位，对信息产业的发展产生了深远的影响，并且将发挥越来越大的作用。本章主要介绍了计算机网络发展、组成和拓扑结构等基础知识，对网络协议和 IP 地址进行了介绍，阐述了电子邮件的发送和接收过程、浏览器的使用、文件传输服务、网络搜索和信息安全等内容。

6.1　计算机网络概述

21 世纪是计算机网络的时代，随着计算机技术的飞速发展，计算机应用已逐渐渗透到社会发展的各个领域。单机操作的时代已经满足不了社会发展的需要，今天互联网已成为人类社会的一个基本组成部分，它使我们能够获取和交换信息，提高生活和工作质量。

6.1.1　计算机网络定义

网络可以从不同的角度来定义，目前网络定义通常采用资源共享的观点，即将地理位置不同、具有独立功能的计算机或由计算机控制的外部设备，通过通信设备和线路连接起来，在网络操作系统的控制下，按照约定的通信协议进行信息交换，实现资源共享的系统称为计算机网络。

网络的定义、发展和分类

从这个定义可以看出，计算机网络的主要功能包括资源共享和数据通信。其中，资源共享包含计算机硬件资源、软件资源、数据和信息资源；数据通信指计算机之间或计算机用户之间的通信与交互及其协同工作。网络的核心问题是资源共享，目的是无论资源的物理位置在哪里，网络上的用户都能使用网络中的程序、设备，尤其是数据。这样可以使用户摆脱地理位置的束缚，同时带来经济上的好处。

6.1.2　网络分类

由于计算机网络应用的广泛性，目前已出现了各种各样的网络。网络的分类标准有很多种，如网络的交换功能、控制方式、传输介质等，但这些标准只描述了网络某一方面的特征，不能反映网络技术的本质。事实上，有一种网络划分标准能反映网络技术的本质，这就是最常用的划分标准——网络的覆盖范围。从网络覆盖范围进行分类，可以分为局域网、城域网、广域网。

（1）局域网（Local Area Network，LAN），是在一个局部的地理范围内（如一个学校、工厂和机关内),一般是方圆几千米以内,将各种计算机、外部设备和数据库等互相联接起来组成的计算机通信网。由于传输距离直接影响传输速度,因此,局域网内的通信,由于传输距离短,传输速度一般都比较高。目前局域网的传输速率一般都可达到1000Mb/s,高速局域网传输速率可以达到10000Mb/s。

局域网一般为一个部门或单位所有,它的建立、维护及扩展等比较容易,系统灵活性高。其主要特点有以下几个方面。

① 覆盖的地理范围较小,只在一个相对独立的局部范围内。

② 使用专门铺设的传输介质进行联网,数据传输速率高。

③ 通信延迟时间短,出错率低,可靠性较高。

④ 便于管理、安装和维护。

局域网的出现使计算机网络在很短的时间内就深入各个领域,因此它成为目前非常活跃的技术领域,各种局域网层出不穷,并得到广泛应用,推动着信息化的发展和进程。

(2)城域网(Metropolitan Area Network,MAN),是在一个城市范围内所建立的计算机通信网。其覆盖范围介于局域网和广域网之间。其运行方式与LAN相似。由于局域网的广泛应用,扩大局域网的使用范围,或者将已经使用的局域网互相连接起来,使其成为一个规模较大的城市范围内的网络,已经成为网络发展的一个方向。城域网的设计目标是满足几十千米范围内的大量企业、机关、公司的多个局域网互联需求,以实现大量用户之间的数据、语音、图形与视频等多种信息传输,使整个城市资源形成共享。

(3)广域网(Wide Area Network,WAN)也称远程网。通常跨接很大的物理范围,所覆盖的范围从几十千米到几千千米,它能连接多个城市或国家,或横跨多个洲并能提供远距离通信,形成国际性的远程网络。广域网把局域网或城域网连接起来成为更大的网络,是连接不同地区的局域网或城域网的计算机通信的远程网。

由于广域网的覆盖范围广,联网的计算机多,因此广域网上的信息量非常大,共享的信息资源很丰富。Internet是全球最大的广域网,它覆盖的范围遍及全世界。

6.1.3 拓扑结构

网络的拓扑结构

网络拓扑结构是指用传输媒体互联各种设备的物理布局,就是用什么方式把网络中的计算机等设备连接起来,通常用不同的拓扑来描述物理设备不同的布局方案。拓扑结构影响着整个网络的设计、功能、可靠性和通信费用等许多方面,是决定局域网性能优劣的重要因素之一。如图6.1所示,常见的网络拓扑结构分为5种,包括总线型、环状、星状、树状、网状。

(a)总线型　　(b)环状　　(c)星状　　(d)树状　　(e)网状

图6.1　网络拓扑结构

1. 总线型结构

总线型拓扑结构采用一条公共总线作为传输介质,网络中所有计算机通过相应的硬件接口连接到总线上。总线型结构的优点是可靠性高、结构简单灵活、布线容易、电缆长度短、增删结点很方便。其缺点是由于所有结点都通过总线传递数据,使总线成为整个网络的"瓶颈",当结点增多时容易产生信息堵塞。此外,当某一结点出现故障时将影响整个网络,而且发生网络故障时,故障诊断较为困难。总线型拓扑是使用最普遍的一种网络。

2. 环状结构

在环状拓扑结构中,网络中所有计算机通过通信介质相互连接形成一个封闭的环形线路。由于数据在环上沿着结点单方向运行,所以环状结构适合于光纤传输,且传输距离较远。环状拓扑结构的优点是在网络负载较重时仍能传输数据、结构简单、建网容易、便于管理。其缺点是网络响应时间会随着结点的增加而变慢,而且结点的故障会影响整个网络。此外,环状结构的可扩充性、灵活性差,不易重新配置网络。

3. 星状结构

在星状拓扑结构的网络中有一个进行信息交换和通信控制的中央结点,其他结点通过独立的电缆连接到中央结点上,各结点之间的通信都要通过中央结点的转接来完成。星状结构的优点是:可靠性高,各结点和接口的故障不会影响整个网络;由于各结点使用独立的传输线路,消除了数据传输的堵塞现象,因而传输效率高;此外,星状结构容易扩充,灵活性好。其缺点是需要使用大量的连接电缆,而且网络对中央结点的依赖性过强,容易形成系统的"瓶颈",一旦中央结点发生故障将导致整个网络的瘫痪。

4. 树状结构

树状拓扑结构又称层次结构,是一种分级结构。在树状结构的网络中,任意两个结点之间不产生回路,每条通路都支持双向传输。这种结构的特点是扩充方便、灵活、成本低,易推广,适合于分主次或分等级的层次型管理系统。其缺点是数据的交换主要在上、下层结点之间进行,同层结点之间一般不进行信息的交换,所以资源共享的能力较差。

5. 网状结构

在网状结构中,网络中各结点都有多条线路与网络相连,即使某条线路出现故障,网络通过其他线路仍然能够正常工作。在这种结构中,网络的控制功能被分散到各个结点上,采用的是一种分布式控制结构。网状结构可靠性高,资源共享方便;但是线路复杂,不易管理。

6.1.4 传输介质

网络传输介质是网络中发送方与接收方之间的物理通路,是信息传递的通道,它对网络的数据通信具有一定的影响。不同的网络类型要根据实际情况选取恰当的传输介质。常用的传输介质有双绞线、同轴电缆、光纤、无线传输介质。

网络的构成和传输介质

1. 双绞线

双绞线是局域网布线中最常用的一种传输介质,是由相互按一定扭矩绞合在一起的类似于电话线的传输介质,每根线加绝缘层并用色标来标记。如图6.2所示,因为两条导线缠绕在一起,电磁干扰对各导线的影响几乎相等,所以不会对两导线内部电压信号产生不同的影响,从而降低了电磁干扰。因此,与没有缠绕在

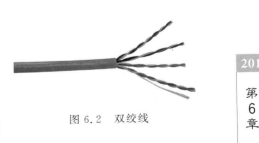

图6.2 双绞线

一起的导线相比,双绞线不容易丢失信号,适合传送高比特率数据,而且在以太网中双绞线最大传输距离是 100m。没有屏蔽保护的双绞线指的是非屏蔽双绞线(UTP),它被广泛应用在电话网络和许多数字通信网络中。屏蔽双绞线(STP)比非屏蔽双绞线传输的距离更远且速率更快,这是由于屏蔽双绞线可以屏蔽掉外部干扰的原因。双绞线的最大缺点是抗电磁干扰能力不强,但是价格便宜。

2. 同轴电缆

同轴电缆由中心铜线、塑料绝缘体、金属屏蔽层和最外层的护套组成,这种结构的金属屏蔽层可防止中心导体向外辐射电磁场,也可防止外界电磁场干扰中心导体的信号。

同轴电缆应用于总线拓扑结构的网络中,即一根同轴电缆上接多台计算机,这种拓扑适用于计算机密集的环境。但是当一触点发生故障时,故障会串联影响到整根线缆上的所有计算机,故障的诊断和修复都很麻烦。

总体来说,体积庞大的缺点使同轴电缆很难在一栋建筑物的电线管道和其他地方安装施工,因此其正逐渐被双绞线和光纤所取代。

3. 光纤

光纤由一捆光导纤维组成,而光导纤维是一种传输光速的细微而柔韧的介质。目前光纤是数据传输中最有效的一种传输介质。光导纤维导芯外包一层玻璃同心层构成圆柱体,外包层比导芯的折射率低,使光线全反射至导芯内,经过多次反射达到传导光波的目的。所以,在光纤一端的光几乎能够毫无损失地传输到另一端。又因为光不受电磁场的影响,所以光纤中的信号抗干扰性能好。

光纤可分为多模光纤和单模光纤。多模光纤使用更便宜的电子器件产生信号,玻璃光芯的半径也更大;而单模光纤使用激光束产生光信号,玻璃光芯的半径要小些。单模光纤适用于高速度、长距离的传输,其成本高、耗散极小、效率高。多模光纤适用于低速度、短距离的传输,其成本低、耗散大,效率低。

光纤有很多优点。光纤是一个高度安全的介质,因为要想不被探测到而进行光纤侦听是很困难的。光纤的缺点是不能耐高温,不能拉得太紧,也不能折成直角。还有一点是价格,就材料和安装而言,光纤及其设备相对较贵。

4. 无线传输介质

有线通信最麻烦的是开设电缆槽,常常要挖断公路、街道等,而采用无线则方便得多。无线传输使用无线电波作为传输载体,只需在建筑物或天线塔顶架设无线电收发器,这样可以节省大量的线缆费用和铺设费用。另外,无线传输还具有相当的灵活机动性,特别适合于战场等需要临时建立通信网的应用领域。但无线通信容易受到雷雨、雾霾等天气变化的影响。

无线传输介质是指在两个通信设备之间不使用任何直接的物理连接线路而通过空间进行信号传输。当通信设备之间由于存在物理障碍而不能使用有线介质时,可以考虑使用无线介质。

根据电磁波的频率,无线传输系统大致可分为广播通信系统、地面微波通信系统、卫星微波通信系统和红外线通信系统,对应的无线介质是无线电波、微波、红外线和激光等。

电磁波是靠辐射来传输的,就像太阳光辐射到我们身上一样,带给我们光和热。手机信号和 WiFi 信号都属于电磁波的一种。

6.1.5 计算机网络的通信协议

从本质上讲,协议就是规则。在公路上行驶的汽车,需要遵守交通规则。同样在计算机网络中,数据从一台计算机传输到另一台计算机,也需要遵守一些规则,以减少网络阻塞,提高网络的使用效率。这些为网络中的数据传输和交换而建立的规则、标准或约定,就称为网络通信协议。

1. 网络通信协议的分层

网络通信涉及的因素比较复杂,因此,网络的协议有很多。网络通信不仅涉及物理线路、通信设备、计算机等硬件设备,还涉及网络拥挤、数据丢失、不同的应用环境、不同的应用程序等软件环境。这就需要制定一些共同的规则即协议,只要大家都遵守这些规则,就能相互通信。因此,网络通信的正常运行,靠大量复杂的网络协议来保证。

网络中需要一个有层次的、结构化的协议集合。因此,把网络的通信任务划分成不同的层次,每一层都有一个清晰、明确的任务,每层的任务由相应的协议来完成。每层协议与其他层之间是相对独立的,层与层之间有单向依赖性,每一层建立于它的下层之上,每一层都向上一层提供服务。这样,对网络通信协议某方面的修改,只需要修改某层的某个协议即可。

2. OSI 开放系统互连模型

OSI 开放系统互连模型是由国际标准化组织(ISO)提出的一个网络系统互连模型。世界上任何一个系统,只要遵循 OSI 标准,就可以和世界上位于任何地方的也遵循同一标准的其他系统进行通信。OSI 参考模型采用了 7 个层次的体系结构,从下到上依次为物理层、数据链路层、网络层、传输层、会话层、表示层和应用层。

(1) 物理层:它是网络体系结构的最低层。主要定义网络的硬件特性,包括使用什么样的传输介质,以及传输介质连接的接头等物理特性。

(2) 数据链路层:这一层的主要任务是保证连接着的两台机器之间的数据无错传输,包括差错控制、流量控制。若数据在传输过程中,接收方发现接收到的数据有错误,数据链路层负责通知发送方重新发送数据,直至接收到的数据没有错误为止。

(3) 网络层:主要功能是提供网络间的路径选择、网络互联和拥挤控制。在一个局域网内,涉及不到网络层,只有当网络互联、网络间相互通信时才可能涉及网络层。

(4) 传输层:它为端到端的应用程序间提供可靠的传输,负责从上一层接收数据,并按一定格式把数据分成若干传输单元,然后交给网络层。端到端是指进行相互通信的两个设备,不是直接通过传输介质连接起来,而是它们之间有很多中间转发设备,这样的两个设备间的通信就叫作端到端的通信。

(5) 会话层:主要针对远程访问,主要任务包括会话管理、传输同步及活动管理等。例如,当建立的连接突然断了时,文件传输到半路,当重新传输文件时,是从文件的开始重传还是从断处重传,这个任务由会话层来完成。

(6) 表示层:主要功能是信息转换,包括信息的压缩、加密等。

(7) 应用层:OSI 的最高层。提供面向用户的网络应用程序,如电子邮件、文件传输等。

3. TCP/IP 模型

由于 OSI 模型在实现时过分复杂,TCP/IP 模型对此进行了简化和改进。TCP/IP 模型采用 4 层模型,从下到上依次是网络接口层、网络层、传输层和应用层。OSI 与 TCP/IP 参考模型对照关系如图 6.3 所示。

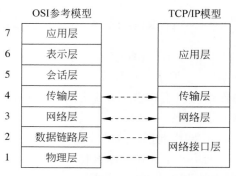

图 6.3 OSI 参考模型与 TCP/IP 模型对照

(1) 网络接口层:该层负责与物理网络的连接,它规定了怎样把网络层的 IP 数据报组织成适合在具体的物理网络中传输的帧,以及怎样在网络中传输帧。

(2) 网络层:该层规定了在整个互联的网络中所有计算机统一使用的编址和数据包格式(称为 IP 数据报),以及将 IP 数据报从一台计算机通过一个或多个路由器到达最终目标的路由选择和转发机制。网络层的核心协议是 IP 协议。

(3) 传输层:该层提供一个应用程序到另一个应用程序的通信,称为端到端通信。其主要功能是信息格式化、数据确认和丢失重传等。传输层提供 TCP 协议和 UDP 协议。TCP 协议是面向连接的协议,并保证发送数据的可靠性,大部分应用程序采用 TCP 协议。UDP 协议是无连接的、高效服务的协议,能尽力而为地进行数据传输,但不保证数据的可靠性,如音频和视频信息的传输就采用 UDP 协议。

(4) 应用层:该层向用户提供一组常用的应用程序。例如,远程登录(Telnet)协议、简单邮件传输协议(SMTP)、文件传输协议(FTP)、域名系统(DNS)、超文本传输协议(HTTP)等。应用层协议负责将网络传输的对象转换成人们能识别的信息。不同的应用需要使用不同的应用层协议,应用层包含的协议随着技术的发展在不断扩大。

以 TCP/IP 为基础组建的 Internet 是目前世界上规模最大的计算机互联网络。TCP/IP 采用开放式策略,顺应了社会发展的需求。虽然它不是国际标准,但因为使用时间长、范围广,应用已遍及各个领域,而且该结构简洁、实用,已经成为网络互联事实上的工业标准。

6.2 Internet 基础

Internet 基础

Internet 是一个全球性、开放性的计算机互联网络,它把世界各地已有的各种网络互联起来,组成一个跨越国界的庞大互联网。它对推动世界科学、文化、经济和社会的发展有着不可估量的作用。

随着 Internet 规模和用户的不断增加,Internet 上的各种应用也得到进一步开拓。Internet 不仅是一种资源共享、数据通信和信息查询的手段,还逐渐成为人们了解世界、讨论问题、购物休闲,乃至从事科学研究、商贸活动、教育甚至是政治、军事活动的重要领域。Internet 的使用,大大缩短了人与人交流的空间距离,使处在地球上任何地方的人们可以很方便、迅速地进行信息交流。

6.2.1 Internet 概述

20 世纪 60 年代初期,美国与苏联的冷战不断升温,随之而来的是科学技术的较量,而科学技术的较量很大程度上取决于计算机技术的发展。美国国防部高级研究计划局(Advanced Research Project Agency,ARPA)经过研究提出这样一个设想:把分布在不同地区的军事资源联网,用来实现资源共享,这样当部分资源受到破坏后,其他网络仍然能够正常工作,即还能正常进行通信,这就是分组交换通信方式的最初指导思想。

基于上述指导思想,美国建成了第一个分组交换网——由 ARPA 研制,称为 ARPANet,简称为 ARPA 网。ARPA 网将位于不同地点的 4 所大学计算机中心连接起来,每个计算机中心都是同级的关系,当其中的任一条线路发生故障,信息也可以分组后通过其他线路传输到目的地。

1986 年,美国国家科学机构投入大量资金建立了五大计算机中心,并将它们连接起来,建立了基于 TCP/IP 的计算机网络 NSFNET。在此基础上,很多大学、科研单位都纷纷加入 NSFNET,这就是 Internet 的最初模型。从此,Internet 迅速发展,到 1990 年,全球 Internet 互联互通。

6.2.2 IP 地址

全球范围内,每个家庭都有一个地址,而每个地址的结构都是由国家、省、市、区、街道、楼号、单元、楼层、门牌号这样一个层次结构组成的不同家庭地址,有了这个唯一的家庭住址,不同家庭间的信件投递才能正确进行,不会发生冲突。同样,覆盖全球 Internet 的主机组成了一个大家庭,Internet 上的主机间要进行通信,则每台主机都必须具有一个唯一的地址来区别于其他主机,这个地址就是 Internet 地址,也称为 IP 地址。

网络层的 IP 协议提供了一种在国际互联网中统一的地址格式。由于每台主机都有一个唯一的地址,而 Internet 上有上亿个主机地址,为了更好地管理和查找主机地址及保证主机地址的唯一性,Internet 上的主机地址采用的是分层结构。每个主机地址由网络地址和主机地址两部分组成,并在全球范围内由专门的机构进行统一的地址分配,这样就保证了 Internet 上的每一台主机都有一个唯一的 IP 地址。在数据通信过程中,首先查找主机的网络地址,根据网络地址找到主机所在的网络,再在一个具体的网络内部查找主机。

1. IP 地址的表示方法

IP 地址有两种表示方法,即二进制表示和点分十进制表示。

在协议软件中 IP 地址经常是以 32 位二进制方式出现的,易于运算,这种形式使用户感到烦琐,难以记忆,更易搞错。因此,为了方便用户使用,IP 地址都被直观地表示为 4 个由小数点隔开的十进制数,由于该十进制数是由原来的 8 位二进制数转换而来,因此每个十进制数的取值范围为 0~255,这种表示方法称为"点分十进制"表示法,即 a.b.c.d。

下面是一个 IP 地址以二进制和点分十进制表示的例子。

二进制格式:11000000.10011000.00000001.00001111

点分十进制格式:192.168.1.15

2. IP 地址的分类

根据 IP 地址中网络号和主机号所分配的位数,IP 地址通常分为 5 种类型。

(1) A 类地址。

其前 8 位为网络号,其中第一位为 0,后 24 位为主机号,其有效范围为 1.0.0.1~126.255.255.224。此类地址的网络全世界仅有 126 个,每个网络可以接 16646144 个主机结点,所以通常供大型网络使用。

(2) B 类地址。

其前 16 位为网络号,其中第一位为 1,第二位为 0,后 16 位为主机号。其有效范围为 128.0.0.1～191.255.255.254。该类地址网络全球仅有 $2^6 \times 2^8 = 16384$ 个,每个网络可连接的主机数为 65024 个,所以通常供中型网络使用。

(3) C 类地址。

其前 24 位为网络号,其中第一位为 1,第二位为 1,第三位为 0,后 8 位为主机号,其有效范围为 192.0.0.1～222.255.255.254。该类地址的网络全球只有 2097152 个,每个子网可连接的主机数为 254 台,所以通常供小型网络使用。

(4) D 类地址。

用于组播(multicasting),因此,D 类地址又称为组播地址。D 类地址的范围为 224.0.0.0～239.255.255.255,每个地址对应一个组,发往某一组播地址的数据将被该组中的所有成员接收,D 类地址不能分配给主机。

(5) E 类地址。

为保留地址,可以用于实验目的。E 类地址的范围 240.0.0.0～255.255.255.254。

目前 IP 的版本是 IPv4,随着 Internet 的指数式增长,32 位 IP 地址空间越来越紧张,网络号将很快用完,迫切需要新版本的 IP 协议,于是产生了 IPv6 协议。IPv6 协议使用 128 位地址,它支持的地址数是 IPv4 协议的 2^{96} 倍,这个地址空间是足够的。IPv6 协议在设计时保留了 IPv4 协议的一些基本特征,这使采用新、老技术的各种网络系统在 Internet 上依然能够互联互通。

6.2.3 Internet 主机的域名地址

IP 地址是 Internet 上主机的唯一标识,以区别于不同的主机。但 IP 地址是用一串数字来表示的,难以记忆,因此 Internet 上专门设计了一种字符型的主机命名机制,如 IP 地址为 110.242.68.3 的主机,其主机名为 www.baidu.com,正如在一个班级中,每个学生都有一个名字和一个学号,人名比数字表示的学号更方便、更容易记忆。Internet 上这种层次型名字叫域名地址。域名具有唯一性,每个域名只对应一个唯一的 IP 地址。

从商业角度来看,域名是企业的"网上商标"。从域名价值角度来看,域名是互联网上最基础的东西,也是一个稀有的全球资源,无论是做因特网信息提供商和电子商务,还是在网上开展其他活动,都要从域名开始,一个名正言顺的易于推广的域名是互联网企业和网站成功的第一步。

域名地址是按层次型结构依次给主机命名的。一个完整的域名由两个或两个以上部分组成,各部分之间用英文的句号"."来分隔,最后一个"."的右边部分称为顶级域名(也称为一级域名),最后一个"."的左边部分称为二级域名,二级域名的左边部分称为三级域名,以此类推,每一级的域名控制它下一级域名的分配。最左边的一个字段为主机名。例如,http://news.baidu.com 是百度新闻频道的服务器域名,顶级域名 com 代表商业结构,第二个子域名 baidu 表明这台主机是属于百度的,news 是该 Web 服务器的名称。

顶级域名可以分成两大类:一类是机构组织性顶级域名;另一类是地理性顶级域名。机构组织性顶级域名(如 com 表示盈利性商业实体、edu 代表教育机构、gov 表示政府组织、int 代表国际性组织、net 表示网络服务机构或实体等)目前共有 14 种;地理性顶级域名指明了该域名源自的国家或地区,如 cn 代表中国等。对于美国以外的主机,其最高层次域名大多都是按地理域命名。主要国家域名及通用机构域名如表 6.1 和表 6.2 所示。

表 6.1　主要国家域名

域　名	描　述	域　名	描　述
cn	中国	it	意大利
fr	法国	ca	加拿大
us	美国	au	澳大利亚
jp	日本	br	巴西
ru	俄罗斯	in	印度
gb	英国	kr	韩国
de	德国	za	南非

表 6.2　通用机构域名

域名	描　述	域名	描　述
com	以营利为目的企业机构	firm	公司企业
net	提供互联网服务的企业	shop	销售公司企业
edu	教育科研机构	web	突出万维网活动的单位
gov	政府机构	arts	突出文化娱乐活动的单位
int	国际组织	rec	突出消遣娱乐活动的单位
mil	军事机构	info	提供信息服务单位
org	非营利机构	name	个人

虽然使用域名也可以访问 Internet 上的网站,但域名最终必须转换成 IP 地址才能真正找到对方的主机,这种转换过程称为域名解析。从域名到 IP 地址的转换是通过域名系统完成的。在 Internet 中,每个域一般都有各自的域名服务器,众多的域名服务器有机组合在一起构成域名系统。

6.2.4　Windows 10 网络配置

1. TCP/IP 属性配置

TCP/IP 是目前 Internet 广泛采用的一种网络互联标准协议,在 Windows 10 中,TCP/IP 是系统自动安装的。

(1)选择"开始"→"控制面板"命令,单击其中的"网络和共享中心"图标,如图 6.4 所示。

图 6.4　"控制面板"窗口

（2）进入网络和共享中心页面，如图 6.5 所示。

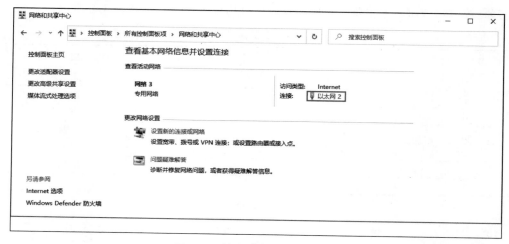

图 6.5 "网络和共享中心"窗口

单击"以太网 2"，进入"以太网 2 状态"窗口，单击"属性"按钮，如图 6.6 所示，选中"Internet 协议版本 4(TCP/IPv4)"复选框，然后单击"属性"按钮，弹出图 6.7 所示的对话框。在该对话框中设置 TCP/IP 的"IP 地址""子网掩码""默认网关""首选 DNS 服务器"各选项。

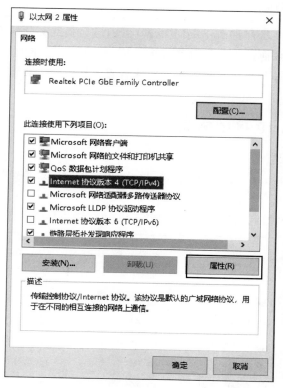

图 6.6 "以太网 2 属性"对话框

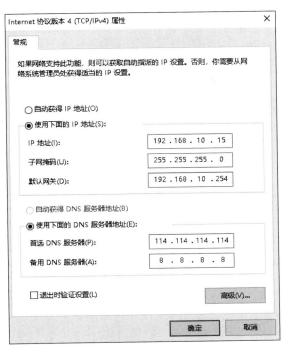

图 6.7　"Internet 协议版本 4(TCP/IPv4)属性"对话框

2. 网络连接测试

Windows 10 提供了一个 ping 命令,用来测试一台计算机是否已经连接到网络上。ping 命令的格式为

ping IP 地址或域名

通常使用 ping 命令向网关发送信息包,根据提示信息来判断所使用的计算机是否与网络连通。

单击"开始",在搜索对话框中输入 cmd,打开 cmd 程序。在打开的 cmd 窗口中输入 ping 命令,如果网络连通,则将出现图 6.8 所示的信息;如果网络不通,则将出现图 6.9 所示的信息。

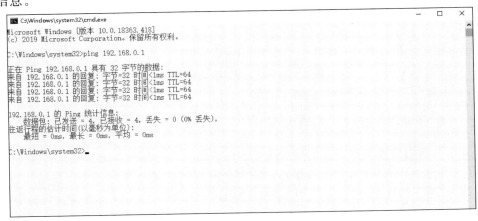

图 6.8　网络连通的显示信息

计算机网络

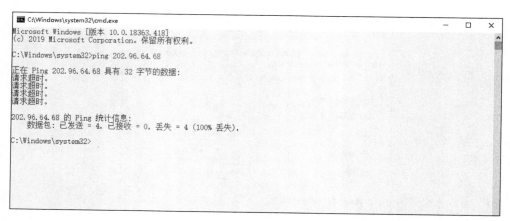

图 6.9　网络不通的显示信息

另外还有一个命令 ipconfig，可以用于查看本机的 IP 地址相关信息，用来检验人工配置的 TCP/IP 设置是否正确，如图 6.10 所示。

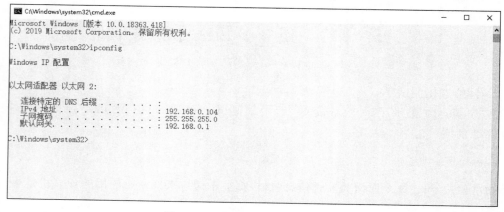

图 6.10　ipconfig 命令的显示信息

**电子邮件和
网络搜索**

6.3　电子邮件服务

在 Internet 的应用中，电子邮件是使用非常广泛的一种功能。电子邮件可以缩写成 E-mail。通常情况下所指的电子邮件，是在 Internet 上发送和接收的电子信件。电子邮件的最大特点是快捷、方便。一封从美国发往中国的电子邮件最多只需要几分钟甚至几秒就可以到达，而实际用户的费用则可以忽略不计。

6.3.1　电子邮件概述

与发送普通的信件一样，电子邮件的发送也需要一个"地址"的概念，有了这个电子地址，就可以区分不同的用户，并可以在不同的用户间互相传送电子邮件。在通常情况下，这个地址称为"电子邮件地址"。一个"电子邮件地址"是用于识别发送者或最终目的用户的一个文字串。其格式为：

邮箱名@邮件服务器的主机名

从这个"电子邮件地址"中可以看出,一个"电子邮件地址"由三部分组成,开始部分是邮箱名,通常是用户本身的姓名或注册号,而尾部则是邮件服务器的主机名称,在它们之间使用@符号进行分隔,如 san_zhang@163.com。

6.3.2 电子邮件的收发

1. 申请电子邮箱

要发送或接收电子邮件,必须拥有自己的电子邮箱。电子邮箱有大小之分,如果电子邮箱空间大,就可以接收或发送更多、更大的电子邮件。

一般情况下,要申请免费的 E-mail 信箱,首先需要进入电子邮件服务提供商的网站,找到申请入口,选择适当的用户名,填写密码及其他注册资料。下面以网易 126 免费电子邮箱为例进行介绍。

(1)在浏览器中输入网易网址 www.126.com,进入 126 网易免费邮主页,如图 6.11 所示。

图 6.11　网易免费邮主页

(2)单击网页上方的"注册网易邮箱",进入注册网易邮箱界面,如图 6.12 所示。

(3)单击网页上的"免费邮箱"按钮,填写用户名、登录密码、手机号码等安全设置。并选中"同意《服务条款》《隐私政策》和《儿童隐私政策》"复选框。完成后,单击"立即注册"按钮,系统提示注册成功,如图 6.13 所示。

图 6.12　注册网易邮箱窗口

图 6.13　注册成功窗口

（4）单击"进入邮箱"按钮，即可进入刚刚申请的邮箱，如图 6.14 所示。

2. 撰写邮件

单击左上角"写信"按钮，即出现图 6.15 所示的写信页面，在"收件人"一栏中输入收件人的 E-mail 信箱，在"主题"一栏中输入信件的主题，在正文区中写入信件的正文，单击"添加附件"添加邮件附件。信件写完后，单击页面上的"发送"按钮，即可将写好的信件发送出去。

图 6.14　邮箱主界面

图 6.15　编辑邮件窗口

3. 查看接收邮件

　　如果想收信,只要单击左侧的"收信"按钮即可,此时,右边工作区将出现图 6.16 所示的收信页面,其中列出了收到的所有邮件的标题清单。

图 6.16　收信界面

单击其中的一个邮件标题,屏幕上将出现信件的内容。读信后,如果需要回复信件或将信件转发给其他人,只要分别选择信件顶行的相应选项即可。

6.4　Internet 浏览器

浏览器又称为 Web 客户端程序,是一种用于获取 Internet 上信息资源的应用程序,如浏览图片、新闻和论坛等。

6.4.1　Internet 浏览器概述

在使用 Internet 时,浏览器是关键工具。早期 Microsoft 公司为了占领市场,将自己研制的 Internet Explore(IE)向用户免费提供。后来 Microsoft 公司又把 IE 在 Windows 中捆绑销售,彻底确立了 IE 在浏览器领域中的霸主地位。现在又有很多公司开发了浏览器,但是很多都是以 IE 作为内核进行工作的。

6.4.2　IE 的设置

1. 启动 IE

启动 IE 浏览器,可以有多种方式,单击"开始"→"Windows 附件"→"Internet Explore"命令。此外,用户也可以双击桌面上的 图标或单击 Windows 快速启动工具栏上的 图标按钮来启动 IE 浏览器。

IE 窗口最上方是标题栏,显示的是用户正在浏览的网页页面名称。地址栏是用户输入网址的地方,用户想要浏览某个网站,在其文本框中输入相应的地址后,按 Enter 键就可以浏览该网站了。内容显示区位于 IE 窗口的中间。当访问某一网页时,网页的内容将显示在此区域中。状态栏位于窗口的下方,用于显示 IE 的当前工作状态。

2. 浏览网页

要访问一个网页或站点,首先在 IE"地址文本框"中输入网页或站点的地址,如输入http://www.163.com,然后按 Enter 键,即可进入"网易"站点,如图 6.17 所示,进入站点后,首先所看到的网页是该站点的主页。

图 6.17　网易主页

为了加快地址的输入过程,IE 为用户提供了自动地址完成功能。例如,用户可以不必输入像 http:// 这样的开始部分,IE 会自动补上。另外,用户第一次输入某个地址时,IE 会记住这个地址,用户再次输入时只需输入该地址开始的几个字符,IE 就会检查保存过的地址并把其开始几个字符与用户输入的字符相符合的地址列出来,如图 6.18 所示,用户可以用鼠标单击进入。

图 6.18　IE 记忆地址功能

网页的最佳特性之一就是超链接的使用。它们以不同的颜色或者带下画线显示,或者是带有颜色的图形,当移动鼠标指针至其上方时,指针会变成一只小手的形状,同时在鼠标指针的附近,屏幕上会显示出该超链接相应的提示信息。此时,单击鼠标打开超链接,就可以进入该超链接所指向的目标页面,再单击新页面中的超链接又可以转到其他的页面。

3. 设置主页

主页就是指访问网站的起始页,是用户可以看见的第一信息界面。用户可以把自己访问最频繁的一个站点设置为自己的主页。这样,每次启动 IE 时,该站点就会第一个显示出来,或者在单击工具栏的"主页"按钮时立即显示。

更改主页时,执行 IE 的"工具"→"Internet 选项"命令,弹出对话框,切换到"常规"选项卡,如图 6.19 所示,在主页文本框中输入想要设定的主页地址,如 http://www.baidu.com,这样在下次打开 IE 浏览器时,即可直接进入百度网站。

4. 重新访问最近查看过的 Web 页

用户每访问一个 Web 页,IE 都会将其相应的地址保存到历史记录中,因此,使用 IE 的历史记录,可以快速访问曾经访问过的 Web 页。

单击 IE 工具栏右侧的收藏夹图标 ★,可以查看收藏夹、源和历史记录,如图 6.20 所示,单击"历史记录"选项卡,在 IE 窗口右侧就会显示出历史记录,其中包含了最近几天或几星期曾经访问过的 Web 页列表。

单击需再次访问的网页所在文件夹,某天所访问的站点就会显示出来,再单击用户欲重新访问的网页图标,该网页就可以重新显示在右边的网页窗口中。

5. 收藏自己喜爱的 Web 页

在网上冲浪时经常会遇到自己喜欢的 Web 页,为了以后能够快速访问该网页,而不必每次都手工输入网站的地址,使用 IE 浏览器的收藏夹功能是一个比较好的方法。IE 收藏夹可以将网站地址永久保存起来,下次再浏览该 Web 页时,就可以直接单击 ★ 图标,从中选择需要的网页即可,即使已经不记得网址也没有关系。

将当前网页地址加入收藏夹的操作步骤:打开需要添加到收藏夹中的网页,选择"收藏"菜单中的"添加到收藏夹"命令,打开图 6.21 所示的"添加收藏"对话框,在"名称"文本框中输入作为标识该网页的名称即可。另外,还有一个简单方法,就是在浏览网页时,右击需

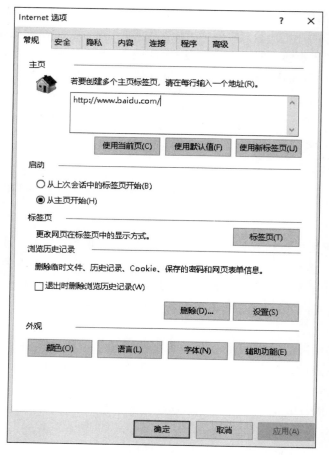

图 6.19　设置主页

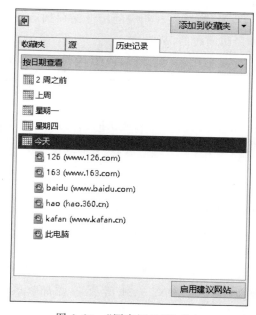

图 6.20　"历史记录"选项卡

添加到收藏夹中的链接,然后从快捷菜单中选择"添加到收藏夹"命令,就可以将该链接所指向的网页添加到收藏夹中。

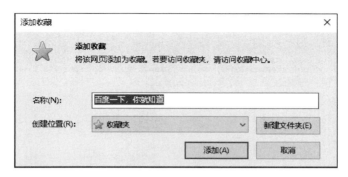

图 6.21 "添加收藏"对话框

6. 保存 Web 页或其中的部分内容

用户在浏览 Web 页时,当发现其中有许多自己需要的内容,如一些精彩文章、漂亮图片等,这时就可以将当前的网页保存至本地磁盘,以备以后使用。

单击 IE 窗口中的"文件"菜单,选择"另存为"命令,打开"保存网页"对话框。选择相应的保存位置,输入保存的文件名,最后单击"确定"按钮即可将当前网页保存下来。

如果用户想保存的只是当前网页的一部分内容,如一段文字、一张图片等,这时可以使用剪粘法来获得相应的内容。如果是文字,可以用鼠标拖动选定这些文字,然后右击文字,从弹出的快捷菜单选择"复制"命令,即可将选中的文字复制到剪贴板中,然后再将剪贴板中的内容粘贴到其他的位置。如果用户想保存图片,可以右击该图片,再从弹出的快捷菜单中选择"另存为"命令,将该图片保存至指定的位置即可。

6.5 文件传输服务

把网络上一台计算机中的文件移动或复制到另一台计算机上,称为文件传输。传输操作可以在两个方向进行,从远程 FTP 服务器复制文件到本地计算机称为下载,而将本地计算机文件传输给远程服务器称为上载或上传。文件传输操作可以一次传输一个文件,也可以传输多个文件。

文件传输服务采用了 FTP(File Transfer Protocol,文件传输协议),可使 Internet 用户高效地从网上的 FTP 服务器下载大信息量的数据文件,将远程主机上的文件复制到自己的计算机上。同时还可以上传大量的信息资源供他人使用,以达到资源共享和传递信息的目的。

当然,无论是文件的上传还是下载,都会受到访问权限的控制,这可通过登录名和口令的使用来防止文件未经授权就被随意访问。FTP 程序还允许授权用户进行远程文件操作,如建立、删除文件等。

与 Internet 相连的计算机中,有些支持 FTP 的计算机专门用于存放各种类型的可执行文件、图像文件、视频文件等,并对外免费提供服务。这些计算机被称为匿名 FTP 服务器。所谓匿名 FTP 服务器,是指 FTP 服务器允许用户使用一个特殊的账户,该账户的登录名为

anonymous(匿名),它可以最小权限访问 FTP 服务器上的文件。

使用 FTP,最简单的方法是打开资源管理器,在地址栏中输入 FTP 地址就可访问了,其地址格式为 ftp://IP 地址,如输入 ftp://202.199.90.1,显示内容如图 6.22 所示。

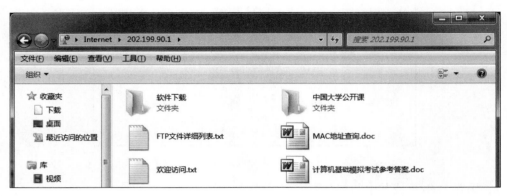

图 6.22　FTP 站点

当 FTP 站点只被赋予"读取"权限时,则只能浏览和下载该站点中的文件夹或文件。浏览方式非常简单,只需双击即可打开相应的文件夹或文件;如果要下载某个文件,用鼠标右击该文件,会弹出"另存为"对话框,选择路径后即可保存。

当该 FTP 站点被赋予"读取"和"写入"权限时,则不仅能够浏览和下载站点中的文件夹或文件,而且还可以直接新建文件夹及对文件夹或文件重命名、删除和文件上传。

6.6　网络搜索

Internet 上的信息可以说是浩如烟海,数以万计的站点,琳琅满目的信息,令人应接不暇。如何才能快速从中获得所需的信息呢?这时就得请搜索引擎来帮忙了。搜索引擎实际上是 Internet 上专门提供信息查询、搜索服务的特殊站点,就像电信局的 114 查号台一样,用户输入或选择感兴趣的内容后,搜索引擎会马上提供你所需要内容的链接,单击该链接即可进入相关站点,从而极大方便了 Internet 用户。本书以百度搜索引擎为例。

6.6.1　百度搜索引擎概述

百度是全球最大的中文搜索引擎,2000 年 1 月 1 日创立于中关村,并于 2005 年在美国纳斯达克挂牌上市,成为首家进入纳斯达克成分股的中国公司。百度拥有全球最大的中文网页库,每天响应来自 100 余个国家和地区的数十亿次搜索请求,是网民获取中文信息的最主要入口。

百度搜索引擎使用了高性能的"网络蜘蛛"程序,自动在 Internet 中搜索信息,可以制定高扩展性的调度算法,使搜索器能在极短的时间内收集到最大数量的 Internet 信息。百度搜索引擎具有高准确性、高查全率、更新快及服务稳定的特点,能够帮助广大网民快速找到自己需要的信息。其网址为 http://www.baidu.com,首页如图 6.23 所示。

6.6.2　使用百度

打开百度搜索首页后,如果需要搜索某个网页,可以直接在搜索框中输入相应的关键

图 6.23　百度首页

词,如输入"计算机基础",按 Enter 键后,百度搜索将搜索包含关键词的网页,返回的结果如图 6.24 所示,从该页面中找到需要的链接将其打开即可。

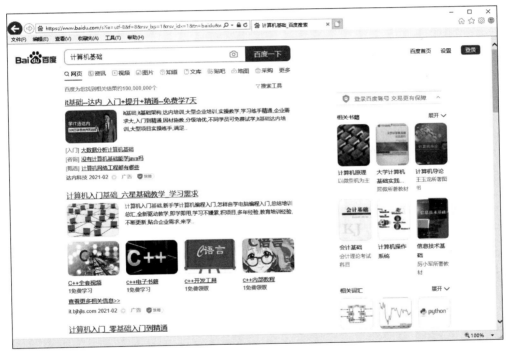

图 6.24　搜索结果

关键词是描述搜索内容的关键性词语,也就是用户希望寻找的信息。凡是具有实际意义的表达及其书写形式,如字、词、词组、短语和字母、数字、符号等都可以作为搜索关键词。

6.7　网络信息安全

随着计算机技术的飞速发展和互联网的广泛普及,计算机网络已经成为社会发展的重要保障。由于计算机网络涉及政府、军事、文教等诸多领域,存储、传输和处理许多敏感信息甚至是国家机密,所以难免会受到来自世界各地的各种人为攻击。近年来,计算机犯罪率的迅速增加,使各国的计算机系统特别是网络系统面临着很大的威胁,并成为严重的社会问题之一。网络信息安全正随着全球信息化步伐的加快变得越来越重要。

6.7.1 信息安全概述

信息安全是一门涉及计算机科学、网络技术、通信技术、密码技术、信息安全技术、应用数学、信息论等多种学科的综合性学科,主要是指信息网络的硬件、软件、存储介质、网络设备及系统中的数据受到保护,不受偶然的或者恶意的原因而遭到破坏、更改、盗窃、泄露或丢失等,系统可连续、可靠、正常地运行,信息服务不中断。

具体来说,信息安全就是保护信息的5种基本特征。

1. 完整性

完整性指信息的传输、交换、存储和处理过程中保持不被修改、不被破坏和不被插入、不延迟、不乱序和不丢失的数据特征,即保持信息原样性,使信息能正确生成、存储、传输,这是最基本的安全特征。

2. 保密性

保密性指信息按给定要求不泄露给非授权的个人、实体或过程,或提供其利用的特性,即杜绝有用信息泄露给非授权个人或实体,强调有用信息只被授权对象使用的特征。

3. 可用性

可用性指网络信息可被授权实体正确访问,并按要求能正常使用或在非正常情况下能恢复使用的特征,即在系统运行时能正确存取所需信息,当系统遭受攻击或破坏时,能迅速恢复并能投入使用。可用性是衡量网络信息系统面向用户的一种安全性能。

4. 不可否认性

不可否认性指通信双方在信息交互过程中,确信参与者本身及参与者所提供信息的真实同一性,即所有参与者都不可能否认或抵赖本人的真实身份、提供信息的原样性并完成操作与承诺。

5. 可控性

可控性指对流通在网络系统中的信息传播及具体内容能够实现有效控制的特性,即网络系统中的任何信息要在一定传输范围和存放空间内可控。

6.7.2 黑客攻防技术

网络黑客一般指的是计算机网络的非法入侵者,他们大都是程序员,对计算机技术和网络技术非常精通,了解系统的漏洞及其原因所在,喜欢非法闯入并以此作为一种智力挑战而沉醉其中。有些黑客仅仅是为了验证自己的能力而非法闯入,并不会对信息系统或网络系统产生破坏作用,但也有很多黑客非法闯入是为了窃取机密的信息、盗用系统资源或出于报复心理而恶意毁坏某个信息系统等。为了尽可能避免受到黑客的攻击,有必要先了解黑客常用的攻击手段和方法,然后才能有针对性地进行预防。

1. 黑客的攻击步骤

1) 信息收集

通常黑客利用相关的网络协议或实用程序来收集要攻击目标的详细信息,如目标主机内部拓扑结构、位置等。

2）探测分析系统的安全弱点

黑客会探测网络上的每一台主机，以寻求系统的安全漏洞或安全弱点，获取攻击目标系统的非法访问权。

3）实施攻击

在获得目标系统的非法访问权以后，黑客一般会实施以下攻击。

（1）试图毁掉入侵的痕迹，并在受到攻击的目标系统中建立新的安全漏洞或后门，以便在先前的攻击点被发现以后能继续访问该系统。

（2）在目标系统安装探测器软件，如特洛伊木马程序，用来窥探目标系统的活动，继续收集黑客感兴趣的一切信息，如账号与口令等敏感数据。

（3）进一步发现目标系统的信任等级，以展开对整个系统的攻击。

（4）如果黑客被攻击的目标系统上获得了特许访问权，他就可以读取邮件、搜索和盗取私人文件、毁坏重要数据以至破坏整个网络系统，后果将不堪设想。

2. 黑客的攻击方式

1）密码破解

通常采用的攻击方式有字典攻击、假登录程序、密码探测程序等来获取系统或用户的口令文件。

（1）字典攻击。这是一种被动攻击，黑客先获取系统的口令文件，然后用黑客字典中的单词逐个进行匹配比较，由于计算机速度的显著提高，这种匹配的速度也很快，而且由于大多数用户的口令采用的是人名、常见的单词或数字的组合等，所以字典攻击成功率比较高。

（2）假登录程序。设计一个与系统登录画面一样的程序并嵌入相关的网页上，以骗取他人的账号和密码。当用户在这个假的登录程序上输入账号和密码后，该程序就会记录下所输入的账号和密码。

（3）密码探测程序。这是一种专门用来探测密码的程序，它能利用各种可能的密码反复与系统中保存的密码进行比较，如果两者相同就得到正确的密码。

2）嗅探（sniffing）与欺骗（spoofing）

（1）嗅探。这是一种被动式的攻击，又称为网络监听，就是通过改变网卡的操作模式让它接受流经该计算机的所有信息包，这样就可以截获其他计算机的数据报文或口令，监听只能针对同一物理网段上的主机，对于不在同一网段的数据包会被网关过滤掉。

（2）欺骗。这是一种主动式的攻击，即将网络上的某台计算机伪装成另一台不同的主机，目的是欺骗网络中的其他计算机误将冒名顶替者当作原始的计算机而向其发送数据或允许它修改数据。常用的欺骗方式有 IP 欺骗、路由欺骗、ARP 欺骗等。

3）系统漏洞

漏洞是指程序在设计、实现和操作上存在错误。由于程序或软件的功能一般都较为复杂，程序员在设计和调试过程中总有考虑欠缺的地方，绝大部分软件在使用过程中都需要不断改进与完善。被利用最多的系统漏洞是缓冲区溢出，黑客可以利用这样的漏洞来改变程序的执行流程，转向执行事先编好的黑客程序。

4）端口扫描

由于计算机与外界通信都必须通过某个端口才能进行，黑客可以利用一些端口扫描软件对被攻击的目标计算机进行端口扫描，查看该机器的哪些端口是开放的，由此可知与目标计算机能进行哪些通信服务。了解了目标计算机开放的端口服务以后,黑客一般会通过这些开放的端口发送特洛伊木马程序到目标计算机上,利用木马来控制被攻击的目标。

3. 防止黑客攻击的策略

(1)数据加密。加密的目的是保护系统内的数据、文件、口令和控制信息等,同时也可以保护网上传输数据的可靠性,这样即使黑客截获了网上传输的信息包也无法得到正确的信息。

(2)身份验证。通过密码或特征信息等来确认用户身份的真实性,只对确认了的用户给予相应的访问权限。

(3)建立完善的访问控制策略。系统应当设置入网访问权限、网络共享资源的访问权限、目录安全等级控制、网络端口和节点的安全控制等。通过各种安全控制机制的相互配合,才能最大限度地保护系统免受黑客的攻击。

(4)审计。把系统中和安全有关的事件记录下来,保存到相应的日志文件中。例如,记录网络上用户的注册信息,如注册来源、注册失败次数等,记录用户访问的网络资源等各种相关信息,当遭到黑客攻击时,这些数据可以用来帮助调查黑客的来源,并作为证据来追踪黑客,也可以通过对这些数据的分析来了解黑客攻击手段以找出应对策略。

(5)其他安全防护措施。首先,不随便从 Internet 上下载软件,如不运行来历不明的软件、不随便打开陌生人发来的邮件中的附件。其次,要经常运行专门的反黑客软件,可以在系统中安装具有实时检测、拦截和查找黑客攻击程序用的工具软件,经常检查用户的系统注册表和系统启动文件中的自启动程序项是否有异常,做好系统的数据备份工作,及时安装系统的补丁程序等。

6.8 当前网络研究热点

网络技术是当前计算机科学领域最为活跃的分支之一,其最新的发展包括云计算、物联网及 5G 移动通信技术等。

6.8.1 云计算

云计算(cloud computing)是分布式计算的一种,指的是通过网络"云"将巨大的数据计算处理程序分解成无数个小程序,然后通过多部服务器组成的系统进行处理和分析这些小程序得到结果并返回给用户。云计算早期,简单地说,就是简单的分布式计算,解决任务分发,并进行计算结果的合并。因而,云计算又称为网格计算。通过这项技术可以在很短的时间内(几秒)完成对数以万计数据的处理,从而达到强大的网络服务。现阶段所说的云服务已经不单是一种分布式计算,而是分布式计算、效用计算、负载均衡、并行计算、网络存储、热备份冗杂和虚拟化等计算机技术混合演进并跃升的结果。

云计算是指基于互联网服务的一种增值使用模式,通常涉及通过互联网来提供动态易扩展且经常是虚拟化的资源。云是互联网的一种比喻说法。之所以称为"云",是因为它在某些方面具有现实生活里天空中云的某些特征:云的规模都比较大,且规模是动态变化的,它的边界是模糊的;云在空中飘忽不定,无法也无须确定它的具体位置,但它确实真实地存在于某处。

云计算是继 20 世纪 80 年代大型计算机到客户端-服务器模式的大转变之后的又一种巨变。它是多项计算机和网络技术发展融合的产物。好比是从单台发电机供电模式转向了电网供电的模式,它意味着计算机、存储等能力可以作为一种商品进行流通,就像煤气、水电一样,取用方便,费用低廉,按需使用,随时扩展,按使用付费,其最大的不同在于它是通过互联网进行的。

云计算将计算任务分布在被称为"云"的由大量计算机构成的资源池上,使用户能够按需获取计算能力、存储空间和信息服务。这里的"云"是一些可以自我维护和管理的虚拟资源,通常是一些大型服务器集群,包括计算机服务器、存储服务器和宽带等资源。云计算的核心理念是资源池,云计算具有以下特点。

(1) 超大规模。"云"具有相当的规模,有的云计算已经拥有上百万台的服务器。云能赋予用户前所未有的计算能力。

(2) 虚拟化。云计算支持用户在任意位置、使用各种终端获取服务。所请求的资源来自"云",而非某个具体的实体。应用在"云"中某处运行,用户无从也无须了解运行应用的具体位置。云计算机平台对用户来说是透明的,他们只需关心自己购买的那部分软件服务、平台服务或设施服务即可。

(3) 高可靠性。云计算不依赖于单个具体设备,可通过保持多个数据副本、变换计算节点等方法获得比其他方式更高的可靠性。

(4) 通用性。云计算本身不针对特定的应用,在"云"的支持下可以构造出不同的应用,同一片"云"能够支撑多种不同的应用并可同时运行。

(5) 高可扩展性。"云"的规模可以动态伸缩,满足应用和用户规模变化的需求。

(6) 按需服务。云计算根据用户的需求来提供资源和服务,用户可以按照自己的实际需求,个性化地配置计算机环境,随时随地购买和使用服务资源,来扩展自身的应用和处理能力。服务和资源的使用可以被监控并报告给用户和服务提供商,并可根据具体的使用类型来收取相应费用。

(7) 价格低廉。"云"的容错机制在技术上使得采用极其廉价的节点来构建"云"成为可能。"云"高度自动化管理的数据中心使管理成本大幅降低;"云"的公用性和通用性使资源的利用率大幅提升;"云"设置可以构建在资源相对丰富的地区,从而大幅降低资源成本,因此,"云"具有前所未有的性能价格比。

(8) 经济环保。与传统的 IT 设施相比,云计算减少了购买、安装、维护等诸多成本,并且可以按需购买,大大减少了资源浪费,提高了软硬件资源的利用效率,增强了生产力,减少了管理和维护成本,这些正是云计算服务的价值所在。

6.8.2 物联网

物联网即物物相连的互联网。物联网的核心仍然是互联网,是在互联网的基础上将其用户端延伸和扩展到任何物品之上,使得任何物品与物品之间能够进行信息交换的一种网络概念。具体做法是:通过射频识别、红外感应器、全球定位系统、激光扫描器、气体感应器等信息传感技术,实时采集任何需要监控、连接、互动的物体或过程,采集其声、光、热、电、力学、化学、生物、位置等各种需要的信息;按约定的协议,把任何物品与互联网相连接,进行信息交换,以实现智能化识别、定位、跟踪、监控和管理。简单地说,就是把所有物品通过信

物联网

息传感设备与互联网连接起来,以实现智能化识别和管理。

物联网的本质概括起来主要体现在3个方面。

(1) 互联网特征,即对需要联网的物品一定要能够实现互联互通的互联网络;它是一种建立在互联网上的泛在网络。物联网技术的重要基础和核心仍旧是互联网,通过各种有线和无线网络与互联网融合,将物体的信息实时、准确地传递出去。在物联网上的传感器定时采集的信息需要通过网络传输,由于其数量极其庞大,形成了海量信息,在传输过程中,为了保障数据的正确性和及时性,必须适合各种异构网络和协议。

(2) 识别与通信特征,即纳入物联网的"物"一定要具备自动识别与物物通信的功能;它是各种感知技术的广泛应用。物联网上部署了海量的多种类型传感器,每个传感器都是一个信息源,不同类别的传感器所捕获的信息内容和信息格式不同。传感器获得的数据具有实时性,按一定的频率周期性地采集环境信息,不断更新数据。

(3) 智能化特征,即网络系统应具有自动化、自我反馈与智能控制的特点。物联网不仅提供了传感器的连接,其本身也具有智能处理的能力,能够对物体实施智能控制。物联网将传感器和智能处理相结合,利用云计算、模式识别等各种智能技术,扩充其应用领域。从传感器获得的海量信息中分析、加工和处理得到有意义的数据,以适应不同用户的不同需求,发现新的应用领域和应用模式。

物联网的兴起和应用,一方面能够大幅方便我们的工作和生活,它能够创造更加智能的世界,能够为我们的生活、生产等活动提供更多精细的信息,帮助我们工作、生活得更高效;另一方面,它能够实现对很多事物的远程监测和遥控,在生活、生产各领域有非常广阔的应用。

物联网将是下一个推动世界高速发展的重要生产力,物联网可以拥有完整的产品系列,覆盖从传感器、控制器到云计算的各种应用。产品服务如智能家居、交通物流、环境保护、公共安全、智能消防、工业监测、个人健康等各领域,构建了"质量好、技术优、专业性强、成本低、能满足客户需求"的综合优势,持续为用户提供有竞争力的产品和服务。

6.8.3　5G移动通信技术

世界通信技术先后经历了 2G、3G、4G 和 5G 几个重要时代:第一代是模拟通信技术(如电话、电报、收音机、电视机等应用);第二代是2G,实现了语音的数字化;第三代是3G,以多媒体通信为特征;第四代是4G,通信进入无线宽带时代,速率大大提高。第五代就是5G,最大特点是实现高频传播。根据我国工信部 2023 年 5 月 24 日数据,截至 4 月末,我国5G 网络建设进度已领跑全球,5G 基站总数达 273.3 万个。5G 移动通信网络技术在 2G、3G 和 4G 技术的基础上将它们的优点整合在一起,它的信号相比于之前的移动通信技术更强,网络覆盖是传统 4G 技术的 10 倍左右,宽带更大、速度更快,与传统移动通信技术相比,5G 移动通信技术的兼容性更强,也更加灵活。5G 移动通信网络技术在用户体验和使用功能上进行了优化,可以满足未来各方面对于通信技术的要求,5G 移动通信技术具有以下的优点。

(1) 频谱利用率高。目前高频段的频谱资源利用程度受到很大的约束,在现在的科学技术条件下利用效率会受到高频无线电波穿透力的影响,一般不会阻碍光载无线组网及有线与无线宽带技术结合的广泛使用。在 5G 移动通信技术中,将会普遍利用高频段的频谱资源。

（2）通信系统性能有很大的提高。5G移动通信技术将会很大程度上提升通信性能，把广泛多点、多天线、多用户、多区域的共同合作及组网作为主要研究对象，在性能方面做出很大的突破，并且更新了传统形式下的通信系统理念。

（3）先进的设计理念。移动通信业务中的核心业务为室内通信，所以想要在移动通信技术上有更好的提升，须将室内通信业务进行优化。因此，5G移动通信系统致力于提升室内无线网络的覆盖性能及提高室内业务的支撑能力，在传统设计理念上突破形成一个先进的设计理念。

（4）降低能耗及运营成本。能耗及运营成本对于科学发展有着很大的影响，所以通信技术发展的方向也是朝着更加低能耗及低运营成本的方向创新。因此，5G无线网络的"软"配置设计是未来移动通信技术的主要研究对象，网络资源根据流量的使用动态进行实时调整，这样就可以将能耗及运营成本降低。

课 后 习 题

1. 简答题

（1）什么是计算机网络？它有哪些功能？

（2）什么是网络的拓扑结构？常见的拓扑结构有哪几种？

（3）计算机网络按覆盖范围可分为哪几种？

（4）什么是网络通信协议？

（5）IP地址和域名地址有什么联系和区别？

（6）防止黑客攻击的策略有哪些？

2. 选择题

（1）计算机网络最本质的功能是（　　　　）。

    A. 数据通信　　　　　　　　　B. 资源共享

    C. 提高计算机的可靠性和可用性　　D. 分布式处理

（2）一个大楼内各房间中的微型计算机进行联网，这个网络属于（　　　　）。

    A. WAN　　　　　B. LAN　　　　　C. MAN　　　　　D. GAN

（3）网络中各结点的互联方式叫作网络的（　　　　）。

    A. 拓扑结构　　　B. 协议　　　　C. 分层结构　　　D. 分组结构

（4）下列结构中不是计算机网络的系统结构的是（　　　　）。

    A. 星状结构　　　B. 总线型结构　　C. 单线结构　　　D. 环状结构

（5）为了能在网络上正确传送信息，所制定的关于传输顺序、格式、内容和方式的约定为（　　　　）。

    A. OSI参考模型　B. 网络操作系统　C. 通信协议　　　D. 网络通信软件

（6）下列传输介质中，抗干扰能力最强的是（　　　　）。

    A. 光纤　　　　　B. 微波　　　　C. 双绞线　　　　D. 同轴电缆

（7）OSI的中文含义是（　　　　）。

    A. 网络通信协议　　　　　　　　B. 国家信息基础设施

    C. 开放系统互连参考模型   D. 公共数据通信网

（8）下列（   ）是某人的电子邮件地址。

    A. ly@163.com   B. ly.edu.cn   C. ly&163.com   D. 202.19.90.2

（9）FTP 是 Internet 中的（   ）。

    A. 发送电子邮件的软件   B. 浏览网页的工具

    C. 用来传送文件的一种服务   D. 一种聊天工具

（10）IP 地址 192.168.2.25 属于（   ）地址。

    A. A 类   B. B 类   C. C 类   D. D 类

3. 填空题

（1）在计算机网络中，有线传输介质包括_____、_____和_____。

（2）计算机网络的拓扑结构主要分为 5 种：_____、_____、_____、_____和_____。

（3）IP 地址是由网络号与_____两部分组成。

（4）收发电子邮件，属 OSI 模型中的_____层的功能。

（5）TCP/IP 模型包含网络接口层、_____、_____、_____。

（6）OSI 七层模型由下往上依次为_____、_____、_____、_____、_____、_____、_____。

（7）IPv4 中的 IP 地址是由_____位二进制组成。

（8）_____命令是用来测试一台计算机是否已经连接到网络上。

（9）中国的国家域名是_____。

（10）C 类 IP 地址每个子网可连接的主机数最多为_____台。

第7章 软件技术基础

软件是计算机系统中与硬件相互依存的另一部分,它是程序、数据及其相关文档资料的完整集合。其中,程序是为实现设计的功能和性能要求而编写的指令序列;数据是使指令能够正常操纵信息的数据结构;文档是与程序开发、维护和使用有关的图文资料。

本章主要介绍软件技术涉及的数据结构、算法、软件工程和数据库设计等相关概念和基础理论,这也是全国计算机等级考试(二级)公共基础知识的必备内容。

7.1 基本数据结构与算法

无论是进行科学计算、数据处理、过程控制还是对文件的存储和检索等,都是对数据进行加工处理的过程。因此,要设计出一个结构好、效率高的数据加工处理程序,必须研究数据的组织特性、数据间的相互关系及其对应的存储表示形式,并利用这些特性和关系设计出相应的算法和程序,这就是数据结构要研究的问题。

7.1.1 数据结构相关概念

数据结构
概念

1. 数据

数据(data)是对客观事物采用计算机能够识别、存储和处理的形式所进行的描述。换言之,数据是描述客观事物的数值、字符以及能输入到计算机中且能被处理的各种符号的集合。

2. 数据项

数据项(data item)是具有独立含义的最小数据单位,也称域(field)。

3. 数据元素

数据元素(data element)是数据的基本单位,是数据集合的个体,在计算机中通常作为一个整体进行考虑和处理。数据元素也称为元素、结点、记录。

4. 数据对象

数据对象(data object)是具有相同特性的数据元素的集合,是数据的一个子集。

5. 数据结构

数据结构(data structure)是指相互之间存在一种或多种特定关系的数据元素的集合,即带有结构的数据元素的集合。数据结构包括以下 3 个方面的内容。

(1) 数据元素之间的逻辑关系,也称为数据的逻辑结构(logical structure)。

(2) 数据元素及其关系在计算机内的表示,称为数据的存储结构(storage structure)。

(3) 数据的运算,即对数据施加的操作。

数据的逻辑结构是从逻辑关系上描述数据,它与数据的存储无关,是独立于计算机的。

因此,数据的逻辑结构可以看作从具体问题抽象出来的数学模型。数据的存储结构是逻辑结构在计算机存储器中的实现,它是依赖于计算机的。数据的运算是定义在数据的逻辑结构上的,每种逻辑结构都有一个运算的集合,如最常用的运算有检索、插入、删除和排序等。这些运算实际上是在抽象数据上所施加的一系列抽象的操作,所谓抽象的操作是指我们只关心这些操作是"做什么",而无须考虑"如何做"。因为只有确定了存储结构才能考虑如何具体实现这些操作。

通常数据的逻辑结构简称为数据结构。数据的逻辑结构包括线性结构和非线性结构两大类。其中线性结构指有且仅有一个开始结点和一个终端结点,并且所有结点都最多只有一个直接前驱和直接后继;而非线性结构指一个结点可能有多个直接前驱和直接后继。

数据的存储结构主要有顺序存储和链接存储两种方式。其中,顺序存储指把逻辑上相邻的结点存储在物理位置上相邻的存储单元里,结点间的逻辑关系由存储单元的邻接关系来体现;链接存储指逻辑上相邻的结点在物理位置上可以相邻,也可以不相邻,结点间的逻辑关系由附加的指针来表示。

【例 7.1】 给定工资表如表 7.1 所示。

表 7.1 给定工资表

编号	姓名	性别	基本工资	工龄工资	应扣工资	实发工资
100001	张爱芬	女	345.67	145.45	30.00	451.12
100002	李林	男	445.90	185.60	45.00	586.50
100003	刘晓峰	男	345.00	130.00	25.00	450.00
100004	赵俊	女	560.90	225.90	65.00	721.80
100005	孙涛	男	450.60	190.80	50.00	591.80
⋮	⋮	⋮	⋮	⋮	⋮	⋮
1000121	张兴强	男	1025.98	365.53	100.00	1291.51

通常把表 7.1 称为一个数据对象,表中的每一行是一个数据元素,也称为一个结点(或记录)。表中的每一列是一个数据项,每一个数据元素由编号、姓名、性别、基本工资和实发工资等数据项组成。

工资表中数据元素之间的逻辑关系是:对表中任一个结点,与它相邻且在它前面的结点(也称直接前驱)最多只有一个;与表中任一结点相邻且在其后的结点(也称直接后继)也最多只有一个。表中只有第一个结点没有直接前驱,故称为开始结点,也只有最后一个结点没有直接后继,故称为终端结点。上述结点间的关系构成了该表的逻辑结构。

7.1.2 算法

算法概念及
设计要求

算法与数据结构的关系紧密,在算法设计时首先要确定相应的数据结构,而在讨论某一种数据结构时也必然会涉及相应的算法。下面就从算法定义、算法特性、算法的基本要素等方面对算法进行介绍。

1. 算法定义

算法(algorithm)是对特定问题求解步骤的一种描述,是指令的有限序列。其中每一条指令表示一个或多个操作。

2. 算法特性

一个算法应该具有下列特性。

（1）有穷性：一个算法必须在有穷步骤之后结束，即必须在有限时间内完成。

（2）确定性：算法的每一步必须有确切的定义，无二义性。即只要输入相同、初始状态相同，则无论执行多少遍，结果都应该相同。

（3）可行性：算法中的每一步都可以通过已经实现的基本运算的有限次执行得以实现。

（4）输入：一个算法在执行时可能需要外部数据，也可能不需要外部数据，即一个算法有零个或多个外部输入，零个输入是指算法本身具有初始条件。

（5）输出：设计算法的目的就是为了求解。即一个算法在执行完成后，应该有一个或多个结果。

算法的含义与程序十分相似，但又有区别。一个程序不一定满足有穷性。例如，对于操作系统，只要整个系统不遭破坏，它将永远不会停止，即使没有作业需要处理，它仍处于动态等待中。因此，操作系统不是一个算法。另外，程序中的指令必须是机器可执行的，而算法中的指令则无此限制。算法代表了对问题的求解，而程序则是算法在计算机上的特定实现。一个算法若用程序设计语言来描述，它就是一个程序。

3．算法的基本要素

算法有两个基本要素：一个是对数据对象的运算和操作；另一个是算法的控制结构。

（1）对数据对象的运算和操作：算法中的运算和操作包括算术运算、关系运算、逻辑运算和数据传输。

（2）算法的控制结构：是指算法中各个操作之间的先后执行次序。一个算法的执行次序可以使用顺序、选择和循环 3 种基本结构组合而成。

4．算法设计的要求

设计一个好的算法，通常要考虑以下要求。

（1）正确性：算法的执行结果应当满足预先规定的功能和性能要求。

（2）可读性：一个算法应当思路清晰、层次分明、简单易读。

（3）健壮性：当输入不合法的数据时，应能作适当处理，不至于引起严重后果。

（4）高效性：能有效使用存储空间，并有较高的时间效率。

5．算法的描述

算法可以使用各种不同的方法来描述。

最简单的方法是使用自然语言。用自然语言来描述算法的优点是简单且便于人们对算法的阅读；但也有缺点，即不够严谨。

通常，算法可以使用程序流程图和 N-S 图等算法描述工具进行描述。其特点是描述过程简洁、明了。

用以上两种方法描述的算法不能直接在计算机上执行，若要将它转换成可执行程序，还有一个编程问题。

可以直接使用某种程序设计语言来描述算法，不过直接使用程序设计语言并不容易，而且不太直观，常常需要借助注释才能使人看明白。

此外，为了解决理解与执行这两者之间的矛盾，人们常常使用一种称为伪码语言（类语言）的描述方法来进行算法描述。伪码语言（类语言）介于高级程序设计语言和自然语言之间，它忽略高级程序设计语言中一些严格的语法规则与描述细节，因此它比程序设计语言更容易描述和理解,而比自然语言更接近程序设计语言,它虽然不能直接执行但很容易被转换成高级语言。

6. 算法性能分析与度量

评价一个算法的好坏一般从 4 个方面进行。

① 正确性:是指算法是否正确。

② 运行时间:执行算法所耗费的时间。

③ 占用空间:执行算法所耗费的存储空间。

④ 简单性:是指算法应易于理解、编码和调试等。

当然我们希望选用一个所占存储空间小、运行时间短、其他性能也好的算法。然而,实际上很难做到十全十美。原因是上述要求有时相互抵触。要节约算法的执行时间往往要以牺牲更多的空间为代价;而为了节省空间又可能要以更多的时间作代价。因此,只能根据具体情况有所侧重。

通常可以从算法的时间复杂度与空间复杂度两个方面来评价算法的优劣。

1) 时间复杂度

算法的时间复杂度是指执行一个算法所耗费的时间。而执行一个算法所耗费的时间应该是该算法中每条语句的执行时间之和,而每条语句的执行时间是该语句的执行次数(也称为频度)与该语句执行一次所需时间的乘积。

但是,当算法转换为程序后,每条语句执行一次所需的时间取决于机器指令的性能、速度及编译所产生的代码质量,这是很难确定的。假设执行每条语句所需的时间均是单位时间,则一个算法的时间耗费就是该算法中所有语句的频度(基本运算)之和。它通常与问题的规模有关。例如,两个 10 阶矩阵相乘的基本运算次数一定大于两个 5 阶矩阵相乘的基本运算次数。有些情况下,算法执行的基本运算次数与输入数据有关,此时可以从平均性态、最坏情况来进行分析。平均性态(average behavior)是指在各种特定输入下的基本运算的平均值。最坏情况(worst-case)是指在规模为 n 时所执行的基本运算的最大次数。

如何表示算法的时间复杂度呢?

设一个算法所求解问题的规模为 n,则该算法的时间耗费表示为 $T(n)$,它是所求解问题规模 n 的函数,表示为 $T(n)=O(f(n))$。其中 O 表示数量级。

2) 空间复杂度

算法的空间复杂度是指执行算法所需存储空间的度量。它包括算法程序占用的存储空间、输入的原始数据占用的存储空间和执行算法所需的额外存储空间(如在链式存储结构中,既要存储数据又要额外存储链接地址,以便表示数据元素之间的关系)。

算法的空间复杂度表示为 $S(n)=O(f(n))$。其中 O 表示数量级。

7.2 线 性 表

线性表是最简单、最基本、也是最常用的一种线性结构。它有两种存储方法,即顺序存储和链式存储,它的主要基本操作是插入、删除和检索等。

7.2.1 线性表的基本概念

线性表(linear list)是由 $n(n \geq 0)$ 个类型相同的数据元素 $a_1, a_2, \cdots, a_{i-1}, a_i, a_{i+1}, \cdots, a_n$ 组成的有限序列。一般可以表示为

$$L = (a_1, a_2, \cdots, a_{i-1}, a_i, a_{i+1}, \cdots, a_n)$$

式中，L 为线性表的名称；线性表中数据元素的个数 n 称为线性表的长度，当 $n=0$ 时称为空线性表。任意一个数据元素 $a_i (1 \leq i \leq n)$ 也称为一个结点(node)，它只是一个抽象的符号，其内容依据具体情况确定。同一个线性表中的数据元素必须具有相同的属性，数据元素可以是一个数据项，也可以是由若干个数据项组成。由若干个数据项组成的数据元素也称为记录(record)，由若干个记录组成的线性表称为文件(file)。

如果一个线性表非空，则 $a_i (1 \leq i \leq n)$ 称为线性表的第 i 个数据元素，其中 i 称为 a_i 的位序(或序号)。$a_1, a_2, \cdots, a_{i-1}$ 称为 $a_i (2 \leq i \leq n)$ 的前驱；$a_{i+1}, a_{i+2}, \cdots, a_n$ 称为 $a_i (1 \leq i \leq n-1)$ 的后继。a_{i-1} 称为 $a_i (2 \leq i \leq n)$ 的直接前驱；a_{i+1} 称为 $a_i (1 \leq i \leq n-1)$ 的直接后继。在线性表中第一个数据元素 a_1 没有前驱，最后一个数据元素 a_n 没有后继。

例如，小写英文字母表 $(a, b, c, \cdots, z)$ 是一个线性表，表中的每个数据元素是一个小写字母。又如表 7.1 所示工资表也是一个线性表，表中每个数据元素由编号、姓名、性别、基本工资和实发工资等数据项组成。

在线性表中，数据元素的位置取决于它们的序号，数据元素之间的逻辑关系就是其邻接关系，由于数据元素之间的相对位置是线性的，所以线性表是一种线性结构。一个非空的线性表具有以下特征。

(1) 有且只有一个根结点，它没有前驱结点。

(2) 有且只有一个终端结点，它没有后继结点。

(3) 除根结点和终端结点外，每个结点有且只有一个直接前驱结点，有且只有一个直接后继结点。

7.2.2 线性表的顺序存储及基本运算

在计算机中存放线性表，主要有两种存储结构，即顺序存储结构和链式存储结构。

1. 顺序存储结构

把线性表中逻辑结构上相邻的数据元素依次存放在计算机内一组物理地址连续的存储单元中，即把逻辑关系上相邻接的数据元素存储在物理地址也相邻接的存储单元中，这种存储结构称为顺序存储结构。

在计算机中存储线性表最简单的方法是采用顺序存储结构，用顺序存储结构来存储的线性表也称为顺序表。

顺序表具有的两个基本特点。

(1) 顺序表的所有数据元素所占的存储空间是连续的。

(2) 顺序表的各个数据元素在存储空间中是按照逻辑顺序依次存放的。

假设长度为 n 的顺序表 $(a_1, a_2, \cdots, a_{i-1}, a_i, a_{i+1}, \cdots, a_n)$ 中每个数据元素所占的存储空间相同(假设都为 k 字节)，并且第 i 个数据元素 a_i 的存储地址用 $\mathrm{Loc}(a_i)$ 表示，则相邻数据元素的存储地址可以表示为

顺序表及
插入、删
除运算

$$\text{Loc}(a_i) = \text{Loc}(a_{i-1}) + k \quad (2 \leqslant i \leqslant n)$$

因此,顺序表中第 i 个数据元素 a_i 在计算机存储空间中的存储地址可以表示为

$$\text{Loc}(a_i) = \text{Loc}(a_1) + (i-1) \cdot k \quad (1 \leqslant i \leqslant n)$$

若知道顺序表的起始地址 $\text{Loc}(a_1)$ 和每个数据元素所占的字节数 k,则顺序表中任意一个数据元素都能够随机存取。因此,顺序表的存储结构是一个随机存取的存储结构。

在程序设计语言中,一维数组在内存中占用的存储空间就是一组连续的存储区域,因此,用一维数组来表示顺序表的数据存储区域是最合适的。考虑到线性表的运算有插入、删除等,即表的长度通常是变化的,因此,数组的容量应设计得足够大。实际上,顺序表所需的最大存储空间有时不好预测,如果开始时所开辟的存储空间太小,可能在顺序表动态增长时会造成存储空间不够;但若开始时所开辟的存储空间太大,就有可能造成存储空间浪费。通常情况下,可以根据顺序表动态变化时的一般规模来决定。

2. 顺序表的插入运算

顺序表的插入运算是指线性表在顺序存储结构下的插入运算。它是在线性表的第 $i(1 \leqslant i \leqslant n+1)$ 个数据元素的位置之前插入一个新数据元素 x,使长度为 n 的线性表(a_1, a_2, …, a_{i-1}, a_i, a_{i+1}, …, a_n)变成长度为 $n+1$ 的线性表(a_1, a_2, …, a_{i-1}, x, a_i, …, a_n)。

通常情况下,若要在长度为 n 的顺序表的第 $i(1 \leqslant i \leqslant n+1)$ 个数据元素之前插入一个新的数据元素,则需要从最后一个(即第 n 个)数据元素开始,直到第 i 个数据元素之间共 $n-i+1$ 个数据元素依次向后移动一个位置,即把位序为 $n, n-1, \cdots, i+1$ 和 i 的数据元素依次向后移动到 $n+1, n, \cdots, i+2$ 和 $i+1$ 的位置上,然后将新的数据元素 x 插入到新空出的第 i 个位置上,如图 7.1 所示。

由于数据元素的移动消耗很多时间,因此顺序表插入运算的效率非常低,尤其在顺序表长度较大的情况下更为严重。另外,在顺序表的插入运算中,若为顺序表开辟的存储空间已满,此时就不能再进行插入;否则会产生"上溢"错误。

3. 顺序表的删除运算

顺序表的删除运算是指线性表在顺序存储结构下的删除运算。它是在线性表中删除第 $i(1 \leqslant i \leqslant n)$ 个位置上的数据元素,使长度为 n 的线性表(a_1, a_2, …, a_{i-1}, a_i, a_{i+1}, …, a_n)变成长度为 $n-1$ 的线性表(a_1, a_2, …, a_{i-1}, a_{i+1}, …, a_n)。

通常情况下,若要在长度为 n 的顺序表第 $i(1 \leqslant i \leqslant n)$ 个位置上删除一个数据元素,则需要从第 $i+1$ 个数据元素开始,直到最后一个(即第 n 个)数据元素之间共 $n-i$ 个元素依次向前移动一个位置,即把位序为 $i+1, i+2, \cdots, n-1$ 和 n 的数据元素依次向前移动到位序为 $i, i+1, \cdots, n-2$ 和 $n-1$ 的位置上,如图 7.2 所示。

顺序表删除运算的几种情况如下。

(1) 在通常情况下,若要在第 $i(1 \leqslant i \leqslant n)$ 个位置上删除一个数据元素时,要从第 $i+1$ 个数据元素开始,直到最后一个(即第 n 个)数据元素之间共 $n-i$ 个数据元素依次向前移动一个位置。

(2) 在特殊情况下,若要删除第一个数据元素,则需要依次向前移动表中所有其他的 $n-1$ 个数据元素;若要删除最后一个(即第 n 个)数据元素,则不需要移动表中数据元素,只要删除表中末尾一个数据元素即可。

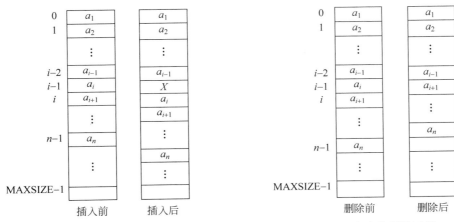

图 7.1 顺序表的插入运算　　　　　图 7.2 顺序表的删除运算

（3）在平均情况下，删除一个数据元素需要移动表中一半（即 $(n-1)/2$ 个）的数据元素。

由于数据元素的移动消耗很多时间，因此顺序表的删除运算的效率非常低，尤其在顺序表长度较大的情况下更为严重。另外，在顺序表的删除运算中，若为顺序表开辟的存储空间内容已空，此时就不能再进行删除；否则会产生"下溢"错误。

由顺序表的插入和删除运算可以看出，顺序表的存储结构相对比较简单。由于要预先为顺序表分配存储空间，而且其插入和删除运算主要是通过移动数据元素的方式实现的，移动数据元素会消耗很多时间，所以线性表的顺序存储结构适用于元素较少或者其中数据元素不常变动的线性表。

7.2.3 线性表的链式存储及基本运算

顺序表的特点是逻辑关系上相邻的数据元素在计算机中存储的物理位置上也相邻，因此具有根据初始地址来随机存取线性表中任一元素的优点。它的缺点是进行插入、删除操作时平均需要移动线性表中一半的元素，效率较低；并且要预先静态分配存储空间，既不便于扩充，又容易造成空间的浪费。因此，线性表还可以采用另一种存储结构，即链式存储结构。

1. 链式存储结构

使用一组任意的存储单元来存储线性表中的数据元素，这些存储单元在计算机内的物理位置可以是连续的，也可以是不连续的，这种存储结构称为链式存储结构。用链式存储结构存储的线性表称为线性链表，简称为链表（linked list）。链式存储结构通过"链"建立数据元素之间的逻辑关系，因此对线性表的插入、删除操作不需要移动数据元素。根据链接方式的不同，把链表分为单链表、双链表和循环链表等。

单链表及其
基本运算

2. 单链表

因为链式存储结构不要求逻辑关系上相邻的数据元素在计算机中存储的物理位置上也相邻，所以为了表示数据元素之间的逻辑关系，每个结点的存储空间就被分为两部分。其中一部分用来存储结点的值，称为数据域；另一部分用来存储指向直接后继（或直接前驱）的指针,称为指针域,这两部分信息组成一个结点。所有结点通过指针的连接按其逻辑顺序链接在一起组成链表。除了数据域外,如果每个结点只包含一个指针域,这样形成的线性链表就只有一个方向的链,称为线性单链表,简称为单链表(linked list)。结点的结构如图7.3所示。

图7.3　单链表结点结构

由于在单链表中每个结点的存储地址都保存在其直接前驱结点的指针域中,而第一个结点无直接前驱结点,为了增强程序的可读性,在单链表中一般还需要增加一个指针指向链表的第一个结点,称为头指针(H)。一个单链表可以用头指针的名字来命名。最后一个结点由于没有直接后继结点,则它的指针域值为空(用 NULL、0 或 ∧ 表示),表示链表终止。另外,由于任意一个结点的存取都必须从头指针出发,顺着链域逐个结点往下进行,所以单链表是顺序存取的存储结构,如图7.4(a)所示。

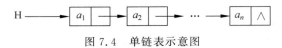

图7.4　单链表示意图

为了操作方便,有时可以在单链表第一个结点之前再增加一个结点,称为头结点,这样在进行插入和删除运算时对空表和非空表的处理就可以用相同的方法。头结点的数据域为任意或依据需要设置,头结点的指针域存储指向第一个结点的指针,即第一个结点的存储地址。此时,头指针 H 指向头结点,而头结点指向单链表的第一个结点。图7.5(a)和图7.5(b)分别是带头结点的单链表空表和非空表的示意图。

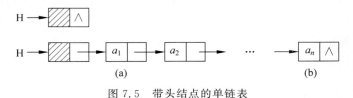

图7.5　带头结点的单链表

1) 单链表的建立

链表与顺序表不同,它是一种动态管理的存储结构,链表中的每个结点占用的存储空间不是预先分配的,而是运行时系统根据需求生成的,因此建立单链表从空表开始。

(1) 头插法建立单链表。从空链表开始,每次申请生成一个新的结点,将读入的数据存放到数据域,并设置指针域为空。然后将新结点插入到链表头结点的后面,即新结点的指针域存储原来头结点指针域存放的指针,再将头结点的指针域存储指向新结点的指针(或存储地址)。重复以上操作,直到读入的数据为结束标志。

图7.6(a)展示了线性表(25,45,18,76,29)采用单链表方式存储并利用头插法的建立过程,因为是在链表的头部插入,读入数据的顺序和线性表中的逻辑顺序是相反的。

(2) 尾插法建立线性单链表。从空链表开始,每次申请生成一个新的结点,将读入的数据存放到数据域,并设置指针域为空。然后将新结点插入到链表尾结点的后面,即原来链表尾结点的指针域存储指向新结点的指针(或存储地址),此时新结点转变为新的尾结点。重复以上操作,直到读入的数据为结束标志。

图7.6(b)展现了线性表(25,45,18,76,29)采用单链表方式存储并利用尾插法的建立过程,因为是在链表的尾部插入,读入数据的顺序和线性表中的逻辑顺序是相同的。

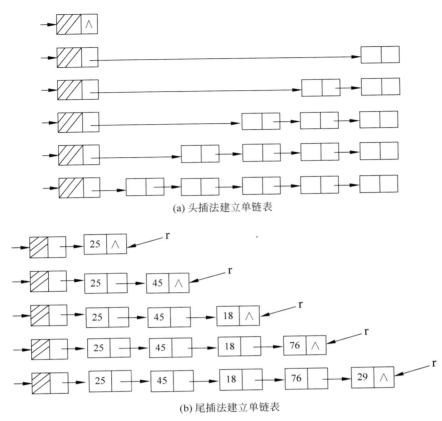

(a) 头插法建立单链表

(b) 尾插法建立单链表

图 7.6 单链表的头插法和尾插法

2) 单链表的查找

单链表的查找是指在单链表中查找指定的数据元素。可按以下两种方式进行查找。

(1) 按值查找。按值查找也称为定位,指从单链表的头指针出发,顺着链表逐个将结点数据域的值和要查找的给定值作比较。若查找到有结点数据域的值等于给定值时,则返回首次找到结点的存储地址;否则返回 NULL。

(2) 按照序号进行查找。指从单链表的头指针出发,顺着链表结点逐个向后扫描,直到第 i 个结点为止。若查找到结点($1 \leqslant i \leqslant n$),则返回结点的存储地址(指针);否则返回 NULL。

3) 单链表的插入

单链表的插入是指在单链表中插入一个新的数据元素。常用的有以下两种方法。

(1) 按值插入。指在单链表中指定数据元素之前插入一个新数据元素。运算过程如下。

第一步 申请新结点:生成一个新结点,输入数据 y 存放到数据域。

第二步 查找:在单链表中查找值为 x 的元素的前一结点的存储地址。

第三步 修改链接:首先设置新结点的指针域指向结点 x,然后再设置 x 前一结点的指针域指向新结点。其图示如图 7.7 所示。

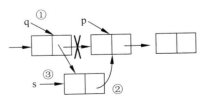

图 7.7 在 p 指向的值为 x 的结点前插入新结点

软件技术基础

（2）按照序号进行插入。指在线性单链表中第 i 个结点之前插入一个新的结点。其运算过程如下。

第一步 申请新结点：生成一个新结点，输入数据 x 存放到数据域。

第二步 查找：在单链表中查找第 i 个结点之前的结点 a_{i-1} 的存储位置。

第三步 修改链接：首先设置新结点的指针域指向结点 a_i，然后再设置结点 a_{i-1} 的指针域指向新结点，这样新结点就被插入到单链表的第 i 个结点之前的位置上，即插入到 a_{i-1} 与 a_i 之间。

可以看出，在单链表的插入过程中，不需要移动数据元素，只要改变相关结点的指针就可以实现，和顺序表的插入操作相比较提高了效率。

4）单链表的删除

单链表的删除是指在单链表中删除一个数据元素。可以用以下两种方法。

（1）按值删除。是指在线性单链表中删除指定值的数据元素。其运算过程如下。

第一步 查找：在单链表中查找包含给定值 x 元素的前一结点存储地址。

第二步 修改链接：设置 x 的前一结点指向 x 的直接后继结点，即 x 前一结点的指针域改变为存放结点 x 指针域的值。

第三步 释放结点：释放结点 x 所占用的存储空间。

（2）按序号删除。是指在单链表中删除第 i 个结点。其运算过程如下。

第一步 查找：在单链表中查找第 i 个结点之前的结点 a_{i-1} 的存储地址。

第二步 修改链接：设置 a_{i-1} 指向 a_i 的直接后继结点 a_{i+1}，即把 a_{i-1} 的指针域改变为存放结点 a_i 指针域的值，即为 a_{i+1} 的存储地址。

第三步 释放结点：释放结点 a_i 所占用的存储空间。

可以看到，在单链表的删除操作也不需要移动数据元素，只要改变相关结点指针域的值就可以实现，比较顺序表的删除操作，提高了效率，这是链表的优点。因此，对于频繁进行插入、删除操作的线性表适合采用链表做存储结构；但是它也有缺点，即对链表中的数据元素不能进行随机存取操作，只能从头指针开始，顺着链表进行顺序存取。

3. 双链表

在单链表中，每个结点只包含一个指向其直接后继的指针，因此从某个结点出发，由这个指针可以很方便地找到后继结点，但是却不能找到前驱结点；为了能找到前驱结点，必须从头指针重新开始另一次查找。

为了快速找到任意一个结点的前驱和后继，在线性单链表的每个结点中再增加一个指针域，用来指向该结点的直接前驱。每个结点包含两个指针，即指向直接前驱结点的指针（称为左指针（llink））、指向直接后继结点的指针（称为右指针（rlink）），由此形

图 7.8　双链表结点结构

成的线性链表就有两个不同方向的链，则称为双向链表，简称为双链表（double linked list）。其结点结构如图 7.8 所示。

为了操作方便，可以在双链表第一个结点之前再增加一个结点，称为头结点，这样在进行插入和删除运算时对空表和非空表的处理就可以用相同的方法。头结点的数据域为空或依据需要设置，头结点的指针域存储第一个结点的存储地址。此时头指针 HEAD 指向头结点，而头结点指向双向链表的第一个结点。

4. 循环链表

虽然线性单链表的插入、删除运算很方便,但是在运算过程中必须单独考虑空表和第一个结点等特殊情况,使得空表和非空表的运算不统一而需要采用不同的方法。另外,若要查找某一结点的前驱结点,必须从头指针重新开始另一次查找。对于双链表,虽然很容易找到前驱结点,但是会占用更多的存储空间。为了避免这些缺点,可以使用线性表的另一种链式存储结构,即循环链表。

将单链表中最后一个结点的指针域由空(null)改变为指向头结点而使链表头尾相接形成环状,称为单循环链表,简称为循环链表(circular linked list)。

在循环链表中,只是对表的链接方式稍微改变,就使得可以从任意一个结点出发来访问表中所有其他的结点,提高了查找效率。而单链表却做不到这一点。

在程序设计时,为了操作方便,即使空表和非空表的插入和删除操作等处理方法一致,可在循环链表中再增加一个头结点,它的数据域可以任意或依据需要设置,指针域指向链表第一个结点。图 7.9 所示为带头结点的单循环链表示意图。

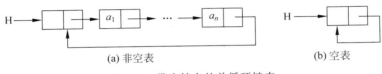

(a) 非空表　　　　　　　　　　(b) 空表

图 7.9　带头结点的单循环链表

在实际应用中,循环链表的插入和删除运算与单链表的插入和删除运算方法基本相同。由于循环链表增加了一个头结点,所以在任何情况下,循环链表至少有一个结点存在,在对循环链表进行插入、删除运算的过程中,就实现了空表和非空表运算方法的统一。因此,使用高级语言具体实现循环链表的查找、插入和删除运算时,比单链表的查找、插入和删除运算更加简单、方便。

7.2.4　栈的顺序存储及基本运算

1. 栈的基本概念

栈(stack)是一种特殊的线性表,它是限定仅在一端进行插入或删除操作的线性表。其中,允许进行插入或删除操作的一端称为栈顶(top),不允许进行插入、删除操作的另一端称为栈底(bottom)。不含数据元素的栈称为空栈。图 7.10 所示为栈的示意图。

栈是根据"先进后出"(First In Last Out,FILO)或"后进先出"(Last In First Out,LIFO)的原则组织数据,栈有时也被称为"先进后出的线性表"或"后进先出的线性表"。一般用指针 top 指向栈顶位置,用指针 bottom 指向栈底位置。向栈中插入一个数据元素称为入栈;从栈中删除一个数据元素称为出栈。由于栈也是一种线性表,因此它也可以采用线性表的顺序存储和链式存储这两种存储结构,分别称为顺序栈和链栈。

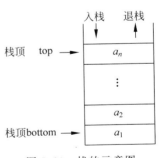

图 7.10　栈的示意图

2. 顺序栈及基本运算

用顺序存储结构来存储的栈简称为顺序栈。同顺序表类似,在程序设计时,可以使用一维数组作为顺序栈的存储空间,即可以利用一组地址连续的存储单元依次存放从栈底到栈顶的所有数据元素,可以设置 n 表示栈的最大存储空间。

栈的顺序存储结构下的基本运算有入栈、出栈和读栈顶元素 3 种。

1) 入栈

顺序栈的入栈运算是指在栈顶位置插入一个新的数据元素。其运算过程如下。

(1) 修改指针:将栈顶指针加 1(top 加 1)。

(2) 插入:在当前栈顶指针所指向的位置将新的数据元素插入。

注意,在顺序栈的入栈运算过程中,若栈顶指针已经指向栈存储空间的最后位置(即 $top=n$),表明此时栈的空间已满,不能再进行入栈运算;否则会产生栈的"上溢"错误。

2) 出栈

顺序栈的出栈运算是指在栈顶位置取出一个数据元素,并且把它赋给某个变量,对顺序栈而言,相当于做删除运算。其运算过程如下。

(1) 退栈:将栈顶指针所指向的栈顶元素读取后赋给一个变量。

(2) 修改指针:将栈顶指针减 1(top 减 1)。

注意,在顺序栈的出栈运算过程中,若栈顶指针已经为 0 时(即 $top=0$),表明此时栈是空的,不能再进行出栈运算;否则会产生栈的"下溢"错误。

3) 读栈顶元素

顺序栈的读栈顶元素运算是指在读取栈顶元素并且把它赋给某个变量。其运算过程如下。

(1) 将栈顶指针所指向的栈顶元素读取并赋给一个变量,栈顶指针保持不变。

(2) 在顺序栈的读栈顶元素运算过程中,若栈顶指针已经为 0 时(即 $top=0$),表明此时栈是空的,同样也不能进行读栈顶元素运算,因为没有栈顶元素。

7.2.5 队列的顺序存储及基本运算

1. 队列的基本概念

队列(queue)也是一种特殊的线性表,它是限定在表的一端进行插入操作,而在另一端进行删除操作的线性表。其中,允许进行插入操作的一端称为队尾,允许进行删除操作的另一端称为队头。不含数据元素的队列称为空队列。图 7.11 所示为队列示意图。

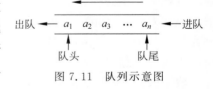

图 7.11 队列示意图

由于队列也是一种线性表,因此它也可以采用线性表的顺序存储和链式存储这两种存储结构,分别称为顺序队列和链队列。

2. 顺序队列及基本运算

用顺序存储结构来存储的队列简称为顺序队列。同顺序表类似,在程序设计时,通常使用一维数组作为顺序队列的存储空间。

队列是根据"先进先出"(First In First Out,FIFO)或"后进后出"(Last In Last Out,LILO)的原则组织数据,所以队列有时被称为"先进先出的线性表"或"后进后出的线性表"。

一般用队头指针(front)指向队头位置数据元素的前一个位置,用队尾指针(rear)指向队尾元素。向队列中插入一个数据元素称为入队,插入的数据元素只能加到队尾。从队列中删除一个数据元素称为出队,删除的结点只能来自队头位置。图 7.12 所示是存储空间为 10 的顺序队列进行插入和删除运算的示意图。

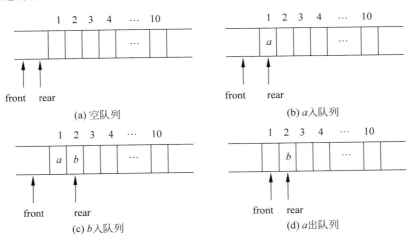

图 7.12　顺序队列的插入和删除运算

在实际应用中,为了充分利用空间,顺序队列可以采用循环队列的形式,即将顺序队列的最后一个位置指向第一个位置,称为循环队列。当循环队列的最后一个位置已经被使用而仍要进行入队运算时,此时只要第一个位置空闲,就可以将数据元素插入到第一个位置,即将第一个位置作为新的队尾,可以设置变量 m 表示循环队列的最大存储空间,如图 7.13 所示。

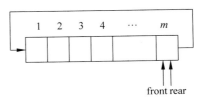

图 7.13　循环队列示意图

在循环队列中,从队头指针 front 指向的下一个位置到队尾指针 rear 指向的队尾位置之间的所有数据元素都是队列中的数据元素。

循环队列具有两种基本运算,即入队运算和出队运算。通常,循环队列的初始状态为空,此时 front=rear=m。

循环队列进行一次出队运算,队头指针 front 就加 1,若 front=$m+1$ 时,则设置 front=1。

循环队列进行一次入队运算,队尾指针 rear 就加 1,若 rear=$m+1$ 时,则设置 rear=1。

由于在循环队列中,循环队列为空或满都有 front=rear,即根据 front=rear 不能判定队列是空还是满,一般还要增加一个标志量 sign,并设置 sign=0 表示队列空;sign=1 表示队列非空。所以,可以用 sign=0 表示队列空;用 sign=1 且 front=rear 表示队列满。

1) 循环队列的入队运算

循环队列的入队运算是指在循环队列的队尾位置插入一个新的数据元素。其运算过程如下。

(1) 修改队尾指针:将队尾加 1(即 rear=rear+1),此时若 rear=$m+1$ 则设置 rear=1。

(2) 插入新元素:将新元素插入到队尾指针所指向的位置。

注意,当 sign=1 并且 rear=front 时,表明循环队列空间已满,这时不能进行入队操作;

软件技术基础

否则会产生"上溢"错误。

2）循环队列的出队运算

循环队列的退队运算是指在循环队列的队头位置退出一个数据元素，并且保存在指定的变量中。其运算过程如下。

（1）修改队头指针：先将队头加 1（即 front＝front＋1），此时若 front＝m＋1 则设置 front＝1。

（2）取出队头元素：将队头指针所指向位置的数据元素取出并且赋给一个指定变量。

注意，当 sign＝0 时循环队列为空，这时不能进行出队操作；否则会产生"下溢"错误。

设某循环队列的存储空间为 6，其插入和删除运算如图 7.14 所示。

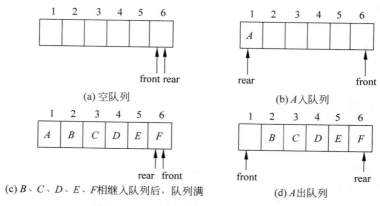

图 7.14　循环队列的插入和删除运算

7.3　树与二叉树

树状结构是一类重要的非线性结构，它是结点之间有分支、具有层次关系的结构，非常类似于自然界中的树。在现实生活中，有许多能用树状结构表示的关系，如人类家族的血缘关系、银行的行政关系、书目录的层次关系等。树和二叉树是树状结构中的两个重要类型，其中最为常用的是二叉树。

7.3.1　树的基本概念

1. 树的定义

树及相关概念

树（tree）是 $n(n \geqslant 0)$ 个结点的有限集合，在任意一棵非空树中：

（1）有且仅有一个结点称为树的根（root）；根结点没有前驱结点；

（2）其余 $n-1$ 个结点被分成 $m(m \geqslant 0)$ 个互相不相交的有限集合，其中每一个集合本身又是一棵树，称为根结点的子树（sub tree）。

图 7.15 所示为一棵普通的树。

由此可以看出，树的定义是一个递归定义。树具有下面两个特点：

① 树的根结点没有前驱结点，除根结点外的所有结点有且只有一个前驱结点；

② 树中所有结点可以有零个或多个后继结点。

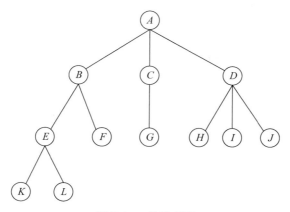

图 7.15 树示意图

2. 树的相关术语

（1）结点：树中的每个数据元素也称为结点。

（2）双亲结点：每个结点的上一层结点称为该结点的双亲结点。

（3）孩子结点：每个结点的子树的根，称为该结点的孩子结点。

（4）叶子结点：树中度为 0 的结点，即无后继的结点称为叶子结点，也称为终端结点。

（5）分支结点：树中度不为零的结点称为分支结点，也称为非终端结点。

（6）结点的度：每个结点拥有的子树个数，称为该结点的度。

（7）树的度：所有结点的度中最大的值称为树的度。

（8）结点的层次：树是一种分层结构，根结点为第 1 层，其余结点的层次值为双亲结点层次值加 1。从根结点开始到某结点的层数称为该结点的层次，也称为结点的深度。

（9）树的深度：所有结点的层数中最大的值称为树的层次，也称为树的深度。

7.3.2　二叉树及基本性质

二叉树是树状结构非常重要的类型，许多实际问题抽象出来的数据结构往往是二叉树的形式，即使是一般的树也能简单地转换为二叉树，而且二叉树的存储结构及其算法都较为简单，因此，二叉树显得特别重要。

1. 二叉树的定义

二叉树（binary tree）是 $n(n \geqslant 0)$ 个结点的有限集合。它或者为空集，或者是由一个根结点加上两棵互相不相交的左子树和右子树组成，并且左子树和右子树也都是二叉树。可以看出，二叉树的定义是一个递归定义，二叉树是一种特殊的有序树，它具有两个特点：

（1）二叉树的每个结点至多有两棵子树；

（2）二叉树的子树分为左子树、右子树，其次序也不能任意颠倒互换。

二叉树具有 5 种基本形态，如图 7.16 所示。

2. 二叉树的基本性质

性质 1：在二叉树的第 $i(i \geqslant 1)$ 层上，至多有 2^{i-1} 个结点。

性质 2：在深度为 $k(k \geqslant 1)$ 的二叉树中，至多有 $2^k - 1$ 个结点。

性质 3：在任意一棵二叉树中，叶子结点的数目比度为 2 的结点数目多一个。即如果叶

(a) 空二叉树　(b) 只有根结点的二叉树　(c) 只有根结点和左子树的二叉树

(d) 只有根结点和右子树的二叉树　(e) 有根结点、左子树和右子树的二叉树

图 7.16　二叉树的基本形态

子结点(终端结点)数为 n_0，度为 2 的结点数为 n_2，则有 $n_0 = n_2 + 1$。

3. 两种特殊形态的二叉树

(1) 满二叉树。一棵二叉树，如果除最后一层叶子结点以外的各层任何结点都有两个孩子结点，并且所有的叶子结点都在同一层上，这样的二叉树称为满二叉树。

可以看出，满二叉树中的每一层的结点数都达到了最大值，如图 7.17 所示。

(2) 完全二叉树。一棵二叉树，如果除最后一层外，每一层结点数都达到最大值；最后一层结点在该层左对齐，这样的一种二叉树称为完全二叉树。注意，左对齐是指左边结点是满的，但可以缺少右边的若干结点，如图 7.18 所示。

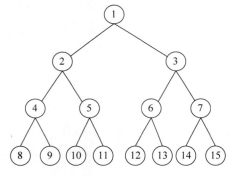

图 7.17　深度为 4 的满二叉树

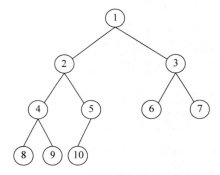

图 7.18　深度为 4 的完全二叉树

由此可以看出，满二叉树是完全二叉树的特例；或者说，满二叉树一定是完全二叉树，而完全二叉树不一定是满二叉树。

7.3.3　二叉树的存储结构

同线性表类似，设计程序时，二叉树也可以使用顺序存储结构和链式存储结构。

1. 顺序存储结构

在二叉树中，将所有结点的数值按照由上到下、由左到右的顺序存储在地址连续的存储单元中，这样的存储方式称为二叉树的顺序存储结构。

对于满二叉树或完全二叉树可以使用顺序存储结构。因为满二叉树或完全二叉树可以按照层的顺序进行顺序存储，并能很快确定每一个结点的双亲结点和左、右孩子结点，既可以通过其存储地址反映出树中各个结点之间的逻辑关系,又可以节省存储空间。

对于一般的二叉树,不宜采用顺序存储结构来存储。因为对于一般的二叉树若使用顺序存储结构,为了能够通过存储地址表示出结点之间的逻辑关系,不能直接将所有结点顺序存储在一维数组中,而是要额外增加一些虚结点,将它补成完全二叉树甚至是满二叉树的树状。由于虚结点的增加造成了很多的空间浪费,特别是在接近单枝树时,浪费更严重。为了避免存储空间的浪费,实际应用中,一般的二叉树采用链式存储结构。

2. 链式存储结构

以链表的形式来存储二叉树中的结点以及相互之间的关系,这样的存储方式称为二叉树的链式存储结构。常用的链式存储结构有二叉链表和三叉链表等。

1) 二叉链表

在二叉树的链式存储结构中,存储二叉树的每个结点的存储空间也被分为两个部分,即数据域和指针域。由于二叉树的每个结点可以有两个子结点,使每个结点上需要有两个指针域,分别指向其左孩子结点和右孩子结点,这种二叉树的链式存储结构称为二叉链表。其结点结构如图 7.19 所示。

图 7.19　二叉链表的结点结构

例如,给定下面二叉树如图 7.20(a)所示,其二叉链表如图 7.20(b)所示。

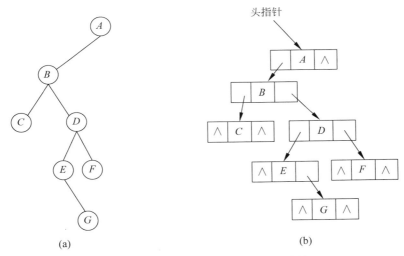

图 7.20　二叉树及其二叉链表存储结构

2) 三叉链表

可以看出,不同的输入顺序使构造二叉链表的方法也不同。在二叉链表中,查找任何一个结点的孩子结点非常方便,但是查找双亲结点就困难了。为了能快速地查找到双亲结点,可以在结点中再增加一个指针域,用来指向其双亲结点,这种存储结构称为三叉链表。

7.3.4　二叉树的遍历

在树的一些应用中,常常要求查找满足某种条件的结点,或者对树中全部结点逐一进行某种操作。这就涉及二叉树的遍历问题。

二叉树的遍历是指按照某条路径访问二叉树中的每个结点,使每个结点都被访问一次且仅被访问一次。此处访问是指输出结点的数值、查看结点的数值、更新结点的数值、增加或删除结点等操作。

二叉树是一种非线性数据结构,通过遍历可以按照某条路径访问二叉树中的每个结点,使每个结点都被访问一次且仅被访问一次,从而可以得到二叉树中所有结点的访问顺序,这样就可以将非线性数据结构转化成为线性结构。

由二叉树的递归定义可知,二叉树由 3 个基本单元组成,即根结点、左子树和右子树。遍历二叉树能够确定树中所有结点的访问顺序,以便不重复且不遗漏地访问所有结点。遍历时通常规定先左子树后右子树的规则,再依据根结点在遍历时的访问顺序,把二叉树的遍历方法分为先(根)序遍历、中(根)序遍历和后(根)序遍历 3 种,其中先(根)序遍历有时也称为前序遍历。

通常用 L 代表遍历左子树、D 代表访问根结点、R 代表遍历右子树,则二叉树的先序、中序和后序遍历可以分别表示为 DLR、LDR 和 LRD。二叉树的遍历也是一个递归的过程,方法如下。

1. 先序遍历(DLR)

若二叉树为空,则遍历结束。否则:

(1) 访问根结点;

(2) 先序遍历左子树;

(3) 先序遍历右子树。

2. 中序遍历(LDR)

若二叉树为空,则遍历结束。否则:

(1) 中序遍历左子树;

(2) 访问根结点;

(3) 中序遍历右子树。

3. 后序遍历(LRD)

若二叉树为空,则遍历结束。否则:

(1) 后序遍历左子树;

(2) 后序遍历右子树;

(3) 访问根结点。

【例 7.2】 给定二叉树如图 7.21 所示,写出其先序、中序和后序遍历序列。

先序遍历序列:$C\,A\,B\,E\,D\,F$

中序遍历序列:$B\,A\,C\,D\,E\,F$

后序遍历序列:$B\,A\,D\,F\,E\,C$

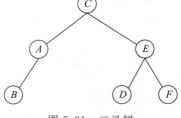

图 7.21 二叉树

7.4 查找和排序技术

查找是数据结构中很常用的一种基本操作,在实际应用中,待查找的数据通常是没有顺序的。为了提高查找速度,经常需要将原始数据按照升序或降序重新排列顺序,这就涉及排序的问题,本节将介绍查找和排序的相关概念和使用技术。

7.4.1 查找的基本概念

查找也称检索,指在数据结构中找出满足某种条件的数据元素。

假定被查找的对象是由一组数据元素构成的表或文件,其中每个数据元素由若干个数据项组成。若某个数据项可以用来标识表中的一个或多个记录,则将此数据项称为关键字。查找是在一个含有若干记录的表中找出关键字值与给定值相同的记录过程;若找到相应的记录,则查找成功,返回记录在表中的位置或记录的信息;否则,查找失败,返回空地址或失败的信息。

在查找过程中,若只是对表内数据进行查询,则称为静态查找;若在对表内数据进行查询的同时,还对表进行更新操作,则称为动态查找。

7.4.2 线性表的查找

线性表的查找比较容易实现,本节介绍两种方法,即顺序查找和二分查找。

1. 顺序查找

顺序查找是最简单的一种查找方法。它是从线性表的任意一端开始,从前向后或从后向前逐个将表中数据元素与给定的关键字进行比较,若表中某个记录的关键字值与给定的关键字值相等,则查找成功;若到达表的另一端后,所有记录的关键字值与给定的关键字值都不相等,则查找失败。

顺序查找的存储结构既可以采用顺序存储结构,也可以采用链式存储结构。

(1) 当线性表采用顺序存储结构时,查找结果为要查找的数据元素 x 在线性表中的序号;若不存在要查找的数据元素,则返回 NULL。若线性表的存储空间中含有多个数据元素值为 x 的记录,则只能返回第一个查找到的数据元素 x 在线性表中的序号。

例如,已知线性表(5,15,20,40,60,35,50,70,85,100)用顺序存储结构来存储。若顺序查找与给定的关键字值"60"相等的数据元素,则要将给定的关键字从前向后依次与线性表中第 1 个位序(数据元素为 5)到第 5 个位序(数据元素为 60)之间的数据元素进行比较,返回的是要查找的数据元素在线性表中的序号 5。

(2) 当线性表采用链式存储结构时,查找的结果为要查找的数据元素 x 在线性链表中的存储地址;若不存在要查找的数据元素,则返回 NULL。同样,若线性链表的存储空间中含有多个数据元素值为 x 的记录,则只能返回第一个查找到的数据元素 x 在线性链表中的存储地址。

顺序查找的算法简单,查找效率与数据元素所在的位置有关。它的优点是对表中数据元素的存储没有特别要求,既可以使用顺序表存放记录,也可以使用链表来存放记录;它的缺点是在平均情况下查找大约要与表中一半的数据元素进行比较,当线性表的长度很大时效率较低,即不适用于长度较大的线性表的查找。

2. 二分查找

二分查找也称为折半查找,它要求线性表采用顺序存储结构存储,并且其数据元素要按照关键字有序排列,即按照升序或降序排列。其查找过程如下。

(1) 若线性表中间位置记录的关键字值与给定的关键字值相等,则查找成功。

(2) 若线性表中间位置记录的关键字值大于给定的关键字值,则在线性表的前半部分子表以同样的方法进行查找。

（3）若线性表中间位置记录的关键字值小于给定的关键字值，则在线性表的后半部分子表以同样的方法进行查找。

（4）重复以上过程，直到查找成功；或者直到子表不存在为止，此时查找失败。

在二分查找的过程中，由于每次将待查数据元素所在的区间缩小一半，这样就比顺序查找提高了效率。长度为 n 的有序线性表在最坏情况下，顺序查找需要比较 n 次，而二分查找只需要比较 $\log_2 n$ 次。

7.4.3 排序的基本概念

排序是将一组数据元素的无序序列重新排列成一个按关键字有序序列的操作。对于任意的数据元素序列，使用某个排序方法，按关键字进行排序；对相同关键字的数据元素间的位置关系：若在排序前与排序后保持一致，称此排序方法是稳定的；否则，称此排序方法是不稳定的。

按照排序过程中依据的原则不同，可以将排序分为插入类排序、交换类排序和选择类排序 3 种。

1. 插入类排序

它指将无序序列中的数据元素依次插入到有序序列中，包括直接插入排序、折半插入排序和希尔排序等。

2. 交换类排序

它指通过比较数据元素的关键字大小决定是否进行交换的排序方法，包括冒泡排序和快速排序等。

3. 选择类排序

它指将无序序列中关键字值最小的数据元素依次放到有序序列中指定位置的排序方法，包括简单选择排序、树状选择排序和堆排序等。

7.4.4 基本排序算法

直接插入和
冒泡排序

1. 直接插入排序

直接插入排序（straight insertion sort）是将数据元素依次插入已经排好序的线性表中适当位置的排序方法。其实现过程如下。

假设前 $i-1$ 个数据元素已经有序，先将第 i 个数据元素存放到临时变量 T 中，然后将 T 中的关键字 key_i 从后向前依次与前面数据元素的关键字 key_{i-1}、key_{i-2}、$\cdots$、key_1 进行比较，将关键字大于 key_i 的数据元素依次向后移动一个位置，直到发现一个关键字小于或者等于 key_i 的数据元素为止，此时将 T 中的数据元素插入到刚移出的空存储单元即可。在实际应用中，一般先将序列中第 1 个数据元素看成一个有序序列，然后从第 2 个数据元素开始逐个进行插入直至整个序列有序。直接插入排序整个过程需要 $n-1$ 趟插入，每次比较最多移去一个逆序，最坏情况时需要进行 $n(n-1)/2$ 次比较。直接插入排序是稳定的排序方法。直接插入排序适用于对记录数目不多且基本有序的序列进行排序。

2. 希尔排序

希尔排序（Shell sort）又称缩小增量排序，是 1959 年由 D. L. Shell 提出来的，是在直接插入排序方法的基础改进而来的。其方法为：先将整个无序序列分为若干个较小的子序列，然后再分别对子序列按照关键字进行直接插入排序，即是先做宏观调整、再做微观调整的方法。

希尔排序过程：先取一个正整数 d_1，把所有相隔 d_1 的数据元素分在一组，在各个组内进行直接插入排序；然后取小于 d_1 的正整数 d_2，重复上述分组和排序操作直至 $d_i=1$，即所有数据元素在一个组中排序为止。由于正整数 d_i 每次缩小，希尔排序也称为缩小增量排序。

在希尔排序过程中，尽管在各个组内也进行直接插入排序，但由于每次比较可能移去多个逆序，比直接插入排序方法有很大改进，提高了排序效率。希尔排序的效率与所选取的正整数 d_i 有关。从排序的过程可以看出，希尔排序是不稳定的排序方法。

【例7.3】 给定待排序列为 $(39,80,76,41,13,29,50,78,30,11,100,7,\underline{41},86)$，用希尔排序方法进行排序。

取步长因子分别为5、3、1，则排序过程如下：

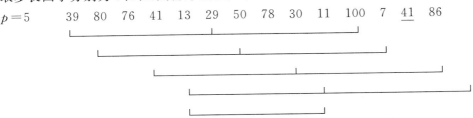

子序列分别为 $\{39,29,100\}$、$\{80,50,7\}$、$\{76,78,41\}$、$\{41,30,86\}$、$\{13,11\}$。

第一趟排序结果：

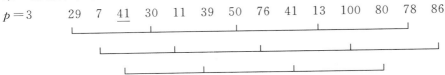

子序列分别为 $\{29,30,50,13,78\}$、$\{7,11,76,100,86\}$、$\{\underline{41},39,41,80\}$。

第二趟排序结果：

$p=1$ 13   7   39   29   11 $\underline{41}$ 30   76   41   50   86   80   78   100

此时，序列已基本"有序"，再对其进行直接插入排序，得到最终结果为

$(\ 7\quad 11\quad 13\quad 29\quad 30\quad 39\quad \underline{41}\quad 41\quad 50\quad 76\quad 78\quad 80\quad 86\quad 100)$

3. 冒泡排序

冒泡排序（bubble sort）是通过将相邻的数据元素进行交换，逐步将无序序列处理成为有序序列的排序方法。冒泡排序需要通过多趟排序过程实现。其排序过程为：在第一趟冒泡排序中，将第一个数据元素与第二个数据元素进行比较，若为逆序则交换位置；然后比较第二个数据元素与第三个数据元素；依次类推，直到第 $n-1$ 个数据元素和第 n 个数据元素比较为止，此时关键字最大的数据元素被放置在最后一个位置。然后对 $n-1$ 个数据元素进行第二趟冒泡排序，结果使关键字次大的数据元素被放置在第 $n-1$ 个位置。不断重复以上过程，直到在某一趟排序过程中没有进行过交换数据元素位置的操作为止，最多时需进行 $n-1$ 趟排序。

在冒泡排序的过程中,关键字较大的数据元素向尾部移动,而关键字较小的数据元素向前部移动,就像气泡冒到前面,因此称为冒泡排序。最坏情况下,冒泡排序在长度为 n 的线性表中需进行 $n(n-1)/2$ 次比较。可以看出,冒泡排序是稳定的排序方法。

4. 快速排序

快速排序(hoare sort)是从待排序的序列中选出一个数据元素作为支点,将待排序列分成两部分:一部分记录的关键字大于等于支点记录的关键字;另一部分所有记录的关键字小于支点记录的关键字。再分别对两个子序列采用上述同样的方法进行快速排序,直到每个子序列只含有一个记录为止,这样的排序称为快速排序,将待排序列按关键字以支点记录为界分成两部分的过程,称为一次划分。

一次划分的过程:取序列中第一个元素作为支点元素,设其值为 K,并设两个指针 front 和 rear 分别指向序列中第一个和最后一个元素。具体过程如下。

(1) 首先从 rear 所指位置从右向左搜索,寻找第一个小于 K 的元素,将它与元素 K 交换位置。

(2) 然后从 front 所指位置由左向右搜索,寻找第一个大于 K 的元素,将它与元素 K 交换位置。

(3) 重复上述两个步骤,直至指针 front 与 rear 指向同一个位置为止,即 front= rear,则完成一次划分,找到支点元素的准确位置,将序列分成两个部分。

最坏情况下,快速排序在长度为 n 的线性表中需要进行 $n(n-1)/2$ 次比较。在实际应用中,快速排序比冒泡排序效率高。快速排序是不稳定的排序方法,因为关键字相同的记录可能会交换位置,快速排序适用于对记录的关键字大小分布较均匀的序列进行排序。

【例 7.4】 如图 7.22 所示的快速排序,图中的方括号表示待排序部分。

[13	15	7	10	30	4	8	25]
[8	4	7	10]	13	[30	15	25]
[7	4]	8	[10]	13	[30	15	25]
4	7	8	10	13	[30	15	25]
4	7	8	10	13	[25	15]	30
4	7	8	10	13	15	25	30

图 7.22 快速排序示意图

5. 简单选择排序

从无序的序列中选取一个关键字最小的数据元素存放到有序序列中指定的位置,这样的排序方法称为简单选择排序。

简单选择排序过程如下:

(1) 从第一个数据元素开始,通过 $n-1$ 次关键字比较,从 n 个数据元素中选出关键字最小的,再将它与第一个数据元素交换位置,完成第一趟简单选择排序;

(2) 从第二个数据元素开始,再通过 $n-2$ 次关键字比较,从剩余的 $n-1$ 个数据元素中选出

关键字次小的,再将它与第二个数据元素交换位置,完成第二趟简单选择排序……;

(3) 以此类推,从第 i 个数据元素开始,再通过 $n-i$ 次关键字比较,从剩余的 $n-i+1$ 个数据元素中选出关键字最小的,将它与第 i 个数据元素交换位置,完成第 i 趟简单选择排序。重复上述过程,共进行 $n-1$ 趟排序后把 $n-1$ 个数据元素移动到指定位置,最后一个数据元素直接放到最后,排序结束。

最坏情况下,简单选择排序在长度为 n 线性表中需要进行 $n(n-1)/2$ 次比较。

【例 7.5】 图 7.23 所示为简单选择排序过程。

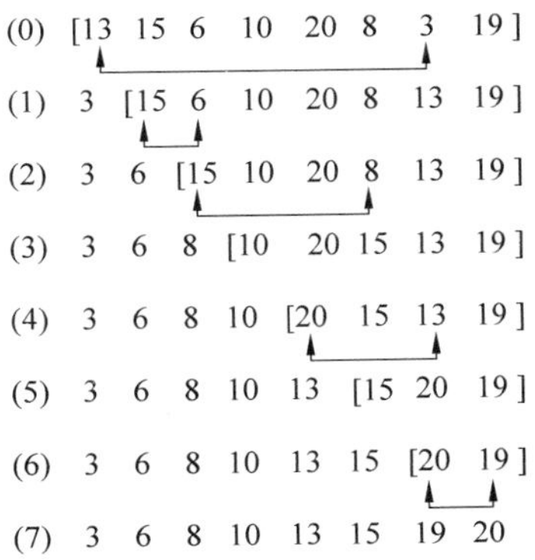

图 7.23 简单选择排序示意图

7.5 软件工程基础

软件工程学是研究软件开发与维护的原理、方法和技术的一门学科。

软件工程是指采用工程的概念、原理、技术和方法指导软件的开发与维护工作。软件工程学的主要研究内容包括软件开发与维护的技术、方法、工具和管理等方面。

7.5.1 软件工程概述

1. 软件与软件危机

众所周知,程序是为解决某一问题而设计的一系列计算机能识别的指令集合,而软件是计算机程序、方法、规则、相关文档以及在计算机上运行它时所必需的数据集合。其中最重要的是程序,所以在不太严格的情况下,通常直接把程序称为软件。文档资料用来记录软件开发过程中的活动和各阶段的成果,它具有永久性并能提供给人和机器阅读。它不仅用于专业技术人员和用户之间的通信和交流,而且还可以用于软件开发过程的管理和运行阶段的维护。

软件危机是指在计算机软件的开发、使用和维护过程中所遇到的一系列严重问题。这些问题绝不仅仅是不能正常运行的软件才具有的,实际上,几乎所有软件都不同程度地存在这些问题。软件危机主要表现在以下几方面。

(1) 软件需求的增长得不到满足:如用户不满意系统的情况经常发生。

(2) 软件开发成本和进度难以控制:开发成本超出预算,开发周期远远超过规定日期等情况经常发生。

(3) 软件产品的质量无法保证:软件系统中的错误往往难以消除。软件是逻辑产品,质量问题很难用统一的标准度量,因而造成质量控制困难。

(4) 软件产品难以维护:软件产品本质上是开发人员逻辑思维活动的代码化描述,他人难以理解和替代。开发过程中因规范、标准、编程风格、文档资料、检测手段等很难统一,导致开发出的软件可维护性差。

（5）软件成本不断提高。

（6）软件开发生产率的提高速度难以满足社会需求的增长率。

为了消除软件危机，首先应该对计算机软件有一个正确的认识。

应该推广使用在实践中总结出来的开发软件成功的技术和方法，并且研究探索更好更有效的技术和方法，尽快消除在计算机系统早期发展阶段形成的一些错误概念和做法。

其次，应该开发和使用更好的软件工具。

总之，为了消除软件危机，既要有技术措施，又要有必要的组织管理措施。也就是从软件工程的角度来研究如何更好地开发和维护计算机软件。

2. 软件生命周期

软件同其他事物一样，也有一个孕育、诞生、成长、成熟和衰亡的过程。将软件产品从提出、实现、使用维护到停止使用退役的过程称为软件生命周期。通常将软件生命周期划分为问题定义、可行性研究、需求分析、软件设计、编码、测试及运行维护等阶段。

软件工程的目标是在给定成本与进度的前提下，开发出满足用户需求并且可靠性、可理解性、可维护性、可重用性、可移植性和可操作性都较好的软件产品。

软件工程的基本原则主要包括抽象、信息隐蔽、模块化、局部化、确定性、一致性、完备性和可验证性等原则。

（1）抽象：即抽取事物最基本的特性和行为而忽略其非本质的细节。

（2）信息隐蔽：采用封装技术，将程序模块的实现细节隐藏起来，并提供尽可能简单的模块接口，以便于和其他模块封装在一起。

（3）模块化：模块是程序中相对独立的成分，一个模块是一个独立的编程单位。

（4）局部化：要求在一个物理模块内集中逻辑上相互关联的计算资源，保证模块之间具有松散的耦合关系，而模块内部则有较强的内聚性，这有助于控制系统的复杂性。

（5）确定性：软件开发过程中所有概念的表达应该是确定的、无歧义的、规范的。

（6）一致性：在程序、数据和文档的整个软件系统的各模块中，应使用已知的概念、符号和术语；程序内部和外部接口应保持一致，系统规格说明与系统行为应保持一致。

（7）完备性：指软件系统不丢失任何重要成分，完全实现系统所需的功能。

（8）可验证性：开发大型软件系统需要对系统自顶向下，逐层分解。系统分解应遵循易于检查、测试和评审的原则，以便于系统正确性的验证。

3. 软件开发的方法

软件开发是一个把用户需要转化为软件需求，把软件需求转化为软件设计，用软件代码实现软件设计，对软件代码进行测试，并签署确认它可以投入运行使用的过程。从工程的角度出发，将软件开发过程划分为问题定义、可行性研究、需求分析、软件设计、编码、测试及运行维护等几个阶段，每个阶段都包含相应的文档编制工作。

当前采用的软件开发方法主要有结构化方法、面向对象方法和专家系统方法。其中，结构化方法采用结构分析技术对问题进行分析建模，遵循自顶向下、逐步求精的原则。结构化方法是由三部分构成的，即结构化分析（Structured Analysis，SA）、结构化设计（Structured Design，SD）和结构化程序设计（Structured Programming，SP），其核心和基础是结构化程序设计理论。

7.5.2　结构化分析方法

1. 需求分析的定义、任务与方法

需求分析是指开发人员要进行细致的调查分析以便准确理解用户的要求,将用户的需求陈述转化为完整的需求定义,再由需求定义转换到相应的需求格式说明的过程。

需求分析阶段的任务可以概括为 4 个方面:需求获取、需求分析、编写需求规格说明书、需求评审。

常见的需求分析方法有结构化分析方法和面向对象的分析方法,下面介绍结构化分析方法。

2. 结构化分析方法的常用工具

结构化分析就是使用数据流图(DFD)、数据字典(DD)、判定表和判定树等工具,来建立一种新的、称为结构化规格说明的目标文档。结构化分析的常用工具有以下几种。

1) 数据流图

数据流图(Data Flow Diagram,DFD)是结构化分析方法中用于表示系统逻辑模型的一种工具,它从数据传递和加工的角度,以图形的方式描绘数据在系统中流动和处理的过程。数据流图的基本符号如图 7.24 所示。

图 7.24　数据流图的基本符号

数据流图通常采用自顶向下逐层分解和由外向里逐渐深化的画法。图 7.25 所示为研究生业务活动的数据流图。

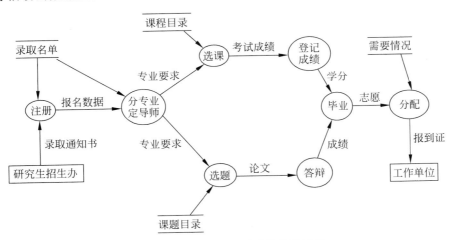

图 7.25　研究生业务活动的数据流图

2) 数据字典

数据字典(Data Dictionary,DD)是为了描述在结构化分析过程中定义的对象的内容而使用的一种半形式化的工具。数据字典是所有与系统相关的数据元素的有组织的列表,并且包含对这些数据元素的精确、严格的定义,从而使用户和系统分析员双方对输入、输出、存储的成分甚至中间计算结果有共同的理解。简而言之,数据字典是描述数据的信息集合,是对系统中使用的所有数据元素定义的集合。

3)判定表

当某个加工的实现需要同时依赖多个逻辑条件的取值时,对加工逻辑的描述就会变得较为复杂,很难采用结构化语言清楚地将其描述出来,而采用判定表则能够完整且清晰地表达复杂的条件组合与由此产生的动作之间的对应关系。判定表通常由 4 个部分构成:左上部用于列出所有相关的条件;左下部用于列出所有可能产生的动作;右上部用于列出所有可能的条件组合;右下部用于列出在各种组合条件下需要进行的动作。判定表的一般格式如表 7.2 所示。

表 7.2 判定表的一般格式

条 件 列 表	条 件 组 合
动作列表	对应的动作

表 7.3 是描述某单位工资档案管理系统中“职务津贴计算”加工逻辑的判定表。

表 7.3 “职务津贴计算”的判定表

条件组合		1	2	3	4	5	6	7	8	9
条件	职务	助工	工程师	高工	助工	工程师	高工	助工	工程师	高工
	工龄	<10	<10	<10	10~20	10~20	10~20	>20	>20	>20
动作	奖金基数 350	√			√			√		
	奖金基数 400		√			√			√	
	奖金基数 500			√			√			√
	上浮 20%				√	√				
	上浮 30%						√	√		
	上浮 35%								√	
	上浮 40%									√

4)判定树

判定树是判定表的图形表示,与判定表的作用大致相同,但比判定表更加直观、更易于理解和掌握。图 7.26 是采用判定树对“基本奖金计算”加工逻辑的描述。

3. 软件需求规格说明书

软件需求规格说明书(Software Requirement Specification,SRS)是需求分析阶段的最后成果,是软件开发过程中的重要文档之一。软件需求规格说明书用来对所开发软件的功能、性能、用户界面及运行环境等进行详细的说明。需求规格说明书中应包括以下主要内容。

(1)引言。引言用于说明项目的开发背景、应用范围,定义所用到的术语和缩略语,以及列出文档中所引用的参考资料等。

(2)项目概述。项目概述主要包括功能概述和约束条件。功能概述用于简要叙述系统预计实现的主要功能和各功能之间的相互关系;约束条件用于说明对系统设计产生影响的限制条件,如用户特点、硬件限制及技术制约因素等。

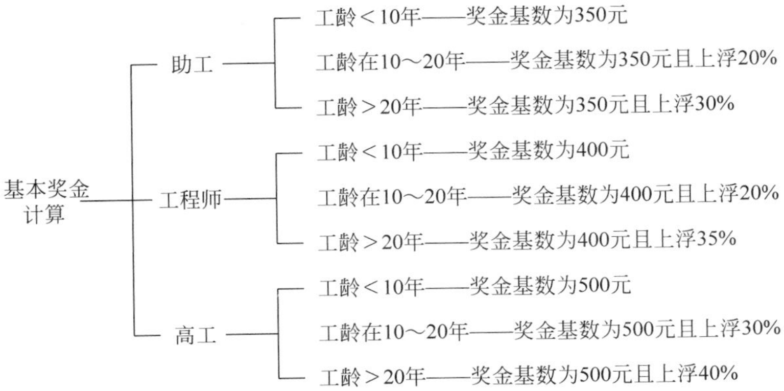

图 7.26 "基本奖金计算"的判定树

（3）具体需求。具体需求主要包括功能需求、接口定义、性能需求、软件属性及其他需求等。功能需求用于说明系统中每个功能的输入、处理和输出等信息，主要借助数据流图和数据字典等工具进行表达；接口定义用于说明系统软/硬件接口、通信接口和用户接口的需求；性能需求用于说明系统对精度、响应时间和灵活性等方面的性能要求；软件属性用于说明软件对安全性、可维护性及可移植性等方面的需求；其他需求主要指系统对数据库、操作及故障处理等方面的需求。

7.5.3 结构化设计方法

1. 软件设计

软件设计是软件工程的重要阶段，是一个把软件需求转换为软件表示的过程。从工程管理的角度来看，软件设计分两步完成，即总体设计和详细设计。

（1）总体设计，又称为概要设计，用来将软件需求转化为软件体系结构，确定系统级接口、全局数据结构和数据库模式。

（2）详细设计，确定每个模块的实现算法和局部数据结构，用适当方法表示算法和数据结构的细节。

软件设计最广泛的使用方法是结构化设计方法。

2. 软件设计的基本原理

1）抽象

抽象是人类在解决复杂问题时经常采用的一种思维方式，它是指将现实世界中具有共性的一类事物的相似的、本质的方面集中并概括，而暂时忽略它们之间的细节差异。在软件开发中运用抽象的概念，可以将复杂问题的求解过程分为不同的层次，在不同的抽象层次上实现难度的分解。在抽象级别较高的层次上，可以将琐碎的细节信息暂时隐藏起来，以利于解决系统中的全局性问题。软件开发过程中从问题定义到最终的软件生成，每一阶段都是在前一阶段基础上对软件解法的抽象层次上的一次求精和细化。

2）模块化

模块是指具有相对独立性的，由数据说明、执行语句等程序对象构成的集合。程序中的每个模块都需要单独命名，通过名字可实现对指定模块的访问。在高级语言中，模块具体表现为函数、子程序和过程等。

模块化是指将整个程序划分为若干个模块,每个模块用于实现一个特定的功能。划分模块对于解决大型复杂问题是非常必要的,可以大大降低解决问题的难度。

3) 信息隐蔽

信息隐蔽是指一个模块将自身的内部信息向其他模块隐藏起来,以避免其他模块不恰当的访问和修改,只有对那些为了完成系统功能所必需的数据交换才被允许在模块间进行。信息隐蔽的目的主要是为了提高模块的独立性,减少将一个模块中的错误扩散到其他模块的机会。但是需要强调一点,信息隐蔽并不意味着某个模块中的内部信息对其他模块来说是完全不可见或不能使用的,而是说模块之间的信息传递只能通过合法的调用接口来实现。显然,信息隐蔽对提高软件的可读性和可维护性都是非常重要的。

4) 模块独立性

模块独立性是指每个模块只完成系统要求的独立的子功能,最好与其他模块的联系最少且接口简单,这是评价设计好坏的重要度量标准。

模块的独立性可由内聚性和耦合性两个标准来度量。耦合表示不同模块之间互相连接的紧密程度;内聚表示一个模块内部各个元素彼此结合的紧密程度。

(1) 内聚性。

内聚是对一个模块内部元素之间功能上相互联系强度的测量。模块内聚度又称为模块强度。一个模块的内聚度越高,与其他模块之间的耦合程度就越弱。内聚有以下几种,它们之间的内聚性由弱到强排列如下。

① 偶然内聚:指一个模块完成一组任务,这些任务间的关系很松散,称为偶然内聚。

② 逻辑内聚:指一个模块完成的功能在逻辑上属于相同或相似的一类,通过参数确定该模块应完成哪一个功能。

③ 时间内聚:指一个模块包含的任务必须在同一段时间内执行,就叫时间内聚。

④ 过程内聚:指一个模块内各处理元素彼此相关,而且必须按特定的顺序执行。

⑤ 通信内聚:指一个模块内所有处理功能都通过使用公用数据而发生关系,这种内聚称为通信内聚,也具有过程内聚的特点。

⑥ 顺序内聚:若一个模块中的各个部分都与同一个功能密切相关,并且必须按照先后顺序执行(通常前一个部分的输出数据就是后一个部分的输入数据),则称该模块的内聚为顺序内聚。

⑦ 功能内聚:若一个模块中各个组成部分构成一个整体并共同完成一个单一的功能,则称该模块的内聚为功能内聚。由于功能内聚模块中的各个部分关系非常密切,构成一个不可分割的整体,因此功能内聚是所有内聚中内聚程度最高的一种。

(2) 耦合性。

耦合性是对一个软件结构内部不同模块间联系紧密程度的度量指标。模块间的联系越紧密,耦合性就越高,模块的独立性也就越低。由于模块间的联系是通过模块接口实现的,因此,模块耦合性的高低主要取决于模块接口的复杂程度、调用模块的方式以及通过模块接口的数据。模块间的耦合分为以下几种,它们之间的耦合度由高到低排列如下。

① 内容耦合:若一个模块直接访问另一个模块的内容,则这两个模块称为内容耦合。这是最高程度的耦合。

② 公共耦合：若两个或多个模块通过引用公共数据相互联系，则称这种耦合为公共耦合。

③ 外部耦合：若一组模块都访问同一全局简单变量，而且不通过参数表传递该全局简单变量的信息，则称之为外部耦合。

④ 控制耦合：若模块之间交换的信息中包含有控制信息，尽管有时控制信息是以数据的形式出现的，则称这种耦合为控制耦合。

⑤ 标记耦合：若两模块之间通过数据结构变换信息，这样的耦合称为标记耦合。

⑥ 数据耦合：若两个模块之间仅通过模块参数交换信息，且交换的信息全部为简单数据，则称这种耦合为数据耦合。

⑦ 非直接耦合：若两个模块没有直接关系，它们之间的联系完全是通过主模块的控制和调用来实现的，则称这两个模块为非直接耦合。非直接耦合的独立性最强。

从上面关于耦合机制的分类可以看出，一个模块与其他模块的耦合性越强，则其模块独立性越弱。

通常，软件设计时应尽量做到高内聚、低耦合，即减弱模块之间的耦合性并提高模块的内聚性，从而提高模块的独立性。

3. 总体设计

在总体设计过程中，首先要根据需求分析阶段产生的成果，寻找实现目标系统的各种可能的方案，然后由系统分析员对所有可能的方案进行综合分析，从中选择一个最佳方案向用户推荐。在与用户达成共识之后，系统分析员就可以开始对选定的最佳方案进行体系结构的设计，然后进行数据结构和数据库设计。

1) 总体设计的任务

（1）设计软件系统结构：在对需求分析阶段生成的数据流图进一步分析和精化的基础上，首先将系统按照功能划分为模块，接着需要确定模块之间的调用关系及其接口，最后还应该对划分的结果进行优化和调整。

（2）数据结构和数据库设计：对需求分析阶段生成的数据字典进行细化，从计算机技术实现的角度出发，确定软件涉及的文件系统及各种数据结构。主要包括确定输入输出文件的数据结构及确定算法所需的逻辑数据结构等。

（3）系统可靠性和安全性设计：可靠性设计也称为质量设计，目的是为了保证程序及其文档具有较高的正确性和容错性，并使可能出现的错误易于修改和维护。安全性设计的主要目的是为了增强系统的自我防护能力和运行的稳定性，防止系统遭受破坏，保证系统在安全的环境下正常地工作。

（4）编写文档并复审：总体设计阶段应交付的文档通常包括总体设计说明书、用户手册、数据库设计说明书及系统初步测试计划。

2) 总体设计的工具

在总体设计过程中，最重要的任务是设计软件系统结构，最常用的设计工具是层次图（Hierarchy，简称 H 图）和结构图（Structured Chart，SC）。

（1）层次图。

层次图用于在体系结构设计过程中描绘软件的层次结构，基本符号如表 7.4 所示。

表 7.4　层次图基本符号

符　　号	含　　义
▢	用于表示模块,在方框中标明模块的名称
───	用于描述模块之间的调用关系

层次图非常适宜采用"自顶向下,逐层分解"的软件结构设计方法。对于目标系统的层次图,通常包括很多层,并且每一层包括多个模块。图中最顶层的矩形框表示系统中的主控模块,矩形框之间的连线用于表示模块之间的调用关系,如"汽车租赁管理系统"的层次图如图 7.27 所示。

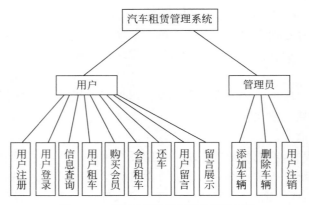

图 7.27　"汽车租赁管理系统"层次图

(2) 结构图。

结构图能够描述出软件系统中各模块的层次结构,清楚地反映程序中各模块之间的调用关系。结构图中的基本符号见表 7.5。

表 7.5　结构图中的基本符号

符　　号	含　　义
▢	用于表示模块,方框中标明模块的名称
───	用于描述模块之间的调用关系
●→ ○→	用于表示模块调用过程中传递的信息,箭头上标明信息的名称;箭头尾部为空心圆,表示传递的信息是数据,若为实心圆,则表示传递的是控制信息
A／B C	表示模块 A 选择调用模块 B 或模块 C,当条件为真时调用模块 B,条件为假时调用模块 C
A／B C	表示模块 A 循环调用模块 B 和模块 C

图 7.28 所示为系统结构图。

3) 总体设计的原则

(1) 降低模块的耦合性,提高模块的内聚性。例如,最好实现功能内聚;尽可能只使用数据耦合,限制公共耦合的使用,避免控制耦合的使用,杜绝内容耦合的出现。

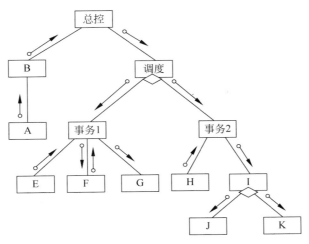

图 7.28　系统结构图示例

（2）保持适中的模块规模。程序中模块的规模过大，会降低程序的可读性；而模块规模过小，势必会导致程序中的模块数目过多，增加接口的复杂性。对于模块的适当规模并没有严格的规定，但普遍观点是模块中的语句数量最好保持在 $10 \sim 100$。

（3）模块应具有高扇入和适当的扇出。在模块调用中，某个模块的上级模块数称为该模块的扇入；而某个模块可以调用的下级模块数称为该模块的扇出，如图 7.29 所示。模块的扇入越大，则说明共享该模块的上级模块数越多，或者说该模块在程序中的重用性越高，这正是程序设计所追求的目标之一。模块的扇出若过大，则会使该模块的调用控制过于复杂。根据实践经验，设计良好的典型系统中，模块的平均扇出通常为 3 或 4。

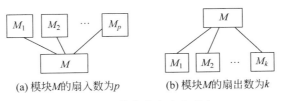

(a) 模块M的扇入数为p　　(b) 模块M的扇出数为k

图 7.29　模块的扇入和扇出

（4）软件结构图中的深度和宽度不宜过大。深度是指软件结构中控制的层数，它能够粗略地反映出软件系统的规模和复杂程度；宽度是指软件结构中同一层次上模块个数的最大值，通常宽度越大的系统越复杂。

（5）模块的作用域应处于其控制域范围之内。模块的作用域是指受该模块内一个判定条件影响的所有模块范围。模块的控制域是指该模块本身以及所有该模块的下属模块，包括该模块可以直接调用的下级模块和可以间接调用的更下层的模块。

（6）尽量降低模块的接口复杂度。由于复杂的模块接口是导致软件出现错误的主要原因之一，因此在软件设计中应尽量使模块接口简单、清晰，如减少接口传送的信息个数以及确保实参和形参的一致性和对应性等。

4. 详细设计

详细设计是为软件系统结构图中的每个模块确定实现的算法和局部数据结构，并用选定的设计工具表示算法和数据结构的细节。

1）详细设计的任务

（1）确定每个模块的具体算法。根据软件系统结构图，为每个模块确定具体的算法，并选择某种设计工具将算法的详细处理过程描述出来。

（2）确定每个模块的内部数据结构及数据库的物理结构。

（3）确定模块接口的具体细节。

（4）为每个模块设计一组测试用例。

（5）编写详细设计文档并复审。编写详细设计文档将作为编码阶段进行程序设计的主要依据。

2）详细设计的工具

（1）程序流程图。

程序流程图是最早出现且使用较为广泛的算法表达工具之一，能够有效地描述问题求解过程中的程序逻辑结构。程序流程图中经常使用的基本符号如图 7.30 所示。

(a) 一般处理框　(b) 输入输出框　(c) 判断框　(d) 流程线　(e) 起止框

图 7.30　程序流程图中的基本符号

程序流程图的主要优点在于对程序的控制流程描述直观、清晰，便于阅读和掌握。但随着程序设计方法的发展，它的缺点逐渐暴露出来，主要体现在以下方面。

① 可以随心所欲地使用流程线，容易造成程序控制结构的混乱，与结构化程序设计的思想相违背。

② 难以描述逐步求精的过程，容易导致程序员过早考虑程序的控制流程，而忽略程序全局结构的设计。图 7.31 所示为求和程序的流程框图。

（2）N-S 图。

N-S 图又称为盒图，是由 Nassi 和 Shneiderman 共同提出的一种图形工具。在 N-S 图中，所有的程序结构均使用矩形框表示，它可以清晰地表达结构中的嵌套及模块的层次关系。N-S 图基本控制结构的符号如图 7.32 所示。

（3）PAD 图。

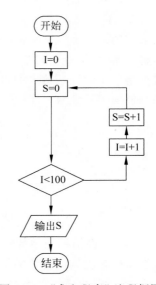

图 7.31　"求和程序"流程框图

PAD（Problem Analysis Diagram，问题分析图）是继程序流程图和 N-S 图后，由日立公司在 20 世纪 70 年代提出的又一种用于详细设计的图形表达工具，它只能用于结构化程序的描述。PAD 图采用了易于使用的树状结构图形符号，既利于清晰地表达程序结构，又利于修改，其基本符号如图 7.33 所示。

PAD 图的主要优点如下。

① 使用 PAD 图描述的程序结构层次清晰，逻辑结构关系直观、易读。

② 支持自顶向下、逐步求精的设计过程。

③ 既能够描述程序的逻辑结构，又能够描述系统中的数据结构。

图 7.34 所示为简单的 PAD 图例。

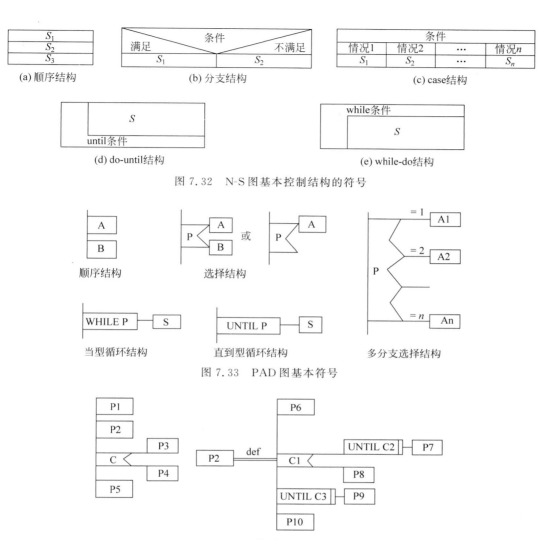

图 7.32　N-S 图基本控制结构的符号

图 7.33　PAD 图基本符号

图 7.34　简单 PAD 图例

（4）PDL 语言。

PDL（Process Design Language，过程设计语言）是一种用于描述程序算法和定义数据结构的伪代码。PDL 语言的构成与用于描述加工的结构化语言相似，是一种兼有自然语言和结构化程序设计语言语法的"混合型"语言。自然语言的采用使算法的描述灵活自由、清晰易懂，结构化程序设计语言的采用使控制结构的表达具有固定的形式且符合结构化设计的思想。PDL 语言与结构化语言的主要区别在于：由于 PDL 语言表达的算法是编码的直接依据，因此其语法结构更加严格并且处理过程描述更加具体、详细。其主要定义语句有数据定义语句和模块定义语句，基本控制结构有顺序结构、分支结构和循环结构 3 种。

7.5.4　程序设计基础

众所周知，程序是为解决某一问题而设计的一系列计算机能识别的指令集合。有些程序只处理简单的任务，如计算三角形的面积；而更多的程序则需要处理较复杂的任务，如银行账户相关业务的管理。程序设计就是利用程序设计语言编写一系列指令,控制计算机完成相关的操作任务。

1. 程序设计方法与风格

1)程序设计语言的分类

随着计算机技术的发展,目前已经出现了数百种程序设计语言,但被广泛应用的只有几十种。通常可将程序设计语言分为面向机器语言和高级语言两大类。

程序设计
语言和设
计方法

(1)面向机器语言。

面向机器语言包括机器语言和汇编语言两种。机器语言是计算机系统可以直接识别的程序设计语言,其中的每一条语句实际上就是一条二进制形式的指令代码,由操作码和操作数两部分组成。由于机器语言难以记忆和使用,通常不用机器语言编写程序。汇编语言是一种符号语言,它采用了一定的助记符来替代机器语言中的指令和数据。汇编语言程序必须通过汇编系统翻译成机器语言程序,才能在计算机上运行。汇编语言与计算机硬件密切相关,其指令系统因机器型号的不同而不同。由于汇编语言生产效率低且可维护性差,所以目前软件开发中很少使用汇编语言。

(2)高级语言。

高级语言与人类的自然语言(英文)较为接近,并且采用了人们十分熟悉的十进制数据表示形式,有利于学习和掌握。高级语言的抽象级别较高,不依赖于计算机硬件,且编码效率高,通常一条高级语言的语句对应若干条机器语言或汇编语言的指令。高级语言程序需要经过编译或解释之后才能生成机器语言程序。

2)程序设计语言的选择

每种程序设计语言都有自己的特点,在选择编程语言时,通常考虑下面一些因素。

(1)系统用户的要求:为方便用户使用和维护软件系统,尽可能选择用户熟悉的语言进行编程。

(2)工程的规模:编程语言的选择与工程的规模有直接的关系。例如,FoxPro与Oracle都是数据库处理系统,但FoxPro仅适用于解决小型数据库问题,而Oracle则可用于解决大型数据库问题。

(3)软件的运行环境:软件在提交给用户后,将在用户的机器上运行,在选择语言时应充分考虑到用户运行软件的环境对语言的约束。

(4)软件开发人员的知识:软件开发人员采用自己熟悉的语言进行开发,可以充分运用积累的经验使开发的目标程序具有更高的质量和运行效率,并可以大大缩短编码阶段的时间。为了能够根据具体问题选择更合适的语言,软件开发人员应拓宽自己的知识面,多掌握几种程序设计语言。

(5)软件的可移植性要求:要使开发出的软件能适应于不同的软、硬件环境,应选择具有较好通用性的、标准化程度高的语言。

(6)软件的应用领域:任何一种语言都无法同时满足项目的所有需求和各种选择的标准,不存在真正适用于任何应用领域的语言。编程者要对各种需求和标准进行权衡,分清主次,在所有可用的语言中选取最适合的一种进行编程。

3)程序设计的方法与风格

目前,常用的程序设计方法有结构化程序设计和面向对象程序设计两种。具有良好编码风格的程序主要表现为可读性好、易测试和维护。由于测试和维护阶段的费用在软件开发总成本中所占比例很大，因此编码风格的好坏直接影响着整个软件开发中成本耗费的多少。良好的程序设计风格包括以下几个方面。

（1）源程序文档化。

为了提高程序的可读性，应在程序中加入适当的注释信息，同时为程序的测试和维护提供方便。

（2）标识符的命名及说明。

首先，要选用具有实际含义的标识符，如用于存放年龄的变量名最好取名 age；其次，标识符的名字不宜过长，通常不要超过 8 个字符；再次，应按照某种顺序分别对各种类型的变量进行集中说明，如先说明简单类型，再说明指针类型或记录类型等。

（3）语句的构造及书写。

语句是构成程序的基本单位，语句的构造方式和书写格式对程序的可读性具有决定性作用。首先，语句应简单直接，避免使用华而不实的程序设计技巧，对复杂的表达式应加上必要的括号使表达更加清晰，在程序中应尽量不使用强制转移语句 GOTO 等。其次，最好在一行中只书写一条语句；在书写语句时，应通过采用缩进格式使程序的层次更加清晰；在模块之间通过加入空行进行分隔；为了便于区分程序中的注释，最好在注释段的周围加上边框等。

（4）输入和输出。

输入方式应力求简单，尽量避免给用户带来不必要的麻烦；交互式输入数据时应有必要的提示信息；对输入数据的合法性进行检查；若用户输入了非法数据，则应向用户输出相应的提示信息，并允许用户重新输入正确信息等。

输出数据的格式应清晰、美观。如对大量数据采用表格的形式输出，输出数据时要加上必要的提示信息等。

2. 结构化程序设计

结构化程序设计采用自顶向下、逐步求精、模块分解、功能抽象的设计方法和单入口、单出口的控制结构，能有效地将一个较复杂的程序系统分解为易于控制和处理的子系统，便于开发和维护。结构化程序设计要遵循以下原则。

（1）把整个任务看作一个系统。

（2）把系统分成几个基本模块，把这些基本模块看作子系统，然后再把这些基本模块分解，直到成为最小模块。

（3）每个最小模块完成独立的功能，可以独立编程，程序结构使用顺序、分支和循环 3 种基本结构。

（4）模块与模块之间的关系要尽可能简单而明确，即规定模块接口信息的性质、数量和规则等。

（5）程序只有一个入口和一个出口。

3. 面向对象程序设计

在面向对象的方法出现以前，程序设计都是采用面向过程的方法，即为解决某一问题必须设计出相应的算法，结构化程序设计方法就是典型的面向过程的程序设计方法。虽然结构化程序设计方法具有很多优点，但是它把数据和数据处理的过程分离为相互独立的实体，当数据结构改变时,所有相关的处理过程都要进行相应的改变,程序的可重用性差。另外,由于图形用户界面的应用,使软件的使用越来越方便,但开发却越来越困难。

面向对象的基本思想是将一个实际问题看成一个或几个对象的集合。首先,它将数据及对数据操作的方法放在一起,作为一个相互依存、不可分离的整体,即对象;然后,再由同类型对象抽象出其共性,形成类;最后,类再通过一个简单的外部接口与外界发生关系,对象与对象之间通过消息进行通信。这样,程序模块间的关系更为简单,程序模块的独立性和数据的安全性等就有了良好的保障。

面向对象方法强调直接面对客观存在的事物进行软件开发,将人们在日常生活中习惯的思维方法和表达方式应用于软件开发中,使软件开发从过分专业化的方法、规则和技巧中回到客观世界,回到人们通常的思维方式中。面向对象方法中涉及以下基本概念。

(1)对象。

一般意义上讲,对象(object)指客观世界一个实际存在的事物,它可以是有形的,也可以是无形的。例如,一个人可以是一个对象,一条信息可以是一个对象,一家图书馆也可以是一个对象,甚至整个客观世界可认为是一个最复杂的对象。

而面向对象方法中的对象,是系统中用来描述客观事物的一个实体,是构成系统的一个基本单位。对象由一组属性和一组行为构成,属性用来描述对象的静态特征,行为用来描述对象的动态特征。

(2)类。

把众多的事物按照功能和性质等进行归纳、划分而形成一些类(class),是人类在认识客观世界时经常采用的思维方法。分类所依据的原则是抽象,即忽略事物的非本质特征,抓住本质特征,从而找出事物的共性,把具有共同性质的事物划分为一类,得出一个抽象的概念。

而面向对象方法中的“类”,是具有相同属性和操作的一组对象的集合。类是对一个或几个相似对象的描述,其内部包括属性和行为两个主要部分。类是对象的模板,而对象是类的实例。

(3)封装。

封装是面向对象方法的一个重要概念。封装是一种信息隐蔽技术,就是把对象的属性和操作结合在一起成为一个独立的系统单位,并尽可能隐蔽对象的内部细节。也就是说,用户只能见到对象封装界面上的信息,只知道某个对象是“做什么”的,而不必知道“怎么做”。封装将外部接口与内部实现分离开来,用户不必知道对象的操作如何实现的细节,只需用相关方法来访问该对象即可。

(4)消息。

消息是用来请求对象执行某种处理或回答某些信息的要求。对象间的通信是通过消息传递来实现的。消息传递是对象间的一种通信机制。某一对象在执行相应的处理时,如果需要,它可以通过传递消息请求其他对象完成某些处理工作或回答某些信息;其他对象在执行所要求的处理活动时,同样可以通过消息传递与其他对象进行通信。

(5)继承。

继承(inherit)是面向对象方法能够提高软件开发效率的重要原因之一,其定义是特殊类的对象拥有其一般类的全部属性和操作,称为特殊类对一般类的继承。

继承具有重要的实际意义,它简化了人们对事物的认识和描述过程。例如,人们认识了汽车的特征后,再考虑轿车时,因为知道轿车也是汽车,于是可以认为它理所当然地具有汽车的全部一般特征,从而把精力用在研究和描述轿车独有的特征方面。

另外,继承对于软件复用有重要的意义,特殊类继承一般类,本身就是软件复用。如果将开发好的类作为构件放到构件库中,在开发新系统时便可以直接使用或继承使用。

(6)多态性。

多态性(polymorphism)是指在一般类中定义的属性或行为,被特殊类继承后,可以具有不同的数据类型或表现出不同的行为。这使得同一个属性或行为在一般类及其各个特殊类中具有不同的语义。例如,可以定义一个一般类"几何图形",它具有"绘图"行为,但这个行为并不具有具体含义,也就是说,并不能确定执行时到底能画一个什么图形,因为"几何图形"不是一个具体的图形。这时可以再定义一些特殊类,如"五边形"和"圆",它们都继承一般类"几何图形",因此都自动具有"绘图"行为。接着可以在特殊类中根据实际需要重新定义"绘图"行为,使之分别实现画"五边形"和"圆"的功能。

7.5.5 软件测试

软件测试是根据软件开发各阶段的规格说明和程序的内部结构而精心设计的一批测试用例(即输入数据及其预期的输出结果),并利用这些测试用例去运行程序,以发现程序错误的过程。简单地说,软件测试是为了发现错误而执行程序的过程,其目的在于检验软件是否满足规定的需求。

1. 软件测试的基本原则

为了提高测试效率,应遵循以下原则。

(1)尽早地并不断进行软件测试。

由于软件本身的抽象性以及开发人员工作的配合等各种因素,通常使软件开发各个阶段都可能存在错误及缺陷。所以,软件开发的各阶段都应当进行测试。错误发现得越早,后阶段耗费的人力、财力就越小。

(2)严格执行测试计划,排除测试的随意性。

测试计划应包括被测软件的功能、输入、输出、测试内容、各项测试的进度安排、测试用例的选择、系统组装方式及评价标准等。

(3)程序员应避免测试自己设计的程序。

测试是为了找错,而程序员大多对自己所编写的程序存有偏见,通常认为自己编写的程序没有错误,因此很难查出错误,最好由与编程无关的程序员或机构进行测试。

(4)测试用例中不仅要有输入数据,还要有预期的输出结果。

在测试前应设计出合理的测试用例,既要包括输入数据,又要包括预期的输出结果;如果在程序执行前无法确定预期的输出结果,则可能将错误结果当作正确结果。

(5)测试用例的设计不仅要有合法的输入数据,还要有非法的输入数据。

在测试程序时,人们常常忽视非法的和预想不到的输入条件,倾向于考虑合法的输入条件。而在软件的实际使用过程中,由于各种因素的存在,用户可能会使用一些非法的输入,如常会按错键或使用不合法的命令。对于一个功能较完善的软件来说,不仅输入合法数据时能正确运行,而当有非法输入时,应对非法输入拒绝接受,同时给出相应的提示信息,使软件便于使用。

（6）在对程序修改之后要进行回归测试。

通常，在修改程序的同时又会引起新的错误，因而在对程序修改完之后，还应该用以前的测试用例进行回归测试，有助于发现因修改程序而引起的错误。

（7）对每一个测试结果做全面检查。

（8）妥善保留测试计划、测试用例、出错统计和最终分析报告等资料，并把它们作为软件的组成部分之一，为后期的维护提供方便。

2. 软件测试的方法

软件测试方法有多种，依据测试过程中软件是否需要被执行，可以分为静态测试和动态测试两种方法。

（1）静态测试。

静态测试不执行被测试软件，通过对需求分析说明书、软件设计说明书和源程序等做结构检查或流图分析等操作来找出软件错误。

结构检查是手工分析技术，由一组人员对程序设计、需求分析和编码测试工作进行评议，虚拟执行程序，并在评议中作错误检验。此方法能找出典型程序 $30\% \sim 70\%$ 有关逻辑设计与编码的错误。

流图分析是通过分析程序流程图的代码结构，来检查程序的语法错误信息、语句中标识符引用状况、子程序和函数调用状况及无法执行到的代码段。

（2）动态测试。

动态测试指执行被测程序，根据执行结果分析程序可能出现的错误。动态测试的关键是测试用例的设计，包括白盒测试和黑盒测试两种方法。

3. 白盒测试

1）白盒测试的含义

如果已知产品的内部活动方式，就可以测试它的内部活动是否都符合设计要求，这种方法称为白盒测试。

白盒测试又称为结构测试或逻辑驱动测试，此方法是将测试对象比作一个打开的盒子，它允许测试人员利用程序内部的逻辑结构和相关信息来设计或选择测试用例，对软件的逻辑路径进行测试。

2）白盒测试的方法

白盒测试的主要方法有逻辑覆盖和基本路径测试等，下面介绍逻辑覆盖技术。

逻辑覆盖泛指一系列以程序内部的逻辑结构为基础的测试用例设计技术，它侧重考虑测试用例对程序内部逻辑的覆盖程度。当然，最彻底的覆盖是覆盖程序中的每一条路径，但是由于程序中可能含有循环，路径的数目将极大，要执行每一条路径是不可能的，所以只希望覆盖的程度尽可能高。目前常用的覆盖技术有以下几种。

（1）语句覆盖：指选择足够多的测试用例，使被测程序中每个语句至少执行一次。

（2）判定覆盖：判定覆盖又称为分支覆盖，它的含义是不仅每个语句必须至少执行一次，而且每个判定的各种可能的结果都应该至少执行一次。

（3）条件覆盖：不仅每个语句至少执行一次，而且使判定表达式中的每个条件都取到各种可能的结果。

（4）判断条件覆盖：设计足够的测试用例，使每个判定的各种可能的结果和每个判定表达式中的每个条件的各种可能的结果都至少执行一次。

（5）路径覆盖：指选取足够多的测试数据，从而使程序的每条可能路径都至少执行一次。

4．黑盒测试方法

1）黑盒测试的含义

黑盒测试指在已知产品功能的情况下，通过测试来检验是否每个功能都能正常使用。黑盒测试法把程序看成一个黑盒子，完全不考虑程序的内部结构和处理过程。黑盒测试是在程序接口进行的测试，它只检查程序功能是否能按照规格说明书的规定正常使用，程序是否能适当地接收输入数据产生正确的输出信息，并且保持外部信息（如数据库或文件）的完整性。

黑盒测试又称为功能测试。与白盒测试相似，黑盒测试同样不能做到穷尽测试，只能选取少量最有代表性的输入数据，以期用较少的代价暴露出较多的程序错误。

2）黑盒测试的方法

黑盒测试方法主要有等价类划分、边界值分析和错误推测等，主要用于软件确认测试。

（1）等价类划分：等价类划分法是一种典型的黑盒测试方法，它将程序的所有可能的输入数据划分成若干部分（若干等价类），然后从每个等价类中选取数据作为测试用例，对每个等价类来说，各个输入数据对发现程序中错误的概率都是等效的，故只需从每个等价类中选取一些有代表性的测试用例进行测试来发现错误。

（2）边界值分析：是对各种输入输出范围的边界情况设计测试用例的方法。

（3）错误推测：指列举出程序中所有可能有的错误和容易发生错误的特殊情况，根据它们选择测试用例。

实际工作中，采用黑盒与白盒相结合的测试方法是较为合理的做法，可以选取并测试数量有限的重要逻辑路径，对一些重要数据结构的正确性进行完全的检查。这样不仅能证实软件接口的正确性，同时在某种程度上能保证软件内部工作也是正确的。

5．软件测试的实施

大型软件系统的测试基本上按4个步骤进行，即单元测试、集成测试、确认测试和系统测试。通过这些步骤的实施来验证软件是否合格，能否交付用户使用。

1）单元测试

单元测试是对源程序中每个程序单元进行测试。它依据详细设计说明书和源程序，检查各个模块是否能够正确实现规定的功能，从而发现各模块内部可能存在的错误。

2）集成测试

集成测试是在单元测试的基础上，依据概要设计说明书，将所有模块按照设计要求组装成一个完整的系统而进行的测试，其主要目的是发现与接口有关的错误。集成测试的内容包括软件单元的接口测试、全局数据结构测试、边界条件和非法输入的测试等。

集成测试时，将模块组装成程序通常采用两种方式，即非增量方式组装与增量方式组装。

非增量方式也称为一次性组装方式，是将测试好的每个软件单元一次性组装在一起再进行整体测试。

增量方式是将待测试的模块同已测试好的模块连接起来进行测试,即边连接、边测试,以便及时发现连接过程中产生的问题。

增量方式包括自顶向下、自底向上、自顶向下与自底向上相结合的混合增量方法。

增量方式中的两个术语,即驱动模块和桩模块。

驱动模块相当于所测模块的主程序,主要用来接收测试数据、启动被测模块等。

桩模块也称为存根模块,主要用来接受被测试模块的调用和输出数据,是被测试模块调用的模块。

(1) 自顶向下的增量方式。

按系统程序结构,从主控模块开始,将模块沿控制层次自顶向下逐个连接起来。

(2) 自底向上的增量方式。

自底向上集成测试方法是从软件结构的最底层、最基本的软件单元开始进行集成和测试。在模块的测试过程中,由于在逐步向上组装过程中下层模块总是存在的,因此不再需要桩模块,但是需要调用这些模块的驱动模块。

(3) 混合增量方式。

将自顶向下和自底向上两种方式结合起来进行测试。

3) 确认测试

确认测试又称为有效性测试或验收测试。其任务是验证软件的功能、性能及其他特性是否满足需求规格说明中的需求,以及软件配置是否完整、正确。

4) 系统测试

系统测试指确认测试完成后,将软件系统整体作为一个元素,与计算机硬件、外设、支持软件、数据和人员等其他系统元素组合在一起,在实际运行环境下对计算机系统进行一系列的集成测试和确认测试。其目的是在真实的系统工作环境下检验软件是否能与系统正确连接,以便发现软件与系统需求的不同之处。

系统测试的内容主要包括恢复测试、安全性测试、强度测试和性能测试等。

(1) 恢复测试:恢复测试主要检查系统的容错能力。当系统出错时,能否在指定的时间间隔内修正错误并重新启动系统。恢复测试首先要采用不同的方式强迫系统出现故障,然后验证系统是否能尽快恢复。

(2) 安全性测试:指检验系统的安全性措施、保密性措施是否发挥作用和有无漏洞。在安全性测试过程中,测试人员应扮演非法入侵者,采用各种办法试图突破防线。

(3) 强度测试:指检查在系统运行环境不正常到发生故障的时间内,系统可以运行到何种程度。

(4) 性能测试:指测试软件在被组装到系统的环境中运行时的性能,性能测试应覆盖测试过程的每一步。

7.5.6 程序调试

软件测试的目的是尽可能多地发现软件中的错误。而程序调试是在进行成功的测试之后才开始的工作,调试是指确定错误的原因和位置并改正错误的活动。因此,调试也称为纠错(debug)。

1．程序调试的基本步骤

（1）确定错误的原因和位置。

（2）修改设计和程序代码以排除错误；然后进行回归测试，防止引进新的错误。

2．程序调试的方法

程序调试可分为两种，即静态调试和动态调试。静态调试是指通过人的思考来分析源程序代码并且纠错，是主要的调试手段。在静态调试过程中，确定错误的原因和位置要占整个调试总工作量的 95%，是主要的调试活动。目前，常用的推断错误原因的方法有以下几种。

（1）试探法。

调试人员分析错误征兆，猜想故障的大致位置，然后使用相关的调试技术获取假想故障位置附近的信息。

（2）回溯法。

调试人员检查错误征兆，确定最先发现"症状"的位置，然后人工沿着程序的控制流往回追踪源程序代码，直到找出错误根源或确定故障范围。

（3）对分查找法。

如果已经知道每个变量在程序内若干个关键点的正确值，则可以用赋值语句或输入语句在程序中点附近"注入"这些变量的值，然后检查程序的输出。如果输出结果是正确的，则故障在程序的前半部分；否则，故障在程序的后半部分。可以重复使用此方法，直到找出故障原因。

（4）归纳法。

归纳法是从个别推断一般的方法，这种方法从错误征兆出发，通过分析它们之间的关系而找出故障。归纳法调试主要有以下几个步骤：

① 收集已有的使程序出错与不出错的所有数据；

② 整理这些数据，以便发现规律或矛盾；

③ 提出关于故障的若干假设；

④ 证明假设的合理性，根据假设排除故障。

（5）演绎法。

演绎法是从一般原理出发，经过删除和精化的过程推导出结论。演绎法调试主要有以下几个步骤：

① 设想所有可能产生错误的原因；

② 利用已有的数据排除不正确的假设；

③ 精化剩下的假设；

④ 证明假设的合理性，根据假设排除故障。

7.6　数据库设计基础

随着计算机技术的不断发展，互联网已经渗透到社会的各个领域，作为互联网核心的数据库技术，也得到了飞速发展。数据库技术是计算机科学与技术的重要分支，广泛应用于各种类型的数据处理系统中。因此，掌握一定的数据库知识已经成为科技人员和管理人员的基本要求。本节将介绍数据库系统的基本原理、方法和应用技术。

7.6.1 数据库基本概念

1. 数据

数据(data)是描述现实世界中各种具体事物或抽象概念的、可存储并具有明确意义的信息。

在实际应用中,数据大多数都属于非数值型的,即业务系统中的管理数据。具体事物是指有形的、看得见的实体,如学生、教师等,而抽象概念则是指无形的、看不见的虚拟事物,如课程。对具体事物或抽象概念进行计算机化的管理,是指将其中具有明确管理意义的信息抽取出来,形成结构化数据,存放到计算机中,提供管理或访问。

2. 数据库

数据库(database,DB)是长期存储在计算机内有组织、统一管理的大量共享数据的集合。

数据库中的数据按一定的模型进行组织、存储和管理,可供各种用户共享,并具有较小的冗余度和较高的数据独立性。数据库具有以下两个特点。

(1)集成性。数据库具有把某种特定应用环境中的各种相关数据及数据之间的联系,按照一定的结构形式进行集中存储的性能。

(2)共享性。数据库中的数据可以为多个不同的用户所共享,多个不同的用户可以使用多种不同的语言,同时存取数据库,甚至同时存取同一数据。

3. 数据库管理系统

数据库管理系统(DataBase Management System,DBMS)是于用户和操作系统之间的数据管理软件,由一组程序构成,负责数据库的建立、查询、更新以及各种安全控制和故障恢复等。

流行的小型数据库管理系统有 FoxPro、Access 等,大型数据库管理系统有 SQL Server、DB2 和 Oracle 等。

数据库管理系统主要有以下功能。

(1)数据库的定义。

(2)数据存取的物理构建。

(3)数据操纵。

(4)数据的完整性、安全性定义与检查。

(5)数据库的并发控制与故障恢复。

(6)数据的服务,如数据备份、数据恢复等。

数据库管理系统提供的数据语言有数据定义语言(DDL)、数据操纵语言(DML)和数据控制语言(DCL),分别负责数据模式的定义、数据的操纵和数据完整性等的定义与检查操作。

4. 数据库系统

数据库系统(DBS)是以数据库为核心的完整运行实体,由数据库、数据库管理系统、数据库管理员、硬件、软件组成。其中硬件主要包括计算机和网络两部分;软件主要包括操作系统、数据库系统开发工具和接口软件等。

5. 数据库应用系统

数据库应用系统（DataBase Application System，DBAS）有时简称为应用系统，主要是指实现业务逻辑的应用程序。该系统要为用户提供一个友好和人性化的数据操作的图形用户界面，通过数据库管理系统（DBMS）或相应的数据访问接口，存取数据库中的数据。

通常，一个数据库应用系统由数据库、数据库管理系统、数据库管理员、硬件平台、软件平台和应用界面等组成。

7.6.2 数据管理的发展历程

数据管理技术的发展经历了3个阶段。

1. 人工管理阶段

在20世纪50年代中期以前，主要用于科学计算，而不是数据处理。此时的数据管理系统有以下特点。

（1）数据不保存在计算机内。计算机主要用于计算，一般不保存数据。

（2）没有专用的软件对数据进行管理。每个应用程序都要包括存储结构、存取方法、输入输出方式等内容，因而数据和程序不具有独立性。

（3）只有程序（program）的概念，没有文件（file）的概念。

（4）数据面向程序，即一组数据对应一个程序。

2. 文件系统阶段

20世纪50年代后期到60年代中期，计算机开始大量用于事物管理中的数据处理工作，但它无法提供完整的数据管理和共享能力。该阶段数据管理系统有以下主要特点。

（1）数据需要长期保留。由于计算机大量应用于数据处理领域，数据需要长期保留在外存储器中。

（2）文件类型已经多样化，即出现了索引文件、链接文件、直接存取文件等形式。

3. 数据库系统阶段

20世纪60年代之后，计算机用于管理的规模更加庞大，应用越来越广泛。为解决数据的独立性问题，实现数据的统一管理，达到数据共享的目的，出现了以数据库技术为主的数据管理方式。数据库系统阶段的数据管理有以下特点。

（1）采用数据模型表示复杂的数据结构。数据模型不仅描述数据本身的特征，还要描述数据之间的联系，数据冗余明显减少，实现了数据共享。

（2）有较高的数据独立性。用户以简单的逻辑结构操作数据而无须考虑数据的物理结构。这样，即使数据库物理结构发生变化，只要逻辑结构不变，应用程序就不需要改变，因此数据库实现了数据的逻辑独立性。

（3）数据库系统为用户提供了方便的接口。用户可以使用查询语言或终端命令操作数据库，也可以用程序方式操作数据库。

（4）数据库系统能提供各种数据控制功能。如数据库的并发控制和恢复等。

7.6.3 数据库系统的体系结构

从数据库管理系统的角度看，数据库系统通常采用"三级模式和两级映射"结构，即数据库系统内部的体系结构，如图7.35所示。

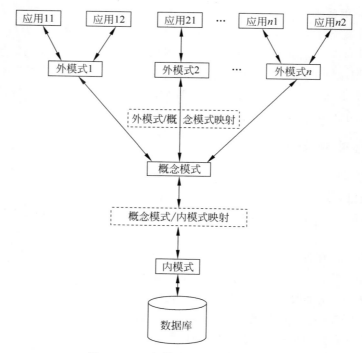

图 7.35 三级模式和两级映射结构

1. 模式的概念

模式是数据库中所有数据的逻辑结构和特征的描述,它仅仅涉及数据类型的描述,不涉及具体的值。模式的一个具体值称为模式的一个实例。同一个模式可以有很多实例。模式是相对稳定的,而实例是不断变化的,因为数据库中的数据是在不断更新的。

2. 三级模式结构

数据库管理系统把数据库从逻辑上分为三级,即外模式、概念模式和内模式,它们分别反映了看待数据库的 3 个角度。对用户而言,可以对应地称为一般用户模式、概念模式和物理模式。

(1)外模式。

外模式是三级结构中的最外层,又称为子模式或用户模式,它是用户看到并允许使用的那部分数据的逻辑结构。外模式是概念模式的子集,一个数据库可以有多个外模式,数据库管理系统提供外模式描述语言来定义外模式。

(2)概念模式。

概念模式简称模式,处于三级结构的中间层,是整个数据库实际存储的抽象表示。概念模式既不涉及数据的物理存储细节和硬件环境,也不涉及具体的应用程序和开发工具。一个数据库只有一个概念模式,数据库管理系统提供概念模式描述语言来定义概念模式。

(3)内模式。

内模式又称为存储模式,是三级结构中的最内层,它是对数据库存储结构的描述,是数据在数据库内部的表示方式。一个数据库只有一个内模式,数据库管理系统提供内模式描述语言来定义内模式。

数据描述语言(Data Description Language,DDL)是在建立数据库时用来描述数据库结构的语言,有些文献称其为数据定义语言(Data Definition Language,DDL)。

3. 数据库系统的二级映射

数据库系统的三级模式是对数据的3个抽象级别,它使用户能逻辑地处理数据,而不必关心数据在计算机内部的存储方式。为了实现这3个抽象层次的联系和转换,DBMS在三级模式之间提供了二级映射,即外模式到概念模式的映射和概念模式到内模式的映射,正是这两级映射保证了数据库系统中的数据具有较高的逻辑独立性和物理独立性,如图7.36所示。

(1)外模式到概念模式的映射。

概念模式描述的是数据库的全局逻辑结构,外模式描述的是数据的局部逻辑结构。数据库中的同一个逻辑模式可以有任意多个外模式,对于每一个外模式都存在一个外模式到概念模式的映射,这个映射确定了数据的局部逻辑结构与全局逻辑结构之间的对应关系。

(2)概念模式到内模式的映射。

数据库中的概念模式和内模式都只有一个,所以概念模式到内模式映射是唯一的。通过概念模式到内模式的映射功能,保证数据存储结构的变化不影响数据的全局逻辑结构的改变,从而不必要修改应用程序,这称为数据的物理独立性。

7.6.4 数据模型

简单地说,数据模型是对现实世界的抽象,它用来描述数据库的结构和语义。目前广泛使用的数据模型有两种,如图7.36所示。

一种是独立于计算机系统的数据模型,完全不涉及信息在计算机中的表示,只是用来描述信息,这类模型称为"概念数据模型"或概念模型。概念模型是按用户的观点对数据建模,它是对现实世界的第一层抽象,这类模型中最著名的是"实体联系模型"。

另一种数据模型是直接面向数据库的逻辑结构,它是对现实世界的第二层抽象。此类模型直接与DBMS有关,称为"逻辑数据模型",简称为数据模型,如层次模型、关系模型。

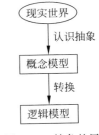

图7.36 抽象的层次

1. 概念模型中数据描述的相关术语

(1)实体:指客观存在且又能相互区别的事物。

(2)属性:指实体的特征。一个实体通常有若干个属性。

(3)实体集:指同类实体的集合。

(4)值域:指每个属性的取值范围。

(5)联系:指现实世界中事物间的关联。

2. 实体间的联系

在数据库系统中,数据是面向系统的,它要以最优的方式去适应多个应用程序的要求。它不仅要反映记录内部的联系,还要反映记录外部即文件之间的联系。这种联系在信息世界中是以实体集之间的联系来描述的。

实体集之间的联系归纳起来有3类,即一对一联系、一对多联系和多对多联系。

(1)一对一联系(1:1)。

设有两个实体集 E_1 和 E_2,如果 E_1 和 E_2 中的每一个实体最多与另一个实体集中的一个实体有联系,则称实体集 E_1 和 E_2 的联系是一对一联系,通常表示为"1∶1 的联系"。

(2) 一对多联系($1∶n$)。

设有两个实体集 E_1 和 E_2,如果 E_2 中的每一个实体与 E_1 中的任意个实体有联系,而 E_1 中的每一个实体最多与 E_2 中的一个实体有联系,则称这样的联系为"从 E_2 到 E_1 的一对多的联系",通常表示为"$1∶n$ 的联系"。

(3) 多对多联系($m∶n$)。

设有两个实体集 E_1 和 E_2,其中的每一个实体都与另一个实体集中的任意个实体有联系,则称这两个实体集之间的联系是"多对多的联系",通常表示为"$m∶n$ 的联系"。

3. 机器世界中数据描述的相关术语

(1) 字段。标识实体属性的符号集合称为字段或数据项,它是可以命名的最小数据单位。

(2) 记录。字段的有序集合称为记录,也称为元组。一般用一个记录描述一个实体。

(3) 文件。同一类记录的集合称为一个文件。文件是描述实体集的,所以它又可以定义为描述一个实体集的所有符号的集合。

(4) 关键字。能唯一标识文件中每个记录的字段或字段集称为关键字。

4. 常用数据模型

1) 实体联系模型

实体联系模型简记为 E-R 模型,该模型直接从现实世界中抽象出实体类型及实体间的联系,然后用实体联系图(E-R 图)表示数据模型。

E-R 图是表示概念模型的有力工具,在 E-R 图中有下面 4 个基本成分。

① 矩形框:表示实体。

② 菱形框:表示实体之间的联系。

③ 椭圆形框:表示实体和联系的属性。

④ 直线:实体与属性之间、联系与属性之间以及联系与实体之间均用直线连接。

图 7.37 所示为教学实体联系模型。

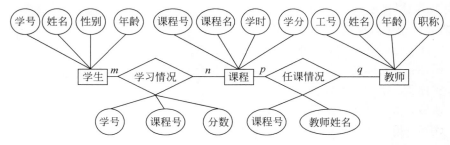

图 7.37　教学实体联系模型

在教学实体联系模型中有 3 个实体,即学生、课程和教师,实体在图中用矩形框表示,在框内注出了它们的名称。学生实体的属性有学号、姓名、性别、年龄等;课程实体的属性有课程号、课程名、学时和学分等;教师实体的属性有工号、姓名、年龄、职称等;在图中用椭圆形框表示属性。学习情况是学生实体和课程实体之间的联系,具有属性学号、课程号和分数等,这些属性一般称为联系属性,也用椭圆形框表示。任课情况是教师和课程之间的联系,具有联系属性课程号、教师姓名等,也用椭圆形框表示。在图中用菱形框来表示实体间的联系。学生实体和课程实体之间、课程实体与教师实体之间都是多对多的联系。

2) 层次模型

层次模型是用树状结构来表示实体间的联系,它把现实世界中实体之间的联系抽象为一个严格的自上而下的层次关系。树的结点是记录型,结点之间只有简单的层次联系,它们满足下述两个基本条件:

① 有且只有一个结点无双亲,这个结点就是树的根;

② 其他结点有且只有一个双亲。

也就是说,上一层记录型和下一层记录型的联系是 $1:n$ 联系(包括 $1:1$ 联系),一个父结点可对应一个或多个子结点,而一个子结点只能对应一个父结点。图 7.38 所示为学校行政机构层次模型。

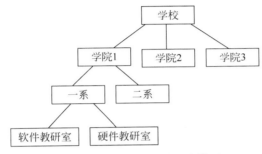

图 7.38　学校行政机构层次模型

3) 网状模型

网状模型是用结点之间的网状结构来表示实体间联系的模型,其特点如下:

① 允许有一个以上的结点无双亲;

② 一个结点允许有多个双亲。图 7.39 所示为网状模型。

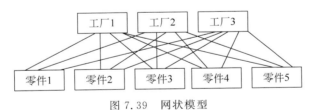

图 7.39　网状模型

4) 关系模型

关系模型是用二维表格的形式结构表示实体本身及实体间的联系,如表 7.6 所示。

表 7.6　学生信息表

学号	姓名	班级	性别	出生年月
0401001	李明	电气 0401	男	1986 年 06 月
0401002	胡威	电气 0401	男	1986 年 03 月
0401040	陈伟	电气 0402	男	1986 年 09 月
0401044	刘芳	电气 0402	女	1986 年 11 月

在关系模型中，一个二维表就对应一个关系。表中的一列称为一个属性，相当于记录中的一个数据项，对属性的命名称为属性名。表中的一行称为一个元组，与一特定的实体相对应，相当于一个记录。对关系的描述是用关系模式来表示，它是用：

$$关系名（属性名1，属性名2，\cdots，属性名n）$$

的形式表示的。例如，图7.38中的教师关系模式是：教师（工号，姓名，年龄，职称）。严格地说，关系是一种规范化了的二维表格，具有以下性质：

① 元组不能重复；

② 没有行序，即行的次序可以任意交换；

③ 没有列序，即列的次序可以任意交换；

④ 同列同域，即同一列中的数据类型一致；

⑤ 不同属性必须具有不同的名字；

⑥ 属性是原子的，不可再分。

5. 关系模型的形式化定义

关系模型由三部分组成，即数据结构、数据操作和完整性约束，它们分别满足以下3条。

（1）数据结构。数据库中全部数据及其相互关系都被组织成关系（即二维表格）的形式，关系模型基本的数据结构是关系。

（2）数据操作。关系模型提供一组完备的高级关系运算，以支持对数据库的各种操作。关系模型中常用的关系操作包括选择、投影、连接、除、并、交、差和查询操作，以及增、删、改等更新操作两部分。

（3）完整性约束。关系模型提供3类完整性约束。

数据库的完整性是指数据库中数据的正确性和相容性。数据库中数据是否具有完整性关系到数据库系统能否真实地反映现实世界，因此数据库的数据完整性是非常重要的。数据完整性由完整性规则来定义，完整性规则是对关系的某种约束条件。关系模型提供3种完整性约束，即实体完整性、参照完整性、用户定义完整性。其中实体完整性和参照完整性是关系模型必须满足的完整性约束条件，应该由关系系统自动支持；而用户定义的完整性是应用领域需要遵循的约束条件，体现了具体应用领域的语义约束。

① 实体完整性约束：关系中元组的主键值不能为空。实体完整性约束规定关系的所有主属性都不能取空值，而不仅是主键整体不能取空值。

② 参照完整性约束：在关系数据库中，关系和关系之间的联系是通过公共属性实现的。这个公共属性是一个表的主键和另一个表的外键。外键必须是另一个表的主键的有效值或者是一个空值。例如，两个关系：学生（学号，姓名，性别，班号等）和班级（班号，班级名），它们之间的联系是通过班号实现的，班号是关系"班级"的主键、关系"学生"的外键。学生表中班号必须是班级表中班号的有效值或者是空值；否则就是非法数据。

③ 用户定义完整性约束：这是针对某一具体数据的约束条件，由应用环境决定。它反映的是某一具体应用所涉及的数据必须满足的语义要求。例如，某个属性必须取唯一值，如学号、身份证号和工号等；某个属性的取值范围在0～100之间等。通常，用户定义的完整性通常是定义除主键和外键属性之外的其他属性取值的约束，即对除主键和外键属性之外其他属性的值域的约束。

7.6.5　关系代数

关系代数是一种抽象的查询语言,是关系型数据库中数据操纵语言的一种传统表达方式,它是用关系的运算来表达查询的。关系代数的运算对象是关系,运算结果也是关系。关系代数用到的运算符包括四类,即集合运算符、专门的关系运算符、比较运算符和逻辑运算符。其中比较运算符和逻辑运算符是用来辅助专门的关系运算符进行操作的。关系运算符如表 7.7 所示。

表 7.7　关系代数运算符

运　算　符		含　　义	运　算　符	含　　义
集合运算符	∪	并	比较运算符	>	大于
	−	差		≥	大于或等于
	∩	交		<	小于
	×	笛卡儿积		≤	小于或等于
关系运算符	δ	选择		=	等于
	π	投影		≠	不等于
	⋈	连接	逻辑运算符	¬	非
	÷	除		∧	与
				∨	或

关系代数的运算按运算符的不同可以分为集合运算和关系运算两类。其中集合运算将关系看成元组的运算,其运算是从关系的水平方向,即行的角度来进行;而关系运算不仅涉及行也涉及列。

1. 集合运算

集合运算是二目运算,包括并、差、交和笛卡儿积 4 种运算。

1) 并(union)运算

假设有 n 元关系 R 和 n 元关系 S,它们相应的属性值取自同一个域,则它们的并运算仍然是一个 n 元关系,它由属于关系 R 或属于关系 S 的元组组成,并记为 $R \cup S$。

并运算满足交换律,即 $R \cup S$ 与 $S \cup R$ 是相等的。表 7.8 是 R 和 S 的并运算。

表 7.8　R 与 S 的并运算

R:

学号	姓名	性别
0401001	周华平	男
0401005	李明	男
0401033	胡威	女

S:

学号	姓名	性别
0401005	李明	男
0402078	刘芳	女
0402096	陈建平	男

$R \cup S$:

学号	姓名	性别
0401001	周华平	男
0401005	李明	男
0401033	胡威	女
0402078	刘芳	女
0402096	陈建平	男

2) 差(difference)运算

假设有 n 元关系 R 和 n 元关系 S,它们相应的属性值取自同一个域,则 n 元关系 R 和 n 元关系 S 的差运算仍然是一个 n 元关系,它由属于关系 R 而不属于关系 S 的元组组成,并记为 $R-S$。

差运算不满足交换律,即 $R-S$ 与 $S-R$ 是不相等的。表 7.9 是 R 和 S 的差运算。

表 7.9 R 与 S 的差运算

R:

学号	姓名	性别
0401001	周华平	男
0401005	李明	男
0401033	胡威	女

S:

学号	姓名	性别
0401005	李明	男
0402078	刘芳	女
0402096	陈建平	男

$R-S$:

学号	姓名	性别
0401001	周华平	男
0401033	胡威	女

3) 交(intersection)运算

假设有 n 元关系 R 和 n 元关系 S,它们相应的属性值取自同一个域,则它们的交运算仍然是一个 n 元关系,它由属于关系 R 且又属于关系 S 的元组组成,并记为 $R\cap S$。

交运算满足交换律,即 $R\cap S$ 与 $S\cap R$ 是相等的。表 7.10 是 R 和 S 的交运算。

表 7.10 R 与 S 的交运算

R:

学号	姓名	性别
0401001	周华平	男
0401005	李明	男
0401033	胡威	女

S:

学号	姓名	性别
0401005	李明	男
0402078	刘芳	女
0402096	陈建平	男

$R\cap S$:

学号	姓名	性别
0401005	李明	男

4) 笛卡儿积(Cartesian product)运算

设有 m 元关系 R 和 n 元关系 S,它们分别有 p 和 q 个元组,则 R 与 S 的笛卡儿积记为 $R\times S$,它是一个 $m+n$ 元关系,元组个数是 $p\times q$。其中每个元组的前 m 个分量是 R 的一个元组,后 n 个分量是 S 的一个元组。

在实际进行组合时,从 R 的第一个元组开始到最后一个元组,依次与 S 的所有元组组合,最后得到 $R\times S$ 的全部元组。

2. 关系运算

关系运算包括选择、投影、连接等,下面分别详细介绍这些运算。

1) 选择(selection)运算

选择运算是在指定的关系中选取所有满足给定条件的元组,构成一个新的关系,而这个新的关系是原关系的一个子集。选择运算用公式表示为

$$R[g]=\{r \mid r \in R \text{ 且 } g(r) \text{ 为真}\}$$

或

$$\sigma(R) = \{r \mid r \in R \text{ 且 } g(r) \text{ 为真}\}$$

公式中的 R 是关系名；g 为一个逻辑表达式，取值为真或假。g 由逻辑运算符 $\wedge$ 或 and(与)、$\vee$ 或 or(或)、$\neg$ 或 not(非)连接各算术比较表达式组成；算术比较符有 $=$、$\neq$、$>$、$\geqslant$、$<$、$\leqslant$，其运算对象为常量、或者是属性名、或者是简单函数。在后一种表示中，σ 为选择运算符。

表 7.11 是三元关系 S 和三元关系 T 的笛卡儿积运算。

表 7.11 笛卡儿积运算

S：

学号	姓名	性别
0401005	李明	男
0402078	刘芳	女
0402096	陈建平	男

T：

课程号	课程名	学分数
C1	数据结构	4
C2	高等数学	6

$S \times T$：

学号	姓名	性别	课程号	课程名	学分数
0401005	李明	男	C1	数据结构	4
0401005	李明	男	C2	高等数学	6
0402078	刘芳	女	C1	数据结构	4
0402078	刘芳	女	C2	高等数学	6
0402096	陈建平	男	C1	数据结构	4
0402096	陈建平	男	C2	高等数学	6

【例 7.6】 给定关系 R 如表 7.12 所示，对 R 进行选择运算，选择条件为：性别＝"男"，结果得到新关系如表 7.13 所示。

表 7.12 关系 R

学号	姓名	班级	性别	出生年月
0401001	李明	电气 0401	男	1986 年 06 月
0401002	胡威	电气 0401	男	1986 年 03 月
0401040	陈伟	电气 0402	男	1986 年 09 月
0401044	刘芳	电气 0402	女	1986 年 11 月

表 7.13 关系 R 的选择运算

学号	姓名	班级	性别	出生年月
0401001	李明	电气 0401	男	1986 年 06 月
0401002	胡威	电气 0401	男	1986 年 03 月
0401040	陈伟	电气 0402	男	1986 年 09 月

2）投影（projection）运算

投影运算是从一个关系中选择若干个属性组成一个新的关系。

给定关系 R 在其属性 SN 和 C 上的投影用公式表示为：$\pi_{\text{SN,C}}(R)$。

【例 7.7】 给定关系 R 如表 7.12 所示，对关系 R 作投影运算，条件是选择"学号、姓名和班级"3 个属性，结果如表 7.14 所示。

3）连接（join）运算

连接运算是从两个关系的笛卡儿积中选出满足给定属性间一定条件的那些元组而形成

新关系的运算。

表 7.14　关系 R 的投影运算

学　号	姓　名	班　级
0401001	李明	电气 0401
0401002	胡威	电气 0401
0401040	陈伟	电气 0402
0401044	刘芳	电气 0402

设有 m 元关系 R 和 n 元关系 S，则 R 和 S 的连接运算用公式表示为

$$R \bowtie S$$
$$[i]\theta[j]$$

它的运算结果为 $m+n$ 元关系。其中，$\bowtie$ 为连接运算符；θ 为算术比较符；$[i]$ 与 $[j]$ 分别表示关系 R 中第 i 个属性的属性名和关系 S 中第 j 个属性的属性名，它们之间应具有可比性。

此公式可以描述为：在关系 R 和关系 S 的笛卡儿积中，找出关系 R 的第 i 个属性和关系 S 的第 j 个属性之间满足 θ 关系的所有元组。

比较符 θ 有以下 3 种情况：

当 θ 为"$=$"时，称为等值连接；

当 θ 为"$<$"时，称为小于连接；

当 θ 为"$>$"时，称为大于连接。

【例 7.8】　给定关系 SC 和 CL 如表 7.15 所示。要求对关系 SC 和 CL 作连接运算，条件是 SC 的第 2 列与 CL 的第 1 列相等且 SC 的第 3 列的值大于 CL 的第 2 列的值。结果如表 7.16 所示。

表 7.15　关系 SC 和 CL

关系 SC

SNO	CNO	GRADE
S3	C3	87
S1	C2	88
S4	C3	79
S1	C3	76
S5	C2	91
S6	C1	78

关系 CL

CNO	G	LEVEL
C2	85	A
C3	85	A

表 7.16　关系 SC 和 CL 的连接运算 SC $\underset{2=1 \wedge 3>2}{\bowtie}$ CL

SNO	SC.CNO	GRADE	CL.CNO	G	LEVEL
S3	C3	87	C3	85	A
S1	C2	88	C2	85	A
S5	C2	91	C2	85	A

7.6.6　数据库设计

数据库设计是指对于一个实际的软、硬件应用环境，针对实际问题，设计最优的数据库模式，建立数据库以及围绕数据库展开的相关操作。

数据库设计的工作量通常比较大且过程比较复杂,相当于一个软件工程。因此,软件工程的某些方法和工具同样适用于数据库设计。数据库设计方法中比较著名的有新奥尔良(New Orleans)方法,它将数据库设计过程分为 4 个阶段,即需求分析、概念设计、逻辑设计和物理设计。

1. 需求分析

1) 需求分析的任务

需求分析是对现实世界要处理的对象进行详细调查和分析,逐步明确用户对系统的需求,包括数据需求和业务处理过程,然后在此基础上确定系统的功能。

2) 需求分析的方法

目前,需要分析主要采用结构化分析方法(SA)和面向对象分析方法。其中结构化分析方法是一种简单实用的方法。SA 方法从最上层的系统组织机构入手,采用自顶向下、逐层分解的方式分析系统。主要包括以下几个方面。

(1) 画出用户单位的组织机构图、业务关系图和相关数据流图(Data Flow Diagram,DFD)。DFD 可以采用自顶向下逐层分解的方式进行细化,将系统处理功能分解为若干子功能,每个子功能还可以继续分解,直到把系统工作过程表示清楚为止。

(2) 编制数据字典(Data Dictionary,DD)。数据字典是系统中各类数据描述的集合,在数据库设计中占有很重要的地位。数据字典通常包括数据项、数据结构、数据流、数据存储和处理过程 5 种成分的描述。对于每个数据项,应列出其名称、类型、长度、取值范围等特性;数据流应描述其数据项的组成、来源和流向;数据存储应描述其数据项的构成和存储位置;数据处理描述对数据流进行处理的逻辑和结果。

(3) 编制系统需求说明书。系统需求说明书主要包括数据流图、数据字典的雏形、各类数据的统计表格、系统功能结构图,并加以必要的说明编辑而成。系统需求说明书将作为数据库设计全过程的重要依据文件。

2. 概念设计

它指在需求分析的基础上,分析数据之间的内在联系,从而形成数据的概念模型。它具有独立于 DBMS 且容易理解等特点,下面介绍设计方法和步骤。

1) 概念设计的方法

概念设计的方法很多,目前应用最广泛的是 E-R 方法。

E-R 方法对概念模型的描述具有结构严谨、形式直观的特点,用这种方法设计得到的概念模型就是实体联系模型,简称 E-R 模型。E-R 模型通常用图形来表示,即 E-R 图。

E-R 方法设计概念模型一般有两种方法。

(1) 集中模式设计法。

首先将各部分需求说明综合成一个统一的需求说明,然后在此基础上设计一个全局的概念模型。该方法适用于小型数据库设计。

(2) 视图集成法。

以各部分需求说明为基础,分别设计各部分的局部模式,建立各部分视图,然后再把这些视图综合起来,形成一个全局模式。该方法适用于大型数据库设计。

2) 概念设计的步骤

按照视图集成法设计概念模型包括以下几个步骤。

（1）进行数据抽象，设计局部概念模式。

数据抽象包括两部分内容：一是系统状态的抽象，即抽象对象；二是系统转换的抽象，即抽象运算。

（2）将局部概念模式综合成全局概念模式。

局部概念模式只反映了部分用户的数据观点，因此需要从全局数据观点出发，将上面得到的多个局部概念模式进行合并，把它们共同的特性统一起来，找出并消除它们之间的差别，进而得到数据的概念模型，这个过程就是集成过程。

（3）评审。

评审分为用户评审与 DBA 及应用开发人员评审两部分。用户评审的重点放在确认全局概念模式是否准确、完整地反映了用户的信息需求和现实世界事物的属性之间的固有联系；DBA 及应用开发人员评审则侧重于确认全局结构是否完整、各种成分划分是否合理、是否存在不一致性以及各种文档是否齐全等。

3. 逻辑设计

逻辑设计是在概念设计的基础上，依据选用的 DBMS 进行数据模型设计。逻辑结构设计包括初步设计和优化设计两个步骤。初步设计就是按照 E-R 图向数据模型转换的规则，将已经建立的概念模型转换为 DBMS 所支持的数据模型；优化设计是对初步设计所得到的逻辑模型做进一步的调整和改进。

由于目前所使用的数据库管理系统基本上是关系数据库，因此这里只介绍关系数据库的逻辑设计，其设计过程如图 7.40 所示。

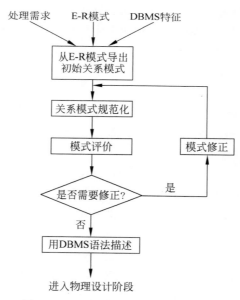

图 7.40　关系数据库的逻辑设计过程

下面重点介绍 E-R 图向关系数据模型转换的原则和方法。

将 E-R 图转换为关系模型，总的原则是：将 E-R 图中的实体和联系转换成关系，属性转换成关系的属性。具体规则如下。

1) 实体到关系的转换

实体的名称就是关系的名称,实体的属性就是关系的属性,实体的主键就是关系的主键。

2) 联系到关系的转换

实体之间的联系有 1∶1、1∶n 和 m∶n 等 3 种类型,它们在向关系模型转换时,采取的策略是不一样的,具体方法如下。

(1) 1∶1 联系的转换。

如果实体之间的联系是 1∶1 的,那么可以在两个实体类型转换成两个关系模式中的任意一个关系模式的属性中加入另一个关系模式的键和联系自身的属性。

(2) 1∶n 联系的转换。

若实体之间的联系是 1∶n 的,则在"n 端"实体类型转换成的关系模式中加入"1 端"实体类型转换成的关系模式的键和联系自身的属性。

(3) m∶n 联系的转换。

若实体之间的联系是 m∶n 的,则将联系也转换成一个关系模式,其属性为两端实体类型的键加上联系自身的属性,而键为两端实体键的组合。

【例 7.9】 某大学管理中的实体院长(院长名,年龄,性别,职称)和实体学院(学院编号,学院名,地址,电话)之间存在着 1∶1 的联系,联系属性为"任职年月"。在将其转换为关系模型时,院长和学院各为一个模式。如果用户经常要在查询学院信息时查询其院长的信息,那么可在学院模式中加入"院长名"和"任职年月",其关系模式如下:

院长(<u>院长名</u>,年龄,性别,职称)

学院(<u>学院编号</u>,学院名,地址,电话,*院长名*,任职年月)

说明:加下划线的属性为主键;斜体表示的属性为外键。

【例 7.10】 某大学管理中的实体系(系编号,系名,电话,系主任)和实体教师(教师编号,姓名,性别,职称)之间存在着 1∶n 的联系,联系的属性为"任职年月",则将其转换为关系模型如下:

系(<u>系编号</u>,系名,电话,系主任)

教师(<u>教师编号</u>,姓名,性别,职称,*系编号*,任职年月)

说明:加下划线的属性为主键;斜体表示的属性为外键。

【例 7.11】 某大学管理中有实体学生(学号,系名,年龄,性别,家庭住址,系别,班号)和实体课程(课程编号,课程名,课程性质,学分数,开课学期,开课系编号),它们之间存在着 m∶n 的选课联系,联系的属性为"成绩"。则将其转换后为关系模型如下:

学生(<u>学号</u>,系名,年龄,性别,家庭住址,系别,班号)

课程(<u>课程编号</u>,课程名,课程性质,学分数,开课学期,开课系编号)

选课(<u>学号,课程编号</u>,成绩)

说明:加下划线的属性为主键。

4. 物理设计

物理设计指在逻辑设计的基础上,选择适当的存储结构、存取路径和存取方法。物理设计与计算机硬件、软件和 DBMS 等密切相关,主要包括存取结构设计、建立数据簇集和存取方法设计 3 个步骤。

（1）存储结构设计。

确定数据库物理结构主要指确定数据的存放位置和存储结构,包括确定关系、索引、日志、备份等的存储安排和存储结构。设计时要综合考虑存取时间、存储空间利用率和维护代价3个方面的因素,根据实际需要,选择适当的方案。

（2）建立数据簇集。

数据簇集的含义是把有关的一些数据集中存放在一个物理块内或物理上相邻的区域内,以提高对这些数据的访问速度。例如,有一个关系"学生",经常需要按属性"年龄"进行查询操作,在其上以"年龄"为关键字建立了索引。如果某个年龄值对应的元组散布在多个物理块时,则要查询该年龄的学生元组,就必须对多个物理块进行I/O操作。如果将该年龄的学生元组放在一个物理块内或相邻物理块内,则获得多个满足查询条件的元组时,会显著减少I/O操作的次数。这里的"年龄"也称簇集键。

（3）存取方法设计。

存取方法设计为存储在物理设备上的数据提供数据访问的路径。数据库系统是多用户共享的系统,对同一个关系要建立多条存取路径才能满足多用户的多种应用要求。

索引是数据库中一种非常重要的数据存取方法,在该种存取方法中,首先要确定建立何种索引,然后确定在哪些表和属性上建立索引。通常情况下,要对数据量大又经常进行查询操作的表建立索引,并且选择将索引建立在经常用作查询条件的属性和属性组以及经常用作连接属性的属性和属性组上。

课 后 习 题

1. 选择题

（1）算法的时间复杂度取决于（　　）。

    A. 问题的规模　　　　　　　　　　B. 问题的难度

    C. 待处理数据的初始状态　　　　　D. A 和 B

（2）数据在计算机内存中的表示称为（　　）。

    A. 数据的存储结构　　　　　　　　B. 数据的逻辑结构

    C. 线性结构　　　　　　　　　　　D. 树状结构

（3）在数据结构中,从逻辑上可以把数据结构分为（　　）。

    A. 线性结构和非线性结构　　　　　B. 动态结构和静态结构

    C. 外部结构和内部结构　　　　　　D. 简单结构和复杂结构

（4）链表不具备的特点是（　　）。

    A. 不必事先估计存储空间　　　　　B. 可以随机访问任意结点

    C. 插入元素不需要移动任何元素　　D. 所需空间与其长度成正比

（5）如果最常用的操作是取第 i 个结点及其前驱,最节省时间的存储方式是（　　）。

    A. 顺序表　　　　B. 单链表　　　　C. 结点双向链表　　D. 单循环链表

（6）与单链表相比,双向链表的优点之一是（　　）。

    A. 插入、删除操作更简单　　　　　B. 顺序访问相邻结点更加方便

    C. 可以实现随机访问　　　　　　　D. 可以省略头指针

（7）栈和队列的共同点是（　　　　）。

    A．只允许在端点处插入和删除元素   B．都是先进后出

    C．都是后进先出   D．没有共同点

（8）用带头结点的链表表示线性表的好处是（　　　　）。

    A．可以提高对表的访问速度   B．可以随机访问

    C．使空表和非空表的处理方法统一   D．节省存储空间

（9）向一个栈顶指针为 HS 的链栈中插入一个指针为 s 的结点，则应执行（　　　　）。

    A．HS→next＝s   B．HS→next＝s→next

    C．s→next＝HS；HS＝s   D．HS→next＝s；HS＝HS→next

（10）一个队列的入队顺序是 1,2,3,4,5，则队列的出队顺序是（　　　　）。

    A．5,4,3,2,1   B．1,2,3,4,5   C．3,2,1,5,4   D．4,5,3,2,1

（11）树适合用来表示（　　　　）。

    A．有序的数据元素   B．无序的数据元素

    C．元素之间无任何联系的数据   D．元素之间具有层次关系的数据

（12）下列有关树的概念，描述错误的是（　　　　）。

    A．树的度为树中各结点的度数之和

    B．树中只有一个无前驱的结点

    C．树中每个结点的度数之和为结点总数减 1

    D．树中所有叶子结点无后继

（13）下面关于二叉树的叙述，正确的是（　　　　）。

    A．任一棵二叉树中叶子结点的个数等于度为 2 的结点个数加 1

    B．任一棵二叉树的结点个数均大于 0

    C．二叉树中任何一个结点如果不是叶子结点，就一定有两个子结点

    D．二叉树中任何一个结点的左子树和右子树个数一定相等

（14）已知某二叉树的后序遍历序列为 $DACBE$，中序遍历序列为 $DEABC$，则它的先序遍历序列为（　　　　）。

    A．$ACBED$ B．$EBCAD$ C．$DEABC$ D．$EDCAB$

（15）对线性表进行折半查找时，要求线性表必须（　　　　）。

    A．以顺序方式存储

    B．以顺序方式存储且结点按关键字有序排列

    C．以链接方式存储

    D．以链接方式存储且结点按关键字有序排列

（16）顺序查找适用于存储结构为（　　　）的线性表。

    A．顺序存储或链接存储   B．索引存储

    C．压缩存储   D．散列存储

（17）任何一棵二叉树的叶子结点在先序、中序和后序遍历序列中的相对次序（　　　　）。

    A．发生改变   B．不发生改变   C．不能确定   D．以上都不对

（18）采用顺序查找法查找长度为 n 的线性表，每个元素的平均查找长度为（　　　　）。

    A．$(n+1)/2$ B．n C．$(n-1)/2$ D．$n/2$

（19）排序方法中,将整个无序的序列划分成若干个小的子序列,然后分别进行插入排序的方法称为（　　）。

    A. 选择排序　　　　B. 快速排序　　　　C. 冒泡排序　　　　D. 希尔排序

（20）快速排序方法在（　　）情况下最不利于发挥其长处。

    A. 要排序的数据量很大　　　　　　　B. 要排序的数据中有多个相同值

    C. 要排序的数据量很小　　　　　　　D. 要排序的数据已经基本有序

（21）建立良好的程序设计风格,下面描述正确的是（　　）。

    A. 程序应越长越好　　　　　　　　　B. 程序应力求简单、清晰、可读性好

    C. 程序的注释可有可无　　　　　　　D. 程序尽可能少用分支语句

（22）在面向对象的方法出现以前,都采用面向（　　）的程序设计方法。

    A. 过程　　　　B. 用户　　　　C. 结构　　　　D. 语法

（23）结构化程序设计方法中不包括（　　）结构。

    A. 顺序　　　　B. 分支　　　　C. 语法　　　　D. 循环

（24）在面向对象方法中,一个对象请求另一个对象为其服务是通过（　　）传送的。

    A. 消息　　　　B. 命令　　　　C. 调用　　　　D. 函数

（25）信息隐蔽是通过（　　）实现的。

    A. 继承性　　　　B. 封装性　　　　C. 结构性　　　　D. 抽象性

（26）面向对象方法中,类与对象的关系是（　　）。

    A. 具体与抽象　　B. 上层与下层　　C. 整体与个体　　D. 抽象与具体

（27）检查软件产品是否符合需求定义的操作称为（　　）。

    A. 验收测试　　　　B. 最后测试　　　　C. 过程测试　　　　D. 确认测试

（28）数据流图和（　　）共同构成系统的逻辑模型。

    A. 结构图　　　　B. 数据字典　　　　C. HIPO 图　　　　D. 流程图

（29）结构化分析方法就是面向（　　）的自顶向下逐步求精的分析方法。

    A. 问题　　　　B. 目标　　　　C. 数据流　　　　D. 算法

（30）有关软件的测试,下面描述错误的是（　　）。

    A. 测试是为了说明程序的正确性

    B. 测试是为了发现程序中的错误

    C. 好的测试方案可能发现更多的错误

    D. 成功的测试是发现了至今为止尚未发现的错误的测试

（31）软件调试的目的是（　　）。

    A. 寻找过程　　　　B. 发现错误　　　　C. 改正错误　　　　D. 增强其他功能

（32）在软件生命周期中,用户参与工作主要是在（　　）阶段。

    A. 软件开发　　　　B. 概要设计　　　　C. 详细设计　　　　D. 软件定义

（33）模块的内聚性是模块独立性的主要度量因素之一。在下面提供的内聚中,内聚程度最强的是（　　）。

    A. 逻辑内聚　　　　B. 顺序内聚　　　　C. 功能内聚　　　　D. 时间内聚

（34）下列关系运算中,运算（　　）不要求关系 R 与 S 具有相同的属性个数。

    A. $R-S$　　　　B. $R \cup S$　　　　C. $R \cap S$　　　　D. $R \times S$

（35）数据库系统的核心是（　　）。

    A. 软件工具　　　　B. 数据模型　　　　C. 数据库　　　　D. 数据库管理系统

（36）用树状结构来表示实体之间联系的模型称为（　　）。

    A. 层次模型　　　B. 关系模型　　　C. 数据模型　　　D. 网状模型

（37）将 E-R 图转换成关系模式时，实体与联系都可以表示成（　　）。

    A. 字段　　　　　B. 表　　　　　C. 关键字　　　　D. 关系

（38）对数据库中的数据可以进行插入、删除和修改等操作，这是因为数据库管理系统提供了（　　）功能。

    A. 数据输入　　　B. 数据操纵　　　C. 数据输出　　　D. 数据控制

（39）对于关系的叙述，错误的是（　　）。

    A. 每个关系都只有一种记录类型

    B. 关系中的每个属性是不可分的

    C. 关系中任何两个元组不能完全相同

    D. 任何一个二维表都是一个关系

（40）下列关系数据库系统的叙述中，正确的是（　　）。

    A. 数据库系统避免了一切冗余

    B. 数据库系统有效地减少了数据冗余

    C. 数据库系统中数据一致性是指数据类型的一致

    D. 数据库系统比文件系统能管理更多的数据

2. 填空题

（1）线性结构中的数据元素之间存在着_____的关系，树状结构中的数据元素之间存在着_____的关系。

（2）通常元素进栈的顺序是_____。

（3）循环队列是队列的_____存储结构。

（4）深度为 k 的完全二叉树至少有_____个结点，最多有_____个结点。

（5）每次从无序子表中取出一个元素，然后把它插入有序子表中的适当位置，此种排序方法称为_____排序。

（6）对 n 个元素的序列进行冒泡排序，最少的比较次数为_____。

（7）结构化程序设计的原则包括自顶向下、_____和模块化等。

（8）利用已存在的类定义作为基础建立新的类定义，这样的技术称为_____。

（9）软件的可行性分析主要涉及经济、_____和操作 3 个方面。

（10）耦合性是软件结构中各个模块间相互联系的一种度量方法，若一组模块都访问同一数据结构，此种耦合为_____。

（11）在软件测试方法中，_____法不需要设计测试用例。

（12）软件工程方法的产生源于_____，其内在原因是软件的复杂性。

（13）软件工程学中，除了重视软件开发技术的研究外，另一重要部分是软件的_____。

（14）软件设计包括概要设计和_____两个阶段。

（15）数据库管理系统提供的_____功能是指在数据库建立、运行和维护时，由 DBMS 统一管理、统一控制，以保证数据的_____、_____和一致性。

（16）数据库系统和文件系统的主要区别是_____的方式不同。

（17）数据库技术采用分级的方法将其结构划分为多个层次，其目的就是提高数据库的_____。

（18）层次模型、网状模型和关系模型的划分原则是_____。

（19）数据库技术的主要特点是_____，因此具有较高的数据和程序的独立性。

（20）数据库语言由数据定义语言和_____组成，它们为用户提供了交互使用数据库的方法。

第8章　常用工具软件

在日常的学习和工作中,人们会使用一些工具软件,通过这些工具软件的使用,可以更方便、更有效地使用计算机。本章介绍的工具软件包括压缩软件 WinRAR、PDF 文件阅读软件 Adobe Reader、网络资源下载软件迅雷,杀毒软件主要介绍 360 杀毒软件和腾讯电脑管家。

8.1　压缩软件 WinRAR

通过压缩软件,可以创建 RAR 和 ZIP 等格式的压缩文件,以减少文件所占用的存储空间,也能备份数据。常用的压缩软件有 WinRAR、好压等。

8.1.1　WinRAR 软件介绍

WinRAR 是流行的压缩工具,其界面友好,使用方便,在压缩率和速度方面都有很好的表现。WinRAR 具有较高的压缩率,它的压缩是一种标准的无损压缩,文件恢复后不会丢失数据。3.x 以后版本采用了更先进的压缩算法,压缩率较大、压缩速度也较快。WinRAR 的主要特点包括以下几个方面。

(1) WinRAR 完全支持 RAR 及 ZIP 压缩包,并且可以解压缩 CAB、ARJ、LZH、TAR、GZ、ACE、UUE、BZ2.JAR、ISO、Z、7Z、RAR5 格式的压缩包。

(2) WinRAR 支持 NTFS 文件安全及数据流。

(3) WinRAR 仍支持类似于 DOS 版本的命令行模式,解压等常用参数基本无异于 DOS 版本,可以在批处理文件中方便地加以引用。

(4) WinRAR 提供了创建"固实"压缩包的功能,与常规压缩方式相比,压缩率提高了 10%~50%,尤其是在压缩许多小文件时更为显著。

(5) 创建自解压文件,可以制作简单的安装程序。

(6) WinRAR 具备创建多卷压缩包的能力。

(7) 对受损压缩文件的修复能力强,即使压缩包因为物理原因损坏也能修复,并且可以通过锁定压缩包来防止修改。

(8) 支持用户身份校验。

(9) 对多媒体文件有独特的高压缩率算法。

(10) 设置项目完善,并且可以定制界面。

(11) 不必解压,就可查看压缩包信息。

(12) 支持 Unicode 编码文件名。

8.1.2 WinRAR 基本使用方法

WinRAR 的基本使用方法包括 WinRAR 软件的安装、文件的压缩和解压缩方法。

1. WinRAR 的安装

下载压缩软件 WinRAR 5.80 并双击，弹出图 8.1 所示的安装界面。

图 8.1 WinRAR 安装界面

继续单击"安装"按钮，出现图 8.2 所示的安装选项对话框，有 3 组选项，即"WinRAR 关联文件""界面""外壳集成"。在这里，可以保持默认的选项设置，单击"确定"按钮，按提示继续完成安装。

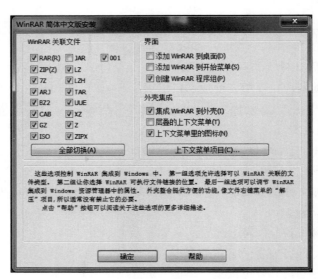

图 8.2 WinRAR 安装选项

2. 文件的压缩

为了减少文件所占用的存储空间而又不使文件数据丢失，需要进行无损压缩。选择需要压缩的文件（或者文件夹），鼠标右键单击选择快捷菜单中的"添加到压缩文件"命令，弹出"压缩文件名和参数"对话框，如图8.3所示。

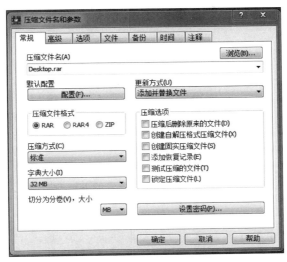

图8.3 "压缩文件名和参数"对话框

在"压缩文件名"文本框中输入压缩文件名，默认的压缩文件名是被压缩文件的文件名，扩展名是.rar，可以设置压缩文件的格式为RAR、ZIP或者RAR5，默认是RAR。在压缩选项中，可以看到多种选项，如"压缩后删除原来的文件"等，这里采用默认设置即可，单击"确定"按钮进行文件压缩，压缩过程如图8.4所示。

压缩后生成一个扩展名为.rar的压缩文件，通过查看文件属性的方法，可以发现与源文件相比，压缩文件占用的空间要小得多。当然，这里也要视源文件的类型而定，不同类型文件的压缩比率是不一样的，如文本文件的压缩比率要大些。

图8.4 "正在创建压缩文件"对话框

在文件压缩时，可以把文件压缩成"自解压"压缩文件。在图8.3中，选中"压缩选项"中的第二项"创建自解压格式压缩文件"复选框，然后添加压缩文件名，单击"确定"按钮进行压缩。压缩完成后，生成一个"自解压"压缩文件，可以在没有WinRAR压缩软件的系统中使用。

3. 文件的解压缩

解压缩文件是指对压缩文件的恢复和还原，解压缩后生成的文件应该和被压缩之前的源文件相同。双击要解压缩的文件，出现图8.5所示的解压缩界面，单击工具栏上的"解压到"按钮；或者鼠标右键单击，选择快捷菜单中的"解压到"命令，都会弹出"解压路径和选项"对话框，如图8.6所示。

常用工具软件

图 8.5　解压缩界面

图 8.6　"解压路径和选项"对话框

　　可以更改解压缩后文件的存储位置和文件名,还可以设置"更新方式""覆盖方式""其他"选项组,采用默认设置,单击"确定"按钮进行解压。在完成文件解压缩后,也可以在图 8.5 所示的解压缩窗口中,单击"文件"→"打开解压缩文件"菜单命令,将其他需要解压缩的压缩文件添加进来,继续进行解压缩。

8.2　PDF 文件阅读软件

　　PDF 是 Adobe 公司开发的电子文件格式,全称是 Portable Document Format,是便携式文档格式的简称。PDF 可以把文本、声音、动态影像、链接、颜色、分辨率、图形图像等信息封装在一个特殊的整合文件中,它在技术上起点高、功能全,是新一代电子文件无可争议的行业标准。很多文档都是以 PDF 格式存储的,如期刊、论文等,有些教学课件也制成 PDF 格式。PDF 文件阅读工具很多,这里主要介绍使用较为广泛的 Adobe Reader。

8.2.1　Adobe Reader 软件介绍

Adobe Reader 是美国 Adobe 公司开发的一款优秀的 PDF 文件阅读软件。文档的撰写者可以向任何人分发自己制作(通过 Adobe Acrobat 制作)的 PDF 文档而不用担心被恶意篡改。

可以使用 Adobe Reader 查看、打印和管理 PDF 文件。在 Adobe Reader 中打开一个 PDF 文件后,可以使用多种工具快速查找信息。如果收到一个 PDF 格式表单,则可以在线填写并以电子方式提交。如果收到审阅 PDF 文件的邀请,则可使用注释和标记工具为其添加批注。使用 Adobe Reader 的多媒体工具可以播放 PDF 文件中的视频和音乐。如果 PDF 包含敏感信息,则可利用数字身份证或数字签名对文档进行签名或验证。

8.2.2　Adobe Reader 基本使用方法

1. 安装 Adobe Reader

下载 Adobe Reader XI 并双击安装软件,出现图 8.7 所示的安装界面,通过"更改目标文件夹"按钮可以更改安装文件目录,然后单击"下一步"按钮。

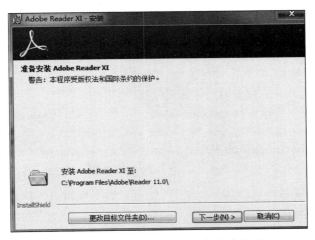

图 8.7　Adobe Reader XI 软件安装界面

接下来,开始安装软件,出现图 8.8 所示的安装过程界面,按照提示步骤完成安装。在软件安装后,单击"完成"按钮,就可以使用它来打开 PDF 文档进行阅读、打印等。

2. 打开 PDF 文件

启动 Adobe Reader XI,单击"文件"→"打开"菜单命令,弹出"打开"文件对话框,如图 8.9 所示,选择要打开的 PDF 文件,单击"打开"按钮,就可以打开一个 PDF 文件了;或者通过鼠标双击要打开的 PDF 格式的文件,也可以打开一个 PDF 文件。

3. PDF 文件的阅读

利用图 8.10 所示的工具栏上的阅读工具按钮,可以方便地阅读 PDF 文件。利用 PDF

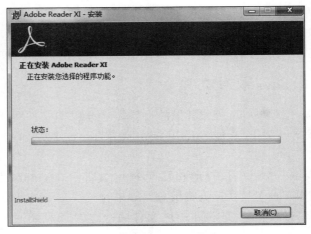

图 8.8　Adobe Reader XI 的安装过程

图 8.9　"打开"文件对话框

制作的电子书具有纸版书质感和阅读效果,可以逼真地展现原书的原貌,而显示大小可以任意调节,提供了个性化阅读方式。

图 8.10　Adobe Reader XI 的工具栏

8.3　常用网络下载工具

人们经常上网下载各种网络资源,如下载学习资料、MP3、图片和视频等。通过下载工具,可以加快下载速度。常用的下载工具有很多,如迅雷、百度网盘等,其中迅雷已经成为近年来最流行的下载工具之一。

8.3.1　迅雷软件介绍

迅雷软件立足于为全球互联网用户提供最好的多媒体下载服务。经过艰苦创业,最终赢得了广大用户的好评。目前,迅雷已经成为中国互联网最流行的应用服务软件之一,很多浏览器都自带加载了迅雷下载组件。

迅雷是一款实用的,基于多资源超线程技术的下载软件。迅雷使用的多资源超线程技术基于网格原理,能够将网络上存在的服务器和计算机资源进行有效的整合,构成独特的迅雷网络,通过迅雷网络各种数据文件能够以最快的速度进行传递。如果多个服务器上有某个相同的文件,当某个用户下载其中一个服务器上的这一文件时,迅雷会自动查找到另外的几个服务器,同时下载这一文件,以达到提速的目的。

8.3.2　迅雷基本使用方法

迅雷是一款免费软件,可以从网上下载并安装它。迅雷的基本使用方法包括迅雷软件的安装、迅雷下载设置以及如何从网络上下载歌曲和影片等。

1. 迅雷的安装

下载极速版迅雷 1.0.18.20 软件并安装,弹出迅雷安装界面,如图 8.11 所示。可以单击"一键安装"按钮,快速便捷地安装迅雷软件,也可以通过"自定义安装"按钮,按照用户需求安装迅雷。

接下来开始安装,出现图 8.12 所示的安装进行中界面。迅雷安装成功后,运行迅雷,会弹出图 8.13 所示的迅雷主界面。

图 8.11　迅雷安装界面

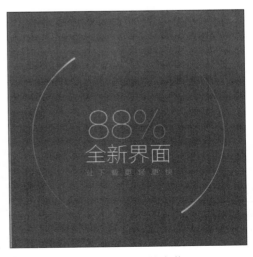

图 8.12　迅雷的安装

在迅雷主界面的左侧是任务管理窗口,分别为"正在下载""已完成""私人空间""垃圾箱""离线空间",单击其中一个分类就会看到这个分类里的任务。

"正在下载"是指没有完成下载、正在进行中的任务,通过"正在下载"可以查看文件的下载状态,包括已经完成下载的百分率。

图 8.13　迅雷主界面

"已完成"是指已经下载完成的任务,用户能够在这里找到已经下载完成的任务。

"垃圾箱"存放用户已经删除的任务,可以防止用户误删,右击其中的任务,选择快捷菜单中的"重新下载"命令。可以把"垃圾箱"中的任务删除,会提示是否把存放在硬盘上的文件一起删除。

2. 迅雷的下载设置

在使用迅雷下载资源之前,可以对迅雷下载选项进行设置。可以单击迅雷主界面上的"配置"按钮,弹出图 8.14 所示的"系统设置"对话框。选择"常规设置"选项卡,在"常用目录"文本框中,可以更改下载的默认目录,也可以单击"选择目录"按钮选择下载文件的存储目录来更改默认目录。

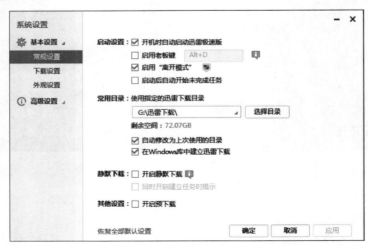

图 8.14　"系统设置"对话框

3. 下载应用软件

使用迅雷,可以从网络上下载各种类型的资源,人们经常会下载应用软件。例如,使用极速版迅雷下载 QQ 聊天软件,通过网络搜索到"QQ PC 版 9.4.2"的下载地址,或者使用迅雷主界面右上方的"搜索"文本框,在文本框中输入要查找的应用软件,搜索到软件下载地址。鼠标右键单击"立即下载"链接按钮,在弹出的快捷菜单中选择"使用迅雷下载"命令,弹出图 8.15 所示的下载对话框。

图 8.15　下载对话框

在"保存到"文本框中可以添加下载文件的保存目录,如果不想将文件存放在默认目录,可以单击"浏览文件夹"按钮,选择下载文件存放的目录,单击"立即下载"按钮开始下载文件。如果需要同时下载多个链接文件,可以用鼠标右键单击下载地址,在弹出的快捷菜单中选择"使用迅雷下载全部链接"命令,弹出图 8.16 所示的下载文件对话框,选择需要的文件进行下载。

图 8.16　下载文件对话框

常用工具软件

8.4 常用杀毒软件

随着计算机技术和互联网技术的迅速发展,计算机病毒的数量与日俱增,这使防毒、杀毒工作越发显得重要。杀毒软件也称反病毒软件或防毒软件,是用于消除计算机病毒、特洛伊木马和恶意软件的一类软件。常用的杀毒软件有360杀毒、金山毒霸、腾讯电脑管家等。

8.4.1 计算机病毒

计算机病毒(computer virus)是编制者在计算机程序中插入的会破坏计算机功能或者数据,影响计算机使用,并且能够自我复制的一组计算机指令或者程序代码。计算机病毒具有以下特点。

1. 寄生性

计算机病毒寄生在其他程序中,当执行这个程序时,病毒就会起破坏作用,而在未启动这个程序之前,它是不易被人发觉的。

2. 破坏性

计算机中病毒后,可能会导致正常的程序无法运行,计算机内的文件可能会被病毒删除或受到不同程度的损坏。有些病毒会破坏引导扇区及 BIOS 系统,甚至导致硬件环境的破坏。

3. 传染性

计算机病毒传染性是指计算机病毒能够将自身的复制品或其变体传染到其他无毒的对象上,这些对象可以是一个程序也可以是系统中的某个部件。

4. 潜伏性

计算机病毒潜伏性是指侵入计算机系统中的病毒不会马上执行,而是等到条件成熟时才发作,对系统进行破坏。

5. 隐蔽性

计算机病毒具有很强的隐蔽性,有的病毒时隐时现、变化无常,这使计算机病毒处理起来通常很困难。

6. 可触发性

计算机病毒的运行一般具有一些触发条件,如系统时钟的某个时间或日期、系统运行了某些程序等。一旦条件满足,计算机病毒就会"发作",使系统遭到破坏。

【例 8.1】 为了保证公司网络的安全运行,预防计算机病毒的破坏,可以在计算机上采取( )方法。

A. 磁盘扫描   B. 安装浏览器加载项

C. 开启防病毒软件   D. 修改注册表

解题思路:防病毒软件是一种计算机程序,可进行检测、防护,并采取行动来解除或删除恶意软件程序,如病毒和蠕虫。故正确答案为 C 选项。

8.4.2 360 杀毒软件

"360 杀毒"软件是 360 安全中心出品的一款免费的杀毒软件。它创新性地整合了五大领先查杀引擎,包括国际知名的 BitDefender 病毒查杀引擎、小红伞病毒查杀引擎、360 云查杀引擎、360 主动防御引擎以及 360 第二代 QVM 人工智能引擎,为用户带来安全、专业、有效、新颖的查杀防护体验。据有关数据显示,截至 2019 年,360 杀毒软件月度用户量已突破3.7 亿,稳居安全查杀软件市场份额头名。

1. 安装 360 杀毒软件

运行 360 杀毒 5.0.0.8180 软件安装程序,弹出图 8.17 所示的安装向导界面。在这一步,可以选择安装路径,按照默认设置即可,用户也可以单击"更改目录"按钮,自主选择安装目录。

图 8.17 "360 杀毒"安装向导界面

接下来开始安装,如图 8.18 所示。

图 8.18 "360 杀毒"的安装过程界面

安装完成后,就可以进入 360 杀毒软件的主界面,如图 8.19 所示。

2. 查杀病毒和实时防护

在 360 杀毒软件的主界面上,单击"全盘扫描"图标,可以对计算机系统中可能存在的病毒进行全面查杀,如图 8.20 所示;单击"快速扫描"图标,可以对计算机系统的关键位置进行病毒扫描,快速查杀病毒。

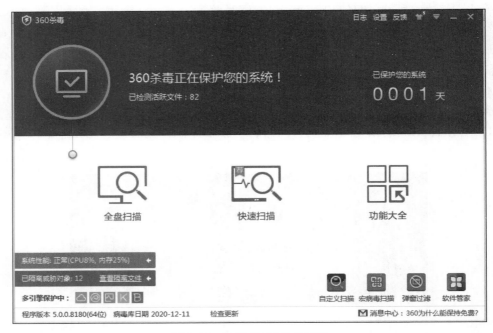

图 8.19 "360 杀毒"的主界面

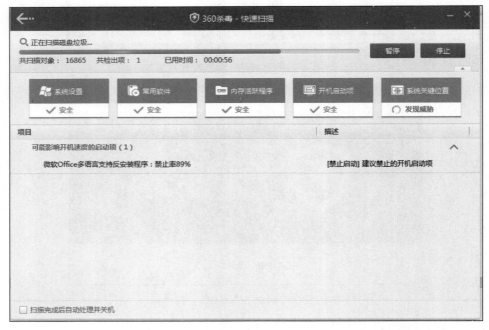

图 8.20 "360 杀毒"的全盘查杀病毒界面

也可以单击"自定义扫描"图标按钮,扫描指定的目录和文件,如图 8.21 所示。单击"功能大全"图标,还可以获得"360 杀毒"软件提供的更多服务,包括系统安全、系统优化、系统急救方面的服务。

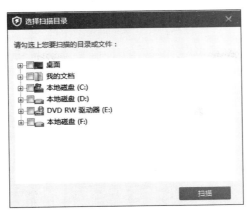

图 8.21 "选择扫描目录"对话框

单击"设置"→"实时防护设置",弹出图 8.22 所示的"实时防护设置"对话框,在其中可以对防护级别、监控文件类型、发现病毒时处理方式和其他防护选项进行设置。

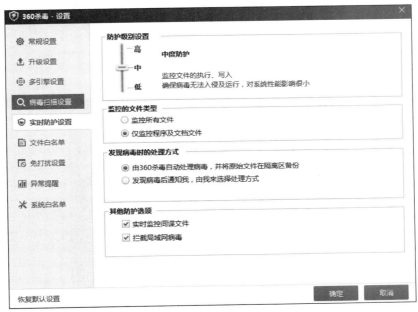

图 8.22 "实时防护设置"对话框

8.4.3 金山毒霸杀毒软件

金山毒霸(Kingsoft Antivirus)是中国的反病毒软件,从 1999 年发布最初版本至 2010 年时由金山软件开发及发行,是国内少有的拥有自研核心技术、自研杀毒引擎的杀毒软件。

金山毒霸是金山网络旗下研发的云安全智扫反病毒软件。融合了启发式搜索、代码分析、虚拟机查毒等经业界证明成熟可靠的反病毒技术,使其在查杀病毒种类、查杀病毒速度、未知病毒防治等多方面达到先进水平,同时金山毒霸具有病毒防火墙实时监控、压缩文件查毒、查杀电子邮件病毒等多项先进的功能。紧随世界反病毒技术的发展,为个人用户和企事业单位提供完善的反病毒解决方案。

1. 安装金山毒霸

运行金山毒霸安装程序,弹出图 8.23 所示的安装界面,单击"极速安装"按钮,按照相应提示就可以完成安装。用户也可以单击"自定义安装"按钮,按照自己的需要选择安装路径。

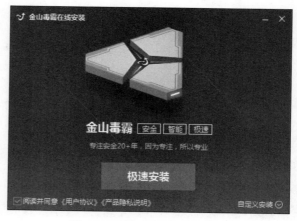

图 8.23 "金山毒霸"安装界面

接下来开始安装,如图 8.24 所示。软件安装完成后,单击"开始"→"所有程序"→"金山毒霸"命令,进入图 8.25 所示的"金山毒霸"主界面。

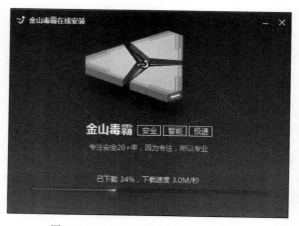

图 8.24 "金山毒霸"的安装过程界面

2. 查杀病毒和实时防护

在金山毒霸杀毒软件的主界面上,单击"全面扫描"按钮,可以对计算机系统中可能存在的病毒进行全面查杀,如图 8.26 所示;单击"闪电查杀"图标,可以对计算机系统的关键位置进行病毒扫描,快速查杀病毒。

也可以单击"自定义查杀"按钮,扫描指定的目录和文件,如图 8.27 所示。"金山毒霸"也提供了计算机防护、计算机优化和推荐的安全工具服务。

单击"菜单"→"设置中心"→"安全保护"选项卡,弹出图 8.28 所示的"安全保护"对话框,在其中可以对病毒查杀、系统保护、上网保护、网购保镖、游戏保护、信任和引擎进行设置。

图 8.25 "金山毒霸"的主界面

图 8.26 "金山毒霸"的全面杀毒界面

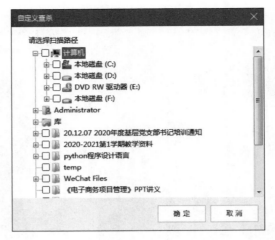

图 8.27　自定义杀毒

图 8.28　金山毒霸安全保护设置

课 后 习 题

简答题

（1）简述使用 WinRAR 进行文件的压缩和解压缩的操作过程。

（2）简述打开 PDF 文档的方法。

（3）简述使用迅雷下载文件的过程。

（4）简述使用 360 杀毒软件查杀全盘中病毒的操作步骤。

上 机 实 验

实验 1　微型计算机认识及打字训练

1. 微型计算机组成

（1）实验目的。

熟悉微型计算机的硬件组成及连接方法。

（2）实验内容。

① 观察微型计算机系统的硬件组成。

② 微型计算机系统的连接。

③ 微型计算机的启动和退出。

（3）实验步骤。

① 观察主机和外设。

② 观察主板、CPU 在主板上的位置、CPU 的型号。

③ 观察内存区，识别 RAM 芯片。

④ 观察主板上的扩展槽及各种接口卡，包括 I/O 扩展槽、声卡、显卡、网卡等接口卡。

⑤ 观察硬盘的位置、形状、型号。

2. 字符输入训练

（1）实验目的。

熟悉键盘布局，掌握正确的指法输入方式，提高字符输入的速度和准确性。

（2）实验内容。

① 观察键盘布局，掌握不同区域分布的不同字符。

② 键盘输入练习。

（3）实验步骤。

① 观察键盘布局，掌握不同区域分布的不同字符。

a. 主键盘区：位于键盘左侧的大部分区域中分布着字母键、数字键、符号键和一些组合控制键。

b. 功能区：位于键盘区上面的 F1～F12 和 Esc 键。

c. 数字小键盘区：位于键盘右侧，主要分布数字和控制功能组合的双符键。

d. 控制区：主键盘区域小键盘区之间分布着起控制功能的按键。

② 键盘输入练习。

a. 双符键的输入，熟悉上挡键 Shift 的使用。

b. 英文字符输入训练。

c. 汉字、特殊字符和生僻字的输入。

实验 2　操作系统 Windows 10 的使用

1. Windows 10 的基本操作

（1）实验目的。

掌握 Windows 10 的基本操作。

（2）实验内容。

① 掌握设置 Windows 10 桌面背景的方法。

② 掌握设置屏幕保护程序的方法。

③ 掌握设置屏幕分辨率的方法。

④ 掌握排列图标的方法。

⑤ 掌握在任务栏和"开始"菜单中增加应用程序快捷方式的方法。

（3）实验步骤。

① 设置桌面背景。

a. 右击桌面空白处，在快捷菜单中选择"个性化"命令。

b. 在"个性化"窗口中，单击"桌面"链接。

c. 在该窗口中单击"浏览"按钮，在打开的对话框中选择图像文件所在的盘符和文件夹名，该文件夹下的图像文件出现在列表框中，选择一个图片，桌面上显示预览效果。

d. 单击"图片位置"下拉按钮，在弹出的下拉列表框中选择"拉伸"，单击"保存修改"按钮，如实验图 2.1 所示。

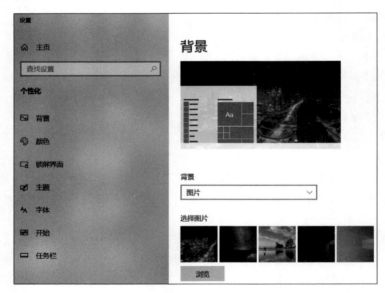

实验图 2.1　设置桌面背景

② 设置分辨率。

a. 右击桌面空白处，在快捷菜单中选择"显示设置"命令，打开"显示"窗口。

b. 单击"分辨率"下拉按钮，在弹出的下拉列表框中拖动滑块将屏幕分辨率设置为 1920×1080，单击"应用"按钮即可，如实验图 2.2 所示。

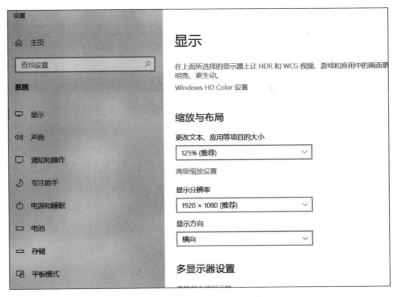

实验图 2.2 设置分辨率

③ 设置屏幕保护。

a. 打开"个性化"窗口,单击左侧窗格中的"锁屏界面",右侧窗格中单击"屏幕保护程序"链接。

b. 在"屏幕保护程序"下拉列表框中选择一个选项。

c. 设定等待时间为 5 分钟。

d. 单击"设置"按钮,尝试各种不同的屏幕保护程序的相关参数设定,如实验图 2.3 所示。

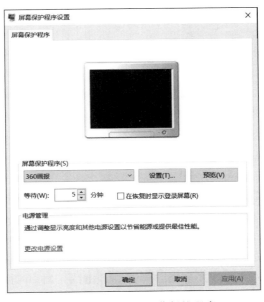

实验图 2.3 设置屏幕保护程序

④ 排列窗口。

a. 打开任意 3 个窗口。

b. 右击任务栏空白处,在快捷菜单中分别选择"层叠窗口""堆叠显示窗口"和"并排显示窗口"命令。

⑤ 在任务栏中添加快捷方式。

a. 在桌面上右击应用程序快捷方式图标,在快捷菜单中选择"锁定到任务栏"命令,任务栏中即出现了该应用程序图标。

b. 在"开始"菜单中找到 Word 快捷方式图标,拖放到任务栏位置,即可在任务栏中添加 Word 的快捷方式。

⑥ 在"开始"菜单中添加快捷方式。右击应用程序图标,在快捷菜单中选择"附到「开始」菜单"命令,即可将应用程序的快捷方式添加到"开始"菜单。

2. 操作文件和文件夹

(1) 实验目的。

熟练掌握对文件和文件夹的基本操作。

(2) 实验内容。

① 新建文件、文件夹。

② 文件(文件夹)重命名。

③ 文件(文件夹)的复制、移动和删除。

④ 查看文件(文件夹)属性。

⑤ 创建快捷方式。

(3) 实验步骤。

① 创建文件夹。

a. 进入需要创建文件夹的窗口,执行"文件"→"新建"→"文件夹"命令。

b. 右击,在快捷菜单中选择"新建"→"文件夹"命令。

② 重命名文件(文件夹)。

a. 选择需要重新命名的文件或文件夹并右击,在快捷菜单中选择"重命名"命令,则文件名变为可编辑状态,输入新的名称,按 Enter 键确认。

b. 选择需要重新命名的文件或文件夹,执行"文件"→"重命名"命令。

c. 选择需要重新命名的文件或文件夹,按 F2 键,也可修改文件或文件夹。

d. 单击需要重新命名的文件或文件夹,稍后再单击文件(或文件夹)名的位置,文件(文件夹)名呈现可编辑状态,便可以修改文件(文件夹)名。

③ 选定文件或文件夹。

a. 选定单个文件。单击文件,文件图标变成高亮显示状态。

b. 选定一组连续排列的文件或文件夹:单击需要选定的第一个文件或文件夹,按住 Shift 键的同时单击需要选择的最后一个文件或文件夹,可选中一组连续排列的文件或文件夹。单击窗口的空白处可取消选定。

c. 选定一组非连续的文件或文件夹:按住 Ctrl 键的同时,单击每个需要选定的文件或文件夹图标,可选中一组非连续排列的文件或文件夹。

d. 选定所有的文件或文件夹:单击"编辑"→"全选",或者按 Ctrl＋A 组合键,窗口的所有文件或文件夹均被选中。

④ 复制文件或文件夹。

a. 在"资源管理器"窗口中选中需要复制的文件或文件夹,单击"编辑"→"复制"命令菜单或按 Ctrl+C 组合键。

b. 进入要存放被复制的文件或文件夹的目的地,执行"编辑"→"粘贴"命令,或按 Ctrl+V 组合键。

c. 如果用鼠标进行操作,要先选中需要复制的文件或文件夹,按住 Ctrl 键的同时将该文件或文件夹拖放到目的地文件夹中,即完成复制。

⑤ 移动文件或文件夹。

a. 在"资源管理器"窗口中,选中需要移动的文件或文件夹,单击"编辑"→"剪切"命令或按 Ctrl+X 组合键。

b. 进入要存放被复制的文件或文件夹的目的地,执行"编辑"→"粘贴"命令,或按 Ctrl+V 组合键。

c. 如果用鼠标进行操作,要先选中需要复制的文件或文件夹,将该文件或文件夹拖放到目的地文件夹中,即完成移动。

⑥ 删除文件或文件夹。

a. 选中需要删除的文件或文件夹,执行"文件"→"删除"命令。

b. 右击需要删除的文件或文件夹,在快捷菜单中选择"删除"命令。

c. 将需要删除的文件拖到"回收站"图标上释放鼠标。

d. 选中需要删除的文件或文件夹,按键盘上的 Delete 键。

⑦ 查找文件或文件夹。

a. 打开"计算机"窗口。

b. 在搜索框中输入所需查找的文件全名或部分名称,在窗口空白处会实时显示搜索结果,如实验图 2.4 所示。

⑧ 设置文件或文件夹的属性。

a. 选定一个文件,在该文件上右击,在弹出的快捷菜单中选择"属性"命令,弹出设置该文件属性的对话框。

b. 勾选"只读"和"隐藏"复选框,单击"确定"按钮,如实验图 2.5 所示。

⑨ "文件夹选项"对话框的使用。显示(隐藏)文件(文件夹)、显示(隐藏)文件的扩展名。

a. 单击"工具"→"文件夹选项"菜单命令,在弹出的"文件夹选项"对话框中选择"查看"选项卡,如实验图 2.6 所示。

b. 在该对话框的"高级设置"列表框中,选择"隐藏文件和文件夹"→"显示隐藏的文件、文件夹和驱动器"单选按钮。

c. 将"隐藏已知文件类型的扩展名"复选框中的对号去掉,则显示一致文件的扩展名。

3. 账户管理

(1) 实验目的。

掌握创建新账户、设置账户信息的方法。

(2) 实验内容。

创建一个账户,并设置密码,更改账户图片。

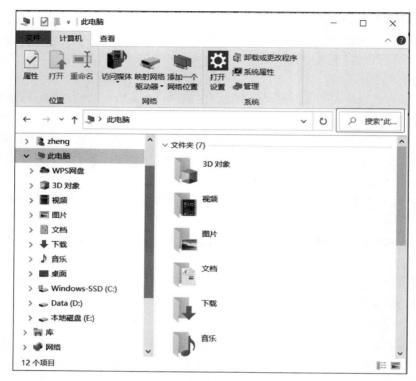

实验图 2.4　搜索文件

实验图 2.5　文件(文件夹)属性设定

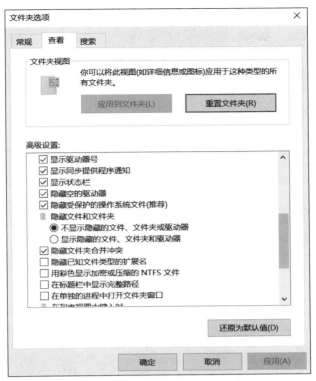

实验图 2.6　"文件夹选项"对话框

（3）实验步骤。

① 单击"开始"→"控制面板"→"用户账户"命令。

② 在打开的"用户账户"窗口中单击"管理其他账户"→"创建一个新账户。

③ 输入账户名称,选择账户类型为"标准用户",单击"创建账户"按钮,如实验图 2.7 所示。

实验图 2.7　创建账户

④ 单击新建的账户 baby,单击"创建密码"连接,在相应的文本框中输入密码,单击"创建密码"按钮。

⑤ 单击"更改图片"链接,为该账户选择衣服图片,单击"更改图片"按钮。

4. 计算机性能查看

(1) 实验目的。

掌握查看计算机性能的方法。

(2) 实验内容。

① 启动"任务管理器",查看计算机的性能参数。

② 查看计算机上运行的程序和进程的详细信息。

③ 打开"资源监视器"窗口,选择 CPU 选项卡,在图中查看正在运行的进程及其 CPU 使用率和内存占用率、磁盘读写状况、网络连接状况等,如实验图 2.8 和实验图 2.9 所示。

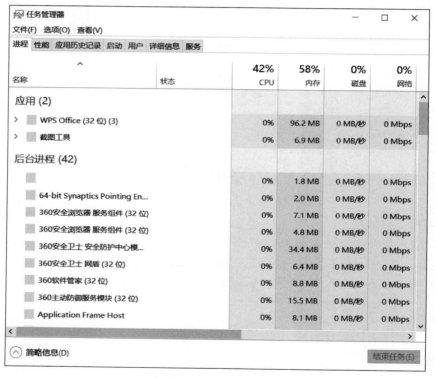

实验图 2.8   任务管理器

5. Windows 10 系统工具的使用

(1) 实验目的。

掌握各种系统工具的使用方法,能对系统实现简单的维护和优化。

(2) 实验内容。

① 磁盘碎片整理程序的使用。

② 磁盘清理的使用。

(3) 实验步骤。

① 磁盘碎片整理和优化驱动器程序的使用。

a. 执行"开始"→"Windows 管理工具"→"碎片整理和优化驱动器"命令,打开相应窗口,如实验图 2.10 所示。

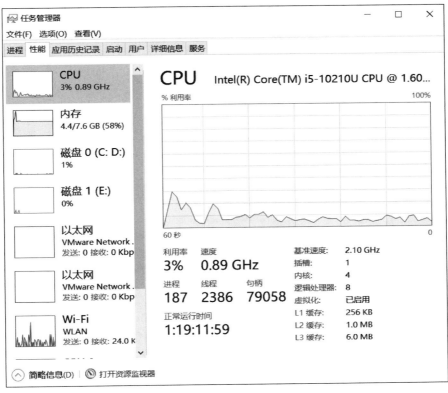

实验图 2.9　Windows 资源监视器

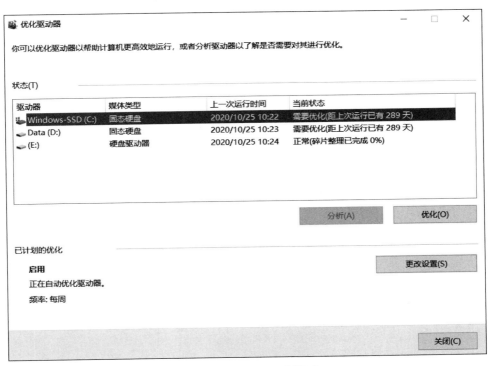

实验图 2.10　"优化驱动器"窗口

上机实验

b. 选择需要进行磁盘碎片整理的驱动器,单击"分析"磁盘按钮,则开始系统碎片整理程序的分析,若数字高于 10% ,则应该对磁盘进行碎片整理。

c. 单击"磁盘碎片整理"按钮,开始对选定驱动器进行碎片整理。

② 磁盘清理的使用。

a. 执行"开始"→"Windows 系统"→"磁盘清理"命令,打开"磁盘清理:驱动器选择"对话框。

b. 在驱动器列表中选择要清理的驱动器,单击"确定"按钮,如实验图 2.11 所示。

实验图 2.11   磁盘清理

c. 在实验图 2.11 所示的对话框中,在"要删除的文件"列表框中选择要删除的文件。程序会报告清理后可能释放的磁盘空间,单击"确定"按钮,删除选定的文件释放出相应的磁盘空间。

实验 3   Word 2016 基本编辑与排版

1. 实验目的

(1) 掌握页面排版的设置方法。

（2）掌握艺术字的操作方法。

（3）掌握段落的使用方法。

（4）掌握图片的插入和排版方法。

2. 实验内容

（1）请在 Word 中正确录入实验图 3.1 所示的文本内容，录入完成后该文档以"文字处理概述.docx"为文件名保存在"我的工作"文件夹中。要求：在标题前插入两行内容，分别录入"学号:""姓名:"，并在其后分别录入考生自己的学号及姓名。

学号：
姓名：

文字处理概述

人们几乎天天都要和文字处理打交道，如起草各种文件、书信、通知、报告；撰写、编辑、修改讲义、论文、专著；制作各种账目、报表；编写程序；登录数据等。文字处理就是指对这些文字内容进行编写、修改、编辑等工作。

 字处理工作的  基本要求是快速、正确，即所 谓又快又好。但传统方式进行 手工文字处理时，既耗时又费力。机械式或电动式 打字机虽然速度稍快，但还有诸多不便。使用计算 机进行各种文档处理能较好地完成文字的编写、修改、编辑、页面调整、保存等工作，并能按要求实现反复打印输出。目前已广泛地被应用于各个领域的事务处理中，成为办公自动化的重要手段。

实验图 3.1　录入文字内容

（2）Word 排版及编辑。

① 将标题设置为实验图 3.1 所示的艺术字，字体隶书、二号、加粗。

② 将正文设置为楷体、五号，段落首行缩进 2 字符，行距固定值 20 磅。

③ 将第二段设置为首字下沉，字体华文行楷，下沉 3 行，距正文 0.2 厘米。

④ 在正文中插入实验图 3.1 所示的图片，环绕方式为四周型。

操作提示如下。

① 选择"插入"→"艺术字"命令，选择第 4 行第 2 列样式，输入标题并在"开始"中设置相应格式。

② 选中正文，"开始"设置字体为楷体、五号，右击鼠标，选择快捷菜单中的"段落"命令，在弹出的对话框中，在"特殊格式"选择首行缩进 2 字符，"行距"选择固定值 20 磅。

③ 将光标定位在第二段，选择"插入"→"首字下沉"→"首字下沉选项"，在弹出的对话框中选择"下沉"，字体华文行楷，下沉 3 行，距正文 0.2 厘米。

④ 将光标定位在正文中，选择"插入"→"图片"命令，图片插入后，选中图片，单击"图片工具"→"格式"→"环绕文字"→"四周型环绕"。

（3）按要求完成实验图 3.2 所示的文字录入及排版操作。

要求：标题为三号、隶书、加粗。正文：五号宋体。

空气污染的杀手

大气污染按照世界卫生组织的规定，是指室外大气中存在着人为造成的污染物质，主要有颗粒物质、硫的氧化物和碳氢化合物等。颗粒物质是漂浮在大气中的固体和液体微粒，微粒的直径可以小到不足 0.1 微米，最大可以超过 500 微米。较大的颗粒物质可以因重力沉降而离开大气，小的颗粒物质则能在空气中漂浮很长时间，甚至可以随气流环绕全球运动。

● 颗粒物质

大气中的颗粒物质能散射和吸收阳光，使可见度降低，影响交通，增加事故的发生率。颗粒物质会使云雾增多，影响气候。我国许多城市雾天增多，也是大气污染的后果之一，颗粒物质在空气潮湿时还会腐蚀金属，玷污建筑物、雕塑表面、服装、电子设备等。

● 硫的氧化物

硫的氧化物通常硫有四种氧化物，即二氧化硫、三氧化硫、三氧化二硫、一氧化硫，大气环境中比较重要的是二氧化硫和三氧化硫，是全球硫循环的重要化学物质，它与水滴、飘尘并存于大气中，受飘尘或水滴中铁、锰的催化作用，会氧化成硫酸雾、酸雨，或形成煤烟型烟雾，如伦敦烟雾事件。所以硫氧化物是大气污染、环境酸化的重要污染物。

实验图 3.2　录入的文字内容

实验 4　Word 2010 表格制作与编辑

1. 实验目的

（1）掌握表格的绘制方法。

（2）掌握表格中单元格的操作方法。

（3）掌握表格中函数的使用方法。

2. 实验内容

（1）请新建文档"表格处理.docx"，建立如实验表 4.1 所示的表格。

（2）在"计算机基础"的右边插入一列，列标题为"平均分"，并计算个人的平均分（保留 1 位小数）；在表格的最后增加一行，行标题为"各科平均"，并计算各科的平均分（保留 1 位小数）。

实验表 4.1　实验用表

姓　　名	高 等 数 学	大 学 英 语	计算机基础
陈皮	88	94	90
王晓辉	85	88	93
张予	76	80	85
丽萍	69	75	70
伍月天	95	88	93
张欣欣	70	73	68

（3）将表格第一行的行高设置为 20 磅（或 1 厘米）最小值，改首行文字为粗体、小四号，并水平、垂直居中；其余各行的行高设置为 14 磅（或 0.5 厘米）最小值，文字垂直底端对齐；各科成绩及平均分列要求靠右对齐；将表格各列的宽度设置为最合适的列宽，并按各人的平均分从高到低排序，然后将整个表格居中。

（4）将表格的外框线设置为 1.5 磅的粗线，内框线为 0.75 磅，第一行的上、下框线与第一列的右框线为 1.5 磅的双线，然后对第一行与最后一行添加 15% 的底纹；在表格的上面插入一行，合并单元格，然后输入标题"成绩表"，格式为黑体、三号、居中、取消底纹。编辑完成后得到的表格效果如实验表 4.2 所示。

实验表 4.2　表格效果

成　绩　表				
姓名	高等数学	大学英语	计算机基础	平均分
陈皮	95	88	93	92.0
王晓辉	88	94	90	90.7
张予	85	88	93	88.7
丽萍	76	80	85	80.3
伍月天	69	75	70	71.3
张欣欣	70	73	68	70.3
各科平均	80.5	83.0	83.2	

🖰 操作提示如下。

（1）选择"文件"→"新建"命令，保存名为"表格处理.docx"。选择"插入"→"表格"→"4×7"表格，输入表格中相应内容。

（2）将光标定位在"计算机基础"列中，选择"表格工具→布局"→"在右侧插入"，在右边插入一列，输入列标题为"平均分"，光标定位在"平均分"列第一单元格中，将光标定位在最后一行，选择"表格工具→布局"→"在下方插入"，输入"各科平均"，并定位光标在"高等数学"列中最后一格，选择"表格工具→布局"→"公式"命令，在弹出的对话框中进行以下设置：公式设置为"=SUM(ABOVE)"，编号格式设置为"0.0"，其他平均分依此类推。

（3）选中表格第一行，选择"表格工具"→"布局"→"属性"命令，在弹出的对话框中切换到行标签，在"尺寸"选项中选定"指定高度"前面的复选框，并设置为 1 厘米，其他设置方法相似。

（4）选中表格，选择"表格工具"→"设计"，在"边框"和"底纹"选项中进行相关设置。

3. 按要求制作表格（实验表 4.3）

（1）表格名称为宋体、四号字、居中、加双下划线。

（2）表内文字为宋体、五号、居中。

（3）表格外框线为实线、1.5 宽度，内部为实线 0.5 宽度。

（4）在"千"与"百"、"元"和"角"之间为粗实线，宽度为 1.5。

实验表 4.3   学费收据

交款单位			支付方式								
人民币(大写)					十	万	千	百	十	元	角	分
收费项目			办学许可证明								
			收费标准								
收款单位专用章:	会人计主管员		出纳员		收款人		交款人				

实验 5　Word 2016 图片、公式等对象的插入与编辑

1. 实验目的

掌握 Word 中图片、公式等的插入与编辑方法。

2. 实验内容

在 Word 中制作以下公式：

$$\int e^{3x}\,dx = \frac{1}{3}\int e^{3x}\,d(3x) = \frac{1}{3}\int e^{3x} + C$$

操作提示：选择"插入"→"公式"→"墨迹公式"，在书写框中直接书写即可。

3. 制作画卷（实验图 5.1）

4. 制作流程图（实验图 5.2）

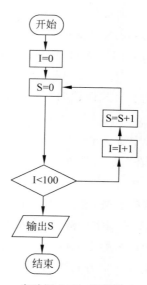

实验图 5.1　画卷

实验图 5.2　流程图

实验 6　Excel 2016 中常用函数的使用

1. 实验目的

(1) 掌握函数的输入方法。

(2) 熟练使用常用函数。

2. 实验内容

1) SUM 函数的应用

建立实验图 6.1 所示的"人事资料表. xlsx"工作簿文件,重命名工作表 sheet3 为"函数应用"。使用 SUM 函数分别计算每个人的基本工资、奖金及应发工资的合计。

实验图 6.1　"人事资料表. xlsx"工作簿文件

提示: SUM 是一个非常常用的函数,因此有多种方式可以实现。

在 A12 单元格中输入"合计"。

方法一: 在 G12 单元格中输入公式"=SUM(G3:G11)",利用求和函数 SUM,计算出"基本工资"的合计。

方法二: 选中 G12 单元格,单击常用工具栏上的自动求和按钮∑,鼠标拖动求和区域 G3:G11,然后按 Enter 键即可。

方法三: 选中 G12 单元格,单击"公式"→"函数库"→"数学和三角函数"→"插入函数"命令,或者单击工具栏上的 f_x 按钮,打开实验图 6.2 所示对话框。在"选择函数"列表框中选择 SUM,单击"确定"按钮,在打开的实验图 6.3 所示的"函数参数"对话框中输入求和区域 G3:G11(或在此窗口中单击 Number1 文本框后面的折叠按钮,然后用鼠标拖动求和区域 G3:G11),单击"确定"按钮即可。

选中 G12 单元格,向右拖动填充柄,可计算出"奖金"和"应发工资"的合计,如实验图 6.4 所示。

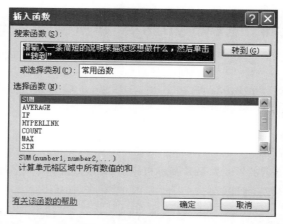

实验图 6.2 "插入函数"对话框

实验图 6.3 求和区域

	A	B	C	D	E	F	G	H	I
2	编号	姓名	性别	工作日期	职称	部门	基本工资	奖金	应发工资
3	001	张明	男	1998-8-8	讲师	物理系	1800.00	360	2160.00
4	002	叶红	男	1990-2-5	副教授	化学系	2100.00	420	2520.00
5	003	朱晓宇	女	1996-8-9	讲师	物理系	1950.00	390	2340.00
6	004	李洁	女	1987-2-20	副教授	化学系	2900.00	580	3480.00
7	005	张浩洋	男	1977-7-8	教授	外语系	3300.00	660	3960.00
8	006	赵亮	男	1989-8-9	教授	外语系	3600.00	720	4320.00
9	007	李娜	女	1989-10-24	副教授	数学系	2700.00	540	3240.00
10	008	孙蕭蕭	女	1988-7-6	副教授	物理系	2800.00	560	3360.00
11	009	胡畔	男	1989-7-30	教授	数学系	1900.00	380	2280.00
12	合计						23050.00	4610.00	27660.00

实验图 6.4 各项工资合计

2）IF 函数的应用

使用 IF 函数计算实验图 6.4 中的税金，税金是代扣的钱，这里以"应发工资"多少为收费标准。假定：当"应发工资"小于或等于 1600 元时免税；当"应发工资"大于 1600 元，小于等于 2100 元时，大于 1600 元部分交 5％的税；当"应发工资"大于 2100 元，小于等于 3600元时，1600～2100 元的部分交 5％的税，大于 2100 元的部分交 10％的税；当"应发工资"大于 3600 元，小于等于 6600 元时，1600～2100 元的部分交 5％的税，2100～3600 元的部分交10％的税；大于 3600 元的部分交 15％的税。

方法一：直接输入

（1）单击 J3 单元格，在其中输入公式：

＝IF(I3≤＝1600,0,IF(I3≤＝2100,(I3－1600)＊0.05,IF(I3≤＝3600,500＊0.05＋(I3－2100)＊0.1,((I3－3600)＊0.15＋500＊0.05＋1500＊0.1))))。

（2）选中 J3 单元格，向下拖曳其填充柄到 J11 单元格，将公式复制到 J4:J11，如实验图 6.5 所示。

	A	B	C	D	E	F	G	H	I	J
2	编号	姓名	性别	工作日期	职称	部门	基本工资	奖金	应发工资	税金
3	001	张明	男	1998-8-8	讲师	物理系	1800.00	360	2160.00	31
4	002	叶红	男	1990-2-5	副教授	化学系	2100.00	420	2520.00	67
5	003	朱晓宁	女	1996-8-9	讲师	物理系	1950.00	390	2340.00	49
6	004	李洁	女	1987-2-20	副教授	化学系	2900.00	580	3480.00	163
7	005	张浩洋	男	1977-7-8	教授	外语系	3300.00	660	3960.00	229
8	006	赵亮	男	1989-8-9	教授	外语系	3600.00	720	4320.00	283
9	007	李娜	女	1989-10-24	副教授	数学系	2700.00	540	3240.00	139
10	008	孙萧萧	女	1988-7-6	副教授	物理系	2800.00	560	3360.00	151
11	009	胡畔	男	1989-7-30	教授	数学系	1900.00	380	2280.00	43
12	合计						23050.00	4610.00	27660.00	1155.00

实验图 6.5　直接输入公式

方法二：操作嵌套

（1）选定存储计算结果的单元格 J3，单击"公式"→"函数库"→"数学和三角函数"→"插入函数"命令，打开实验图 6.2 所示的"插入函数"对话框，选择"IF 函数"，单击"确定"按钮。弹出实验图 6.6 所示的"函数参数"对话框。

实验图 6.6　"函数参数"对话框

在弹出的"函数参数"对话框中将光标移到 Logical_test 文本框中，直接输入"I3≤＝1600"。将光标移到 Value_if_true 文本框中，直接输入 0。将光标移到 Value_if_false 文本框中，在"名称框"弹出的下拉列表框中选择 if 选项，如实验图 6.7 所示。

再返回"函数参数"对话框，将光标移到 Logical_test 文本框中，直接输入 I3≤＝2100。

（2）将光标移到 Value_if_true 文本框中，直接输入"(I3－1600)＊0.05"。将光标移到 Value_if_false 文本框中，在"名称框"弹出的下拉列表框中选择 if 选项，返回"函数参数"对话框，将光标移到 Logical_test 文本框中，直接输入"I3≤＝3600"。将光标移到 Value_if_true 文本框中，直接输入"500＊0.05＋(I3－2100)＊0.1"。将光标移到 Value_if_false 文本框中，直接输入"(I3－3600)＊0.15＋500＊0.05＋1500＊0.1"。单击"确定"按钮，即可计算出结果并输出在 J3 单元格中。再利用填充柄计算其他各行的税金值。

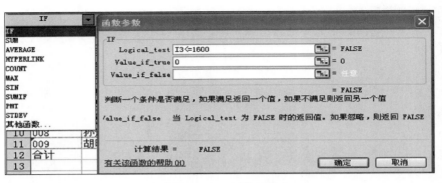

实验图 6.7　IF 函数的嵌套

（3）利用公式的复制功能，计算"实发工资"及其总和的值。实发工资＝应发工资－税金，如实验图 6.8 所示。

	A	B	C	D	E	F	G	H	I	J	K
2	编号	姓名	性别	工作日期	职称	部门	基本工资	奖金	应发工资	税金	实发工资
3	001	张明	男	1998-8-8	讲师	物理系	1800.00	360	2160.00	31	2129.00
4	002	叶红	男	1990-2-5	副教授	化学系	2100.00	420	2520.00	67	2453.00
5	003	朱晓宇	女	1996-8-9	讲师	物理系	1950.00	390	2340.00	49	2291.00
6	004	李洁	女	1987-2-20	副教授	化学系	2900.00	580	3480.00	163	3317.00
7	005	张浩洋	男	1977-7-8	教授	外语系	3300.00	660	3960.00	229	3731.00
8	006	赵亮	男	1989-8-9	教授	外语系	3600.00	720	4320.00	283	4037.00
9	007	李娜	女	1989-10-24	副教授	数学系	2700.00	540	3240.00	139	3101.00
10	008	孙萧萧	女	1988-7-6	副教授	数学系	2800.00	560	3360.00	151	3209.00
11	009	胡畔	男	1989-7-30	教授	数学系	1900.00	380	2280.00	43	2237.00
12	合计						23050.00	4610.00	27660.00	1155.00	26505.00

实验图 6.8　计算"实发工资"

3）COUNTIF 函数的应用

在"人事资料表.xlsx"文件的 I13 单元格输入"税金大于 100 元的人数："，用 COUNTIF 函数统计税金在 100 元以上的人数。

（1）单击 I13 单元格，在其中输入"税金大于 100 元的人数："。

（2）单击 J13 单元格，使用"公式"→"函数库"功能数组中的 f_x 按钮，在弹出的"插入函数"对话框中选择 COUNTIF 函数。

（3）单击"确定"按钮，弹出"函数参数"对话框，单击 Range 参数框右侧的折叠按钮，选中 J3:J11 区域，在 Criteria 参数框中输入">100"，单击"确定"按钮，得到实验图 6.9 所示结果。

	A	B	C	D	E	F	G	H	I	J	K
1	人事资料表										
2	编号	姓名	性别	工作日期	职称	部门	基本工资	奖金	应发工资	税金	实发工资
3	006	赵亮	男	1989-8-9	教授	外语系	3600.00	720	4320.00	283	4037.00
4	005	张浩洋	男	1977-7-8	教授	外语系	3300.00	660	3960.00	229	3731.00
5	004	李洁	女	1987-2-20	副教授	化学系	2900.00	580	3480.00	163	3317.00
6	008	孙萧萧	女	1988-7-6	副教授	数学系	2800.00	560	3360.00	151	3209.00
7	007	李娜	女	1989-10-24	副教授	数学系	2700.00	540	3240.00	139	3101.00
8	002	叶红	男	1990-2-5	副教授	化学系	2100.00	420	2520.00	67	2453.00
9	003	朱晓宇	女	1996-8-9	讲师	物理系	1950.00	390	2340.00	49	2291.00
10	009	胡畔	男	1989-7-30	教授	数学系	1900.00	380	2280.00	43	2237.00
11	001	张明	男	1998-8-8	讲师	物理系	1800.00	360	2160.00	31	2129.00
12	合计						23050.00	4610.00	27660.00	1155.00	26505.00
13									税金大于100元的人数	5	

实验图 6.9　COUNTIF 函数示例

3. 实验任务

做出实验图 6.10 所示的 "人事资料表.xlsx" 的工作簿文件中的 "员工工资表"，并按以下要求进行操作。

实验图 6.10　员工工资表

（1）重新计算职务工资：其中职务工资是奖金与职务补贴的和，奖金是基本工资的 20%，主管的职务补贴为 500.00 元，职员的职务补贴为 200.00 元。

（2）计算实发工资：实发工资是基本工资与职务工资的和。

（3）计算工资等级：基本工资≥5000 元的为 "一等"，5000 元＞基本工资≥3500 元为 "二等"，基本工资＜3500 元为 "三等"。

（4）在第 12 行的第 2 列输入 "总人数"，并在第 12 行的第 3 列计算总人数的数值。

（5）在第 13 行的第 2 列输入 "总工资"，并在对应的位置计算基本工资、职务工资和实发工资的总和值。

（6）在第 14 行的第 2 列输入 "平均工资"，并在对应的位置计算基本工资、职务工资和实发工资的平均值。

（7）在第 15 行的第 2 列输入 "最高工资"，并在对应的位置计算基本工资、职务工资和实发工资的最大值。

（8）在第 16 行的第 2 列输入 "最低工资"，并在对应的位置计算基本工资、职务工资和实发工资的最小值。

实验 7　Excel 2016 的数据管理

1. 实验目的

（1）熟练掌握排序、筛选、分类汇总等数据管理的基本操作。

（2）掌握高级筛选。

2. 实验内容

在 "人事资料表.xlsx" 工作簿文件中（实验图 6.10），复制 "函数应用" 工作表为 "排序化" 工作表。复制 "函数应用" 工作表为 "筛选" 工作表，复制 "函数应用" 工作表为 "高级筛选" 工作表，复制 "函数应用" 工作表为 "分类汇总" 工作表。

1）数据排序

在 "人事资料表.xlsx" 中按基本工资由高到低重新排列顺序。

（1）打开文件"人事资料表.xlsx"，选择"排序化"工作表，选择排序区域 A2:K11。

提示：本例因合计中含有公式，为避免其参与排序，故选择排序区域 A2:K11；否则只需要选中数据表区域内的任一单元格即可。

（2）选择"数据"→"排序和筛选"→"排序"命令，在弹出实验图 7.1 所示的"排序"对话框中的"主要关键字"下拉列表框中选择"基本工资"，设置其后的"排序依据"为"数值"，并选择其后的"次序"按"降序"。

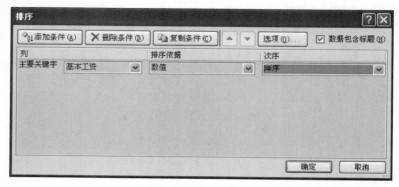

实验图 7.1　"排序"对话框

单击"确定"按钮，则工作表数据按职工基本工资由高到低进行排序，结果如实验图 7.2 所示。

	A	B	C	D	E	F	G	H	I	J	K
2	编号	姓名	性别	工作日期	职称	部门	基本工资	奖金	应发工资	税金	实发工资
3	006	赵亮	男	1989-8-9	教授	外语系	3600.00	720	4320.00	283	4037.00
4	005	张浩洋	男	1977-7-3	教授	外语系	3300.00	660	3960.00	229	3731.00
5	004	李浩	女	1987-2-20	副教授	物理系	2900.00	580	3480.00	163	3317.00
6	008	孙萧萧	女	1988-7-6	副教授	物理系	2800.00	560	3360.00	151	3209.00
7	007	李娜	女	1989-10-24	副教授	数学系	2700.00	540	3240.00	139	3101.00
8	002	叶红	女	1990-2-5	副教授	化学系	2100.00	420	2520.00	67	2453.00
9	003	朱晓宇	女	1996-8-9	讲师	物理系	1950.00	390	2340.00	49	2291.00
10	009	胡胖	男	1989-7-30	教授	数学系	1900.00	380	2280.00	43	2237.00
11	001	张明	男	1998-8-3	讲师	物理系	1800.00	360	2160.00	31	2129.00
12	合计						23050.00	4610.00	27660.00	1155.00	26505.00

实验图 7.2　按"基本工资"降序排序

提示：系统允许按多个关键字进行排序，即如果第一个关键字值相同，则按第二个关键字值排，第二个也相同，则按第三个排。如果需要，则添加条件。

2）筛选

在"人事资料表.xlsx"中筛选实发工资在 3000 元以上的女职工。

（1）打开文件"人事资料表.xlsx"工作簿，选择"筛选"工作表，选择筛选区域 A2:K11。

（2）选择"数据"→"排序和筛选"→"筛选"命令。

（3）单击"性别"列标题旁的箭头，在下拉列表框中选择"女"，如实验图 7.3 所示。

（4）单击"实发工资"列标题旁的箭头，选择"数字筛选"的"大于"，在弹出的对话框中设定筛选条件，如实验图 7.4 所示。

（5）单击"确定"按钮，筛选结果如实验图 7.5 所示。

（6）选择"数据"→"排序和筛选"→"清除"命令将取消筛选结果。

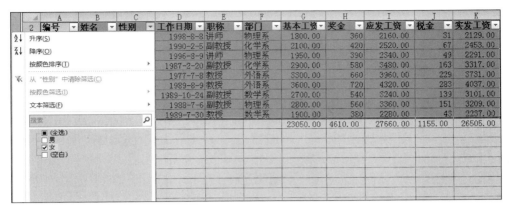

实验图 7.3 筛选"女"职工

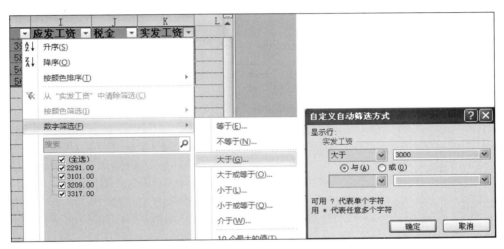

实验图 7.4 "数字筛选"筛选条件

	A	B	C	D	E	F	G	H	I	J	K
2	编号	姓名	性别	工作日期	职称	部门	基本工资	奖金	应发工资	税金	实发工资
6	004	李浩	女	1987-2-20	副教授	化学系	2900.00	580	3480.00	163	3317.00
9	007	李娜	女	1989-10-24	副教授	数学系	2700.00	540	3240.00	139	3101.00
10	008	孙菲菲	女	1988-7-6	副教授	物理系	2800.00	560	3360.00	151	3209.00

实验图 7.5 筛选结果

3）高级筛选

（1）使用高级筛选，筛选出物理系的讲师和数学系的副教授。

（2）打开文件"人事资料表.xlsx"工作簿，选择"高级筛选"工作表。

（3）建立条件区域，在 D15:E17 区域输入实验图 7.6 所示的条件。

提示：条件区域的位置可任意，同一条件行不同单元格的条件为"与"关系，不同条件行不同单元格的条件为"或"关系。

（4）选择"数据"→"排序和筛选"→"高级"命令，弹出对话框。

（5）在"列表区域"设置要进行筛选的区域，即 A2:K11；在"条件区域"设置条件所在的区域，即 D15:E17，如实验图 7.7 所示。

323

	A	B	C	D	E	F	G	H	I	J	K
2	编号	姓名	性别	工作日期	职称	部门	基本工资	奖金	应发工资	税金	实发工资
3	001	张明	男	1998-8-8	讲师	物理系	1800.00	360	2160.00	31	2129.00
4	002	叶红	男	1990-2-5	副教授	化学系	2100.00	420	2520.00	67	2453.00
5	003	朱晓宇	女	1996-8-9	讲师	物理系	1950.00	390	2340.00	49	2291.00
6	004	李洁	女	1987-2-20	副教授	化学系	2900.00	580	3480.00	163	3317.00
7	005	张浩洋	男	1977-7-8	教授	外语系	3300.00	660	3960.00	229	3731.00
8	006	赵亮	男	1989-8-9	教授	外语系	3600.00	720	4320.00	283	4037.00
9	007	李娜	女	1989-10-24	副教授	数学系	2700.00	540	3240.00	139	3101.00
10	008	孙萧萧	女	1988-7-6	副教授	物理系	2800.00	560	3360.00	151	3209.00
11	009	胡畔	男	1989-7-30	教授	数学系	1900.00	380	2280.00	43	2237.00
12	合计						23050.00	4610.00	27660.00	1155.00	26505.00
13											
14											
15					职称	部门					
16					讲师	物理系					
17					副教授	数学系					

实验图 7.6 设置条件区域及条件

实验图 7.7 "高级筛选"对话框

(6) 单击"确定"按钮,得到实验图 7.8 所示结果。

	A	B	C	D	E	F	G	H	I	J	K
2	编号	姓名	性别	工作日期	职称	部门	基本工资	奖金	应发工资	税金	实发工资
3	001	张明	男	1998-8-8	讲师	物理系	1800.00	360	2160.00	31	2129.00
5	003	朱晓宇	女	1996-8-9	讲师	物理系	1950.00	390	2340.00	49	2291.00
9	007	李娜	女	1989-10-24	副教授	数学系	2700.00	540	3240.00	139	3101.00
12	合计						23050.00	4610.00	27660.00	1155.00	26505.00
13											
14											
15					职称	部门					
16					讲师	物理系					
17					副教授	数学系					

实验图 7.8 高级筛选结果

(7) 选择"数据"→"排序和筛选"→"清除"命令将取消筛选结果。

4) 分类汇总

(1) 按部门汇总"人事资料表.xlsx"中各部门的"奖金"和"实发工资"的和。

(2) 打开文件"人事资料表.xlsx"工作簿,选择"分类汇总"工作表,选择排序区域A2:K11。

(3) 按"部门"排序。

(4) 选择"数据"→"分级显示"→"分类汇总"命令,弹出"分类汇总"对话框。

(5) 在"分类字段"下拉列表框中选择"部门";在"汇总方式"下拉列表框中选择"求和";在"选定汇总项"列表框中选择"奖金"和"实发工资",如实验图 7.9 所示。

单击"确定"按钮,分类汇总结果如实验图 7.10 所示。

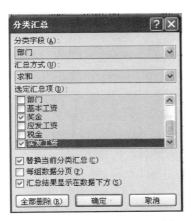

实验图 7.9　"分类汇总"对话框

1 2 3		A	B	C	D	E	F	G	H	I	J	K
	2	编号	姓名	性别	工作日期	职称	部门	基本工资	奖金	应发工资	税金	实发工资
	3	002	叶红	男	1990-2-5	副教授	化学系	2100.00	420	2520.00	67	2453.00
	4	004	李洁	女	1937-2-20	副教授	化学系	2900.00	580	3430.00	163	3317.00
	5						化学系 汇总		1000			5770.00
	6	007	李娜	女	1939-10-24	副教授	数学系	2700.00	540	3240.00	139	3101.00
	7	009	胡畔	男	1989-7-30	教授	数学系	1900.00	330	2280.00	43	2237.00
	8						数学系 汇总		920			5338.00
	9	005	张洁洋	男	1977-7-8	教授	外语系	3300.00	660	3960.00	229	3731.00
	10	006	赵焱	男	1989-8-9	教授	外语系	3600.00	720	4320.00	283	4037.00
	11						外语系 汇总		1380			7768.00
	12	001	张明	男	1998-8-8	讲师	物理系	1800.00	360	2160.00	31	2129.00
	13	003	朱晓宇	女	1996-8-9	讲师	物理系	1950.00	390	2340.00	49	2291.00
	14	008	孙萧萧	女	1988-7-6	副教授	物理系	2800.00	560	3360.00	151	3209.00
	15						物理系 汇总		1310			7629.00
	16						总计		4610			26505.00

实验图 7.10　分类汇总结果

3. 实验任务

将在前面实验中完成实验任务的"员工工资表",复制成"数据排序"工作表、"数据筛选"工作表、"数据高级筛选"工作表和"分类汇总"工作表,并按以下要求进行操作。

(1) 在"数据排序"工作表中,以"工资等级"为关键字,按自定义方式以"一等,二等,三等"顺序排序。同一等级以"实发工资"为关键字,按递减方式排序。

(2) 在"数据筛选"工作表中,筛选出"基本工资"大于 3000 元且小于 6000 元的记录。

(3) 在"数据高级筛选"工作表中,使用"高级筛选"筛选出生产部的主管和销售部的职员。

(4) 在"分类汇总"工作表中,以"部门"为分类字段,对"基本工资"和"实发工资"进行"求和"分类汇总。

实验 8　Excel 2016 综合应用案例

1. 实验目的

(1) 熟练掌握单元格的填充、函数的使用、数据的排序及筛选等基本操作。

(2) 掌握高级筛选、插入数据透视表。

2. 实验内容

对实验图 8.1 所示的学生基本情况表,按顺序完成下列目标任务。

专业名称	班级	学号	性别	民族	家庭地址	身份证号	生源地	出生日期	入学年龄	成年否	助学金
自动化	自动化1401	120140901		汉族	辽宁省瓦房店市第四高级中学三	8888199611056851					
				汉族	辽宁省大连市普兰店市第三十八	8888199606105234					
				汉族	江西省赣州市上犹县和平路102号	8888199503085721					
				汉族	江西省上饶市鄱阳县私立饶州中	8888199405024219					
				汉族	辽宁省鞍山市铁西区香达花园建	8888199601130913					
				土家族	江苏省金坛市朱村镇南盘村37号	8888199609161937					
				苗族	江西省抚州市乐乡马圩镇董塘村	8888199408110999					
				汉族	辽宁省东港市银河小区银河1号楼	8888199505116532					
电气工程	电气1401	120141201		满族	辽宁省盘锦市兴隆台区辽河油田里	8888199601300913					
				满族	内蒙古赤峰市第四中学	8888199501123238					
				汉族	江苏连云港新浦区龙河小区78-2号	8888199503043018					
				汉族	河北省石家庄市晋州市富强路42号	8888199505224416					
				汉族	河北省保定定兴县河北定兴中学	8888199602100639					
				汉族	内蒙古赤峰市宁城高级中学	8888199407160814					
				汉族	吉林省松原市前郭县第五中学	8888199501015015					
				汉族	江苏省无锡市北塘区金马国际花园	8888199506245219					
				汉族	江苏省泰州市姜堰市黄桥镇革新村	8888199508274717					
				汉族	河北省张家口市宣化柳川中学九班	8888199604061436					
	电气1402	120141301		汉族	吉林省东辽县白泉镇东文太街608	8888199410082514					
				汉族	黑龙江省肇东市正阳17道街松江小	8888199509120014					
				汉族	河北省张家口市宣化区柳川中学十	8888199505241415					
				汉族	内蒙古赤峰市敖汉旗新惠中学	8888199410155918					
				回族	辽宁省鞍山市岫岩满族自治县岭岩	8888199510130313					
				汉族	河北省唐山市乐亭县乐亭镇林坨村	8888199709036833					
				汉族	吉林省梨树县双河中学	8888199505042815					

实验图 8.1　学生基本情况表

（1）将"专业名称"和"班级"两列中的空白单元格，输入与其上面单元格中同样的内容。

（2）将"学号"列各空白单元格中，按已经填好的学号形式顺序往下填写。

（3）将"性别"列各空白单元格中，依据其身份证号码尾数是奇数还是偶数分别填入"男"或"女"。

（4）将"生源地"列的空白单元格中，都填入其"家庭地址"列前3个汉字。

（5）将"出生日期"列的空白单元格中，依据其"身份证号"按日期格式填入相应日期。

（6）将"入学年龄"列的空白单元格中，依据其"出生日期"和入学时间（2014年9月1日），使用函数计算出实际年龄（周岁）。

（7）将"成年否"列的空白单元格中，使用函数计算，入学时年满18周岁者为 True，否则为 False。

（8）将"助学金"列的空白单元格中，依照下面规则填入相应的金额数：每人基本数为1000，凡是女生都加200，凡是少数民族的加200，凡是非辽宁省的加200。

（9）通过自动筛选，将少数民族学生的记录（含字段行），复制到一张取名为"少数民族学生"的新插入工作表中。

（10）插入数据透视表，通过不同的设计，统计出实验图8.2所示各表格所需要的数据。

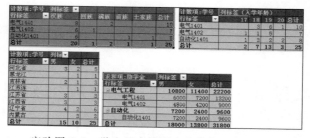

实验图 8.2　学生基本情况表之数据透视统计表

操作方法和步骤如下。

（1）"专业名称"的输入：这是不含数字的纯文本的重复输入，采用方法是"填充"或"复制＋粘贴"。"班级"的输入：这是含数字的文本的重复输入，采用方法是"Ctrl 键＋填充"

"复制＋粘贴"。

（2）"学号"的输入：这是纯数字的文本顺序递增规律输入，采用方法是"填充"。

（3）"性别"的输入：在 D2 单元格中输入公式"IF（MOD（RIGHT（G2，1），2）＝1，"男"，"女"）"。

（4）"生源地"的输入：在 H2 单元格中输入公式"＝LEFT（F2，3）"，并将其向下填充至 H26 单元格。

（5）"出生日期"的输入：在 I2 单元格中输入公式"＝DATE（（MID（G2，5，4）），VALUE（MID（G2，9，2）），VALUE（MID（G2，11，2）））"（公式中的 VALUE 函数可以省略）。

（6）"入学年龄"的输入：在 J2 单元格中输入公式"＝DATEDIF（I2，TODAY（），"y"）"。

（7）"成年否"的输入：在 K2 单元格中输入公式"＝J2＞＝18"或"＝（MID（G2，5，8）＜＝"19960901"）"。

（8）"助学金"的输入：在 L2 单元格中输入公式"＝1000＋（（D2＝"女"）＋（E2◇"汉族"）＋（H2◇"1辽宁"））＊200"。

以上步骤全部完成后，填满数据的学生基本情况表如实验图 8.3 所示。

	A 专业名称	B 班级	C 学号	D 性别	E 民族	F 家庭地址	G 身份证号	H 生源地	I 出生日期	J 入学年龄	K 成年否	L 助学金
2	自动化	自动化1401	120140901	男	汉族	辽宁省瓦房店市第四高级中学三年	8888199611056851	辽宁省	1996年11月5日	17	FALSE	1000
3	自动化	自动化1401	120140902	女	汉族	辽宁省大连市普兰店市第三十八中	8888199606105234	辽宁省	1996年6月10日	18	TRUE	1200
4	自动化	自动化1401	120140903	男	汉族	江西省赣州市上犹县和平路102号	8888199503085721	江西省	1995年3月8日	19	TRUE	1200
5	自动化	自动化1401	120140904	男	汉族	江西省上饶市鄱阳县私立饶河中学	8888199405024219	江西省	1994年5月2日	20	TRUE	1200
6	自动化	自动化1401	120140905	男	汉族	江西省鞍山市铁西区香达花园道口	8888199601130913	辽宁省	1996年1月13日	18	TRUE	1200
7	自动化	自动化1401	120140906	男	土家族	江苏省金坛市朱林镇南盘村37号	8888199609161937	江苏省	1996年9月16日	18	TRUE	1400
8	自动化	自动化1401	120140907	女	苗族	江西省抚州市东乡县马圩镇富维小	8888199408110999	江西省	1994年8月11日	20	TRUE	1400
9	自动化	自动化1401	120140908	男	汉族	辽宁省盘锦市银河小区银河1号楼	8888199505116532	辽宁省	1995年5月11日	18	TRUE	1200
10	电气工程	电气1401	120141201	男	满族	辽宁省盘锦市兴隆台区辽河油田李	8888199601300913	辽宁省	1996年1月30日	18	TRUE	1200
11	电气工程	电气1401	120141202	女	满族	内蒙古赤峰市第四中学	8888199501123238	内蒙古	1995年1月12日	19	TRUE	1600
12	电气工程	电气1401	120141203	女	汉族	江苏连云港新浦区龙河小区78-2单	8888199503043018	江苏连	1995年3月4日	19	TRUE	1400
13	电气工程	电气1401	120141204	女	汉族	河北省石家庄市晋州市富强路42号	8888199505224416	河北省	1995年5月22日	19	TRUE	1200
14	电气工程	电气1401	120141205	男	汉族	河北省保定市定兴县河北定兴中学	8888199602100639	河北省	1996年2月10日	18	TRUE	1200
15	电气工程	电气1401	120141206	女	汉族	内蒙古赤峰市宁城高级中学	8888199407160814	内蒙古	1994年7月16日	20	TRUE	1400
16	电气工程	电气1401	120141207	男	汉族	吉林省松原市前郭县第五中学	8888199501015015	吉林省	1995年1月1日	19	TRUE	1200
17	电气工程	电气1401	120141208	女	汉族	江苏省无锡市北塘区金马国际花园	8888199508245219	江苏省	1995年8月24日	19	TRUE	1400
18	电气工程	电气1401	120141209	男	汉族	江苏省泰州市靖江市富强路8号	8888199508274717	江苏省	1995年8月27日	19	TRUE	1400
19	电气工程	电气1401	120141210	女	汉族	河北省张家口市宣化柳川中学九班	8888199604061436	河北省	1996年4月6日	18	TRUE	1400
20	电气工程	电气1402	120141301	男	汉族	吉林省权江县白泉镇本交大街608	8888199410082514	吉林省	1994年10月8日	19	TRUE	1200
21	电气工程	电气1402	120141302	女	汉族	黑龙江省肇东市正阳17级街松江工	8888199509120014	黑龙江	1995年9月12日	19	TRUE	1400
22	电气工程	电气1402	120141303	男	汉族	河北省张家口市宣化区柳川中学九	8888199508175018	河北省	1995年8月17日	19	TRUE	1200
23	电气工程	电气1402	120141304	女	汉族	内蒙古赤峰市勃凉旗新惠中学	8888199410155918	内蒙古	1994年10月15日	19	TRUE	1400
24	电气工程	电气1402	120141305	男	回族	辽宁省鞍山市岫岩满族自治县回族	8888199510130313	辽宁省	1995年10月13日	19	TRUE	1200
25	电气工程	电气1402	120141306	男	汉族	河北省廊坊市乐亭县乐亭镇魏坨小	8888199709036833	河北省	1997年9月3日	17	FALSE	1200
26	电气工程	电气1402	120141307	男	汉族	吉林省梨树县双河中学	8888199505042815	吉林省	1995年5月4日	19	TRUE	1200

实验图 8.3 学生基本情况表完成版

（9）单击工作表标签右侧按钮，插入一个新的空白工作表；切换到原工作表，单击数据区任何位置，使用"数据"选项卡上"排序和筛选"组中"筛选"功能设置工作表为自动筛选状态；单击"民族"列筛选按钮，在弹出交互菜单中，取消"汉族"的勾选，单击"确定"按钮后，筛选出 5 名少数民族学生记录；选择前 6 行，执行"复制"操作，切换到新工作表，执行"粘贴"操作。

（10）切换回学生基本情况表，单击"筛选"或"取消"按钮，取消筛选状态；调用"插入"选项卡上"表格"组中"数据透视表"选项的"数据透视表"功能，通过不同的设计，统计出实验图 8.3 所示表格所需要的数据。

实验 9　PowerPoint 2016 对象的插入与编辑

1. 实验目的

（1）掌握 PowerPoint 演示文稿文本框、剪贴画和表格等对象的插入方法。

（2）掌握 PowerPoint 演示文稿中公式的插入与编辑。

2. 实验内容

新建演示文稿，按照下列要求完成对此文稿的修饰并保存为"实验案例 1. pptx"，要求包含至少 10 张幻灯片，内容依据主题自行设定。

（1）使用模板和主题中的"切片"模板创建演示文稿。

（2）在第二张幻灯片上插入文本框，并输入文字"360 安全浏览器"，设置字体为"楷体"、加粗、字号为 63 磅、颜色为红色（红色 250、绿色 0、蓝色 0）。

（3）在第三张图片中插入剪贴画"埃菲尔铁塔"。

（4）在第四张幻灯片的"问题和解决方法"文本框中输入以下公式：

$$\sqrt{\dfrac{x^3 + y^3}{\sqrt[3]{x^2 + y^2}}}$$

操作提示如下。

（1）选择"文件"→"新建"命令，选择"切片"模板，单击右侧"创建"按钮，保存为"实验案例 1. pptx"。

（2）选择第二张幻灯片，选择"插入"→"文本框"→"横排文本框"，输入文字"360 安全浏览器"。选中"360 安全浏览器"文本框中的文字，选择"开始"，在"字体"的下拉列表框中选择"楷体"，选择"B"字体加粗，在字号下拉列表框中输入"63"并按回车键。在字体颜色"A"的下拉菜单中选择"其他颜色"→"自定义"命令，输入颜色值（红色 250、绿色 0、蓝色 0），单击"确定"按钮。

（3）选择第三张幻灯片，选中"插入"→"图像"→"联机图片"命令，弹出"插入联机图片"对话框。在"搜索必应"文本框中输入文字"埃菲尔铁塔"，然后单击"搜索"按钮。在下方"搜索结果"列表框中选择要插入的剪贴画，单击"插入"按钮。

（4）选择第四张幻灯片的"问题和解决方法"文本框，选择"插入"→"公式"→"墨迹公式"，在书写框中直接输入公式中各符号即可。

3. 按要求制作幻灯片

（1）使用模板和主题中的"离子会议室"模板创建演示文稿。

（2）在第三张幻灯片上插入文本框，并输入文字"了解您的新工作分配"，设置字体为"隶书"、加粗、字号为 56 磅、颜色为蓝色（红色 0、绿色 0、蓝色 255）。

（3）在第四张幻灯片中插入实验表 9.1 所示表格，样式设置为"无样式，网格型"，边框为"所有框线"。

实验表 9.1　插入表格

姓　名	性　别	年　龄	职　称
李明	男	50	教授
张强	男	42	副教授
王丹	女	30	讲师

（4）在第五张幻灯片中添加艺术字"新东方培训公司"，选择合适的样式对艺术字进行修饰。

实验 10　PowerPoint 2016 动画设置

1. 实验目的

（1）掌握 PowerPoint 演示文稿动画设置的基本操作方法。

（2）掌握 PowerPoint 演示文稿切换效果设置的基本操作方法。

2. 实验内容

新建演示文稿，按照下列要求完成对此文稿的动画设置并保存为"实验案例 2. pptx"，要求包含至少 10 张幻灯片，内容依据主题自行设定。

（1）使用模板和主题中的"平面"模板创建演示文稿。

（2）在第三张幻灯片中，将第一张图片的进入效果设置为"弹跳"，并在幻灯片开始播放时即进入；然后将第二张图片的强调效果设置为"陀螺旋"，并在上一动画开始后开始；第三张图片的动作路径设置为"八角星"。

（3）在第三张幻灯片中，将"选择版式…"文本框的退出效果设置为"淡出"。

（4）将幻灯片切换效果全部设置为"切出"，换片方式为"自动"，每隔 5 秒后自动换片。

操作提示如下。

（1）选择"文件"→"新建"命令，选择"平面"模板，单击右侧"创建"按钮，保存为"实验案例 2. pptx"。

（2）选择第三张幻灯片，单击选取第一张图片，选择"动画"→"添加动画"菜单命令，在弹出的"添加动画"下拉菜单中选择进入效果"弹跳"，然后单击"动画窗格"，在"动画窗格"面板中，鼠标右键单击要设置动画的项，选择快捷菜单中的"从上一项开始"命令。

单击选取第二张图片，选择"动画"→"添加动画"菜单命令，在"添加动画"下拉菜单中选择强调效果"陀螺旋"，然后单击"动画窗格"，在"动画窗格"面板中，右键单击要设置动画的项，选择快捷菜单中的"从上一项之后开始"命令。

单击选取第三张图片，选择"动画"→"添加动画"菜单命令，在"添加动画"下拉菜单中选择"其他动作路径"效果，选取"八角星"，单击"确定"按钮。

（3）选择第三张幻灯片，单击选取"选择版式…"文本框，选择"动画"→"添加动画"，在"添加动画"下拉菜单中，选择退出效果"淡出"。

（4）选择"切换"→"切出"→"全部应用"菜单命令，右侧"换片方式"中，单击取消复选框"单击鼠标时"前的√，单击选取复选框"设置自动换片"的√，并设置时间为 5 秒。

3. 按要求制作幻灯片

（1）使用模板和主题中的"积分"模板创建演示文稿。

（2）在第五张幻灯片中，将"关注照片星级"文本框的进入效果设置为"形状"，并在上一动画开始时开始。

（3）在第五张幻灯片中，将"小鸟"图片的退出效果设置为"飞出"，方向设置为"到右上部"，速度设置为"中速（2 秒）"，并在上一动画开始时开始。

（4）在第五张幻灯片中，将"背景消除……"文本框的强调效果设置为"彩色脉冲"，速度设置为"中速（2 秒）"。

实验 11　PowerPoint 2016 超链接的设置和放映

1. 实验目的

（1）掌握 PowerPoint 演示文稿中超链接的添加与编辑方法。

（2）掌握 PowerPoint 演示文稿放映的基本操作方法。

2. 实验内容

打开演示文稿"实验案例 2.pptx"，按照下列要求完成对此文稿的设置并保存为"实验案例 3.pptx"，要求包含至少 10 张幻灯片，内容依据主题自行设定。

（1）给第一张幻灯片中的"现代型相册"文本设置超链接，链接到第五张幻灯片。

（2）在第二张幻灯片右下角添加"后退或前一项"按钮，超链接到上一张幻灯片。

（3）设置幻灯片放映方式，其中放映类型为"演讲者放映"，从第二张开始放映到第六张，循环放映，直到按 Esc 键终止。

（4）自定义放映，只按顺序放映第一张、第三张和第五张幻灯片。

操作提示如下。

（1）打开演示文稿"实验案例 2.pptx"，选择第一张幻灯片，选取"现代型相册"文本框中的文本，选择"插入"→"超链接"→"本文档中的位置"命令，单击选取"幻灯片 5"，单击"确定"按钮。

（2）选择第二张幻灯片，选择"插入"→"形状"，在"形状"下拉菜单中选择动作按钮"后退或前一项"，单击幻灯片右下角空白处，弹出"动作设置"对话框，选中"超链接到"单选按钮，在下拉列表中选择"上一张幻灯片"。

（3）选择"幻灯片放映"→"设置幻灯片放映"，在"放映类型"中选择"演讲者放映"，右侧"放映幻灯片"中选择设置"从 2 到 6"，在"放映选项"中选择"循环放映"，按 Esc 键终止。

（4）选择"幻灯片放映"→"自定义幻灯片放映"→"自定义放映"菜单命令，在弹出的"自定义放映"对话框中单击"新建"按钮，左侧通过鼠标单击选取"幻灯片 1"，单击"添加"按钮，添加到右侧"在自定义放映中的幻灯片"框中，重复添加操作，添加第三张和第五张幻灯片，完成后单击"确定"按钮。

（5）选择"文件"→"另存为"菜单命令，将演示文稿保存为"实验案例 3.pptx"。

3. 按要求制作幻灯片

（1）使用"样本模板"中的"古典型相册"模板创建演示文稿。

（2）给第一张幻灯片中的"古典型相册"文本设置超链接，链接到"百度"网站 http://www.baidu.com。

（3）在第三张幻灯片右下角添加"前进或下一项"按钮，超链接到下一张幻灯片。

（4）设置幻灯片放映方式，其中放映类型为"观众自行浏览"，幻灯片全部放映，循环放映，直到按 Esc 键终止，放映时不加旁白和动画。

（5）自定义放映，只按顺序放映第一、三、五、七、九张幻灯片。

实验 12　PowerPoint 2016 综合应用

1. 实验目的

（1）掌握 PowerPoint 演示文稿关于文本、图片、表格等对象的操作方法。

（2）掌握 PowerPoint 演示文稿放映的基本操作方法。

2. 实验内容

（1）以个人家庭所在城市的自然风光、名胜古迹、旅游景点等为内容制作一个演示文稿，要求至少包括 15 张幻灯片，每张幻灯片包括图片、动画和文字解说，并配有背景音乐。制作完成后，以自己所在"班级＋学号＋姓名＋自然风光"为文件名上传。

（2）以个人的职业生涯规划为主题制作一个演示文稿，要求至少包括 15 张幻灯片，内容包括个人自然情况介绍（包括学号、专业班级、出生时期、联系方式等信息）、简历、兴趣爱好、主要特长、获得的奖励、对在校四年的学习及未来职业的规划等。要求每张幻灯片包括图片、动画和文字解说，并配有背景音乐。制作完成后，以自己所在"班级＋学号＋姓名＋职业规划"为文件名上传。

实验 13　操作系统 Windows 10 的网络配置

1. 实验目的

（1）掌握 TCP/IP 属性配置的操作方法。

（2）掌握网络连接测试的操作方法。

2. 实验内容

1）TCP/IP 属性配置

TCP/IP 是目前 Internet 广泛采用的一种网络互联标准协议，在 Windows 10 中，TCP/IP 是系统自动安装的。

（1）选择"开始"→"控制面板"命令，单击其中的"网络和共享中心"图标，如实验图 13.1 所示。

实验图 13.1　控制面板窗口

（2）进入"网络和共享中心"页面，如实验图 13.2 所示。

单击"以太网 2"，进入"以太网 2 状态"窗口，单击"属性"按钮，如实验图 13.3 所示，选

实验图 13.2 "网络和共享中心"窗口

中"Internet 协议版本 4(TCP/IPv4)"复选框,然后单击"属性"按钮,弹出实验图 13.4 所示的对话框。在该对话框中设置 TCP/IP 的"IP 地址""子网掩码""默认网关""首选 DNS 服务器"各选项。

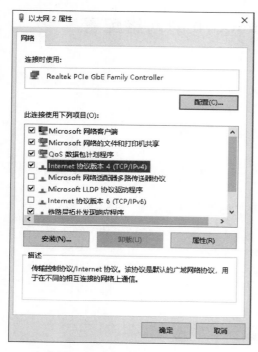

实验图 13.3 "以太网 2 属性"对话框

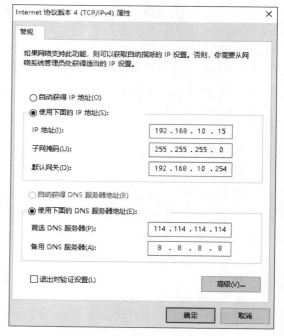

实验图 13.4 "TCP/IPv4 属性"对话框

2)网络连接测试

Windows 10 提供了 ping 命令,用来测试一台计算机是否已经连接到网络上。ping 命令的格式为:ping IP 地址或域名

通常使用 ping 命令向网关发送信息包,根据提示信息来判断所使用的计算机是否与网络连通。

单击"开始"在搜索对话框中输入 cmd,单击 cmd 程序。在打开的 cmd 窗口中输入 ping 命令,如果网络连通,则将出现实验图 13.5 所示的提示信息;如果网络不通,则将出现实验图 13.6 所示的提示信息。

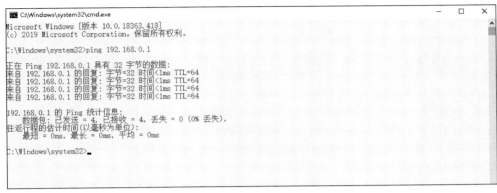

实验图 13.5　网络连通的提示信息

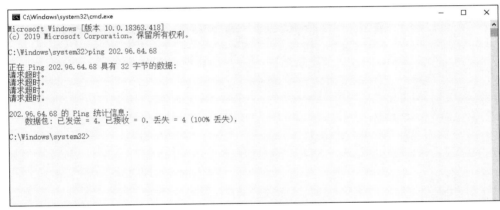

实验图 13.6　网络不通的提示信息

另外还有一个命令 ipconfig,可以查看本机的 IP 地址相关信息,用来检验人工配置的 TCP/IP 设置是否正确,如实验图 13.7 所示。

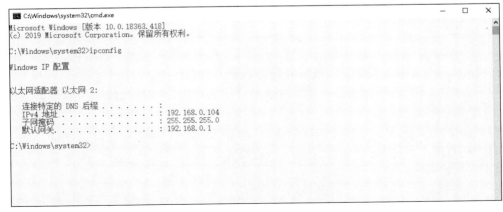

实验图 13.7　ipconfig 命令显示信息

3. 实验任务

（1）配置 TCP/IP 属性。

（2）使用 ping 命令测试机房内计算机之间的通信状态。

（3）使用 ping 命令测试本机与 Internet 的通信状态。

（4）使用 ipconfig 命令检验人工配置的 TCP/IP 设置是否正确。

实验 14　使用 Microsoft Outlook 2016 收发邮件

1. 实验目的

（1）学习用 Microsoft Outlook 收发和管理邮件。

（2）学习 Microsoft Outlook 的设置。

2. 实验内容

用 Microsoft Outlook 2016 收发、管理邮件。单击"开始"→"所有程序"→Microsoft Office→Microsoft Outlook 2016 命令，打开实验图 14.1 所示的 Microsoft Outlook 窗口。

实验图 14.1　Microsoft Outlook 2016 主窗口

1）建立账户

使用 Microsoft Outlook 需要先建立邮件账号，在第一次启动 Outlook 时系统会自动弹出新建账号向导，若以后想建立账号可以按以下步骤操作。

（1）选择"文件"→"添加账户"菜单命令，出现"选择服务"对话框，选择账户类型，如实验图 14.2 所示。

（2）在实验图 14.2 所示的对话框中选中"电子邮件账户"单选按钮，然后单击"下一步"按钮，出现"自动账户设置"对话框，选择"手动设置或其他服务器类型"，选择服务为"POP 或 IMAP(P)"在"添加账户"页面输入账户信息，如图 14.3 所示。

（3）在实验图 14.3 所示的对话框中，分别填写姓名和电子邮件地址，因为 126 邮箱默认关闭 POP 和 SMTP 服务，需要进入邮箱中将服务开启，开启后 126 邮箱提供授权密码，

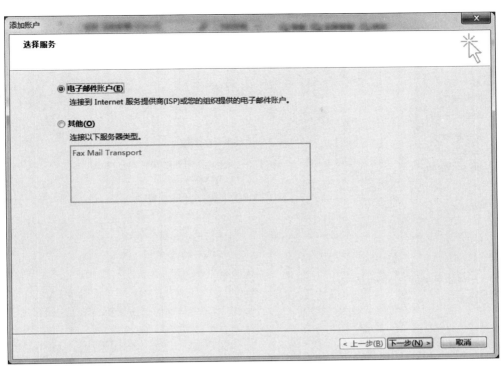

实验图 14.2 选择账户类型

授权密码在登录信息中输入,单击"下一步"按钮,系统会自动进行账户设置,单击"完成"按钮完成账户建立。

2)邮件的编辑与发送

(1)发送邮件。

在实验图 14.1 所示的窗口中单击"新建电子邮件"按钮,打开新邮件撰写窗口,如实验图 14.4 所示。在"收件人"文本框中输入收件人的邮箱地址,若希望同时发送给多人,可在"收件人"文本框中输入多个邮件地址,用逗号分隔;在"抄送"文本框中输入要抄送人的信箱地址,也可以输入多个信箱地址;在"主题"文本框中输入邮件主题,在收件人收到邮件后,该主题将直接显示在邮件列表中;在"正文"文本框中输入邮件正文。输入完毕,单击工具栏上的"发送"按钮,只要计算机连接在 Internet 网上,即可完成邮件的发送。

(2)发送带附件的邮件。

在发送邮件时,可以将一个编辑好的文件作为附件一起随邮件发送。具体做法是:在发送邮件前,单击工具栏上的"附件文件"按钮,或单击"插入"菜单中的"附加文件"命令,在打开的"插入附件"对话框中,通过浏览找到作为附件的文件,单击"插入"按钮,回到邮件撰写窗口,同时插入的附件会显示在"附件"框中,如实验图 14.4 所示,可以插入多个附件。

3)邮件的接收与阅读

在连接 Internet 的情况下启动 Outlook,若发件箱中有邮件将被自动发送,若收件箱中有邮件将被自动接收到收件箱中。单击"发送接收"菜单下的"发送接收所有文件夹"命令也可以起到同样的作用。

335

上机实验

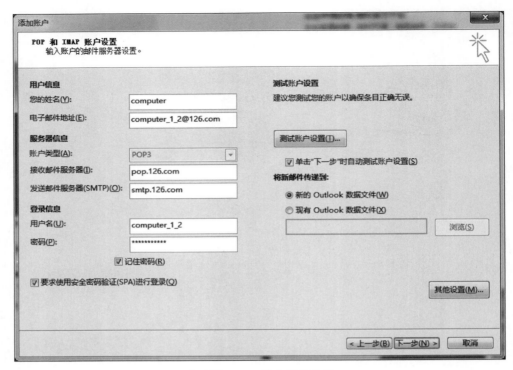

实验图 14.3　输入账号信息

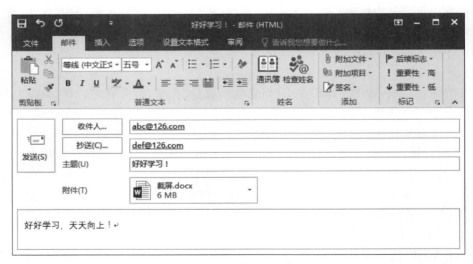

实验图 14.4　编辑与发送邮件

　　收到邮件后,可单击"Outlook 数据文件"下的"收件箱",在邮件列表区域显示收到的邮件列表。单击要阅读的邮件,即在邮件列表的右侧显示该邮件的内容,如实验图 14.5 所示。

　　阅读邮件附件:若收到的邮件带有附件,则在邮件列表中的邮件标题右侧有"曲别针"图标,要阅读邮件附件或将附件保存到磁盘,可以右击此附件,在打开的快捷菜单中选择"另存为"或"打开"命令,在随后出现的对话框中选择保存位置,将此附件保存到计算机上。

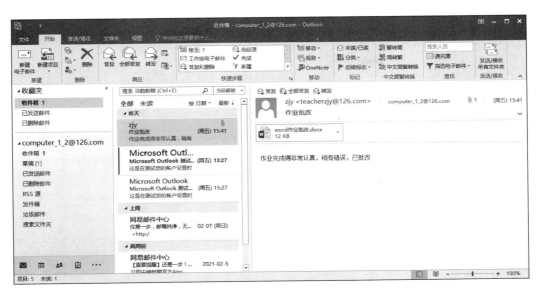

实验图 14.5　阅读邮件

4）邮件的回复与转发

在实验图 14.5 所示的窗口中，在收件箱中选中要回复的邮件，单击工具栏上的"答复"按钮，会打开"回复"窗口，如实验图 14.6 所示，不用输入收件人地址，只需输入答复意见，发送即可。

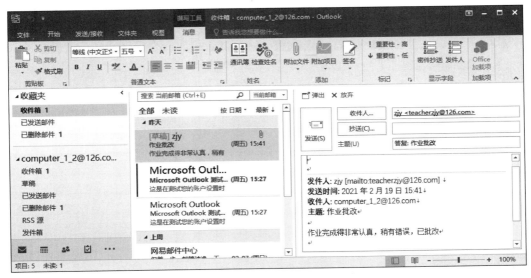

实验图 14.6　回复邮件

在实验图 14.5 中，选中要转发的邮件，然后单击"转发"按钮，不用输入正文，只需输入收件人地址，单击"发送"按钮即可将邮件转发出去。

5）使用联系人和联系人组

可以为经常有邮件往来的人建立联系人和联系人组，这样当发送邮件时可以免去输入收件人信箱地址的麻烦。

（1）新建联系人。

单击"通讯录"图标，则窗口显示如实验图 14.7 所示，单击"文件"→"添加新地址"命令，选择"新建联系人"，出现新建联系人窗口，如实验图 14.8 所示。

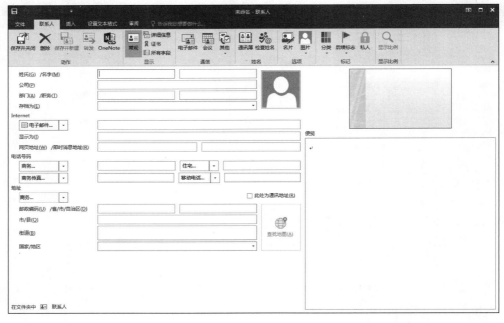

实验图 14.7　联系人视图

实验图 14.8　输入联系人信息

在实验图 14.8 所示的窗口中输入联系人姓名和邮箱地址，单击"保存并关闭"图标按钮，将建立的联系人信息保存起来，如实验图 14.9 所示。

实验图 14.9　联系人名单

（2）新建联系人组。

在实验图 14.9 所示的窗口中的命令栏中单击"文件"→"添加新地址"命令，选择"新联系人组"，出现联系人组窗口，如实验图 14.10 所示。

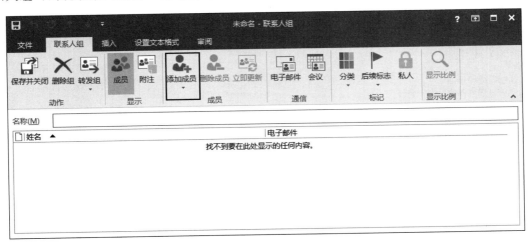

实验图 14.10　新建联系人组窗口

在实验图 14.10 所示窗口中的命令栏中单击"联系人组"→"添加成员"→"从通讯簿"命令，可以在已经建立好的联系人中选择组成员，如实验图 14.11 所示。

在实验图 14.11 所示的窗口中双击选中的联系人，则将此联系人加入到当前联系人组中，如实验图 14.12 所示。

实验图 14.11　选择联系人对话框

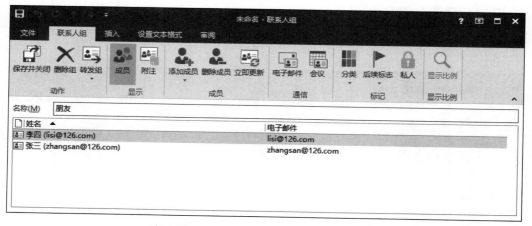

实验图 14.12　显示所有联系人及联系人组

（3）使用联系人和联系人组。

在实验图 14.12 所示的窗口中，单击"开始"→"新建电子邮件"命令，单击"收件人"按钮，就可以显示出已经保存的联系人和联系人组，可以选中一个或多个联系人及联系人组进入地址栏，如实验图 14.13 所示。编辑好邮件内容后，单击"发送"按钮就可将邮件发送给联系人或联系人组了。

3. 实验任务

（1）到网易或其他网站新申请一个电子邮箱。

实验图 14.13　选择联系人对话框

（2）在 Microsoft Outlook 中为自己建立一个账户。

（3）利用新建的邮箱给你的同学发送一封带附件的邮件，同时让同学给你发送一封带附件的邮件。

（4）接收同学的邮件并阅读，下载附件并打开附件浏览。

（5）给你的同学回复邮件。

（6）将同学发送来的邮件转发给另一个同学。

（7）建立 3 个联系人，建立一个联系人组，将 3 个联系人添加到联系人组。

（8）给你建立的联系人组发送一封邮件。

实验 15　文件压缩与下载软件的使用

1. 实验目的

（1）掌握文件压缩软件 WinRAR、WinZip 压缩和解压缩的基本操作方法。

（2）掌握网络资源下载软件迅雷下载网络资源的基本操作方法。

2. 实验内容

（1）使用 WinRAR 将已经存在的文件夹"第 8 章常用工具软件使用"和文件"第 8 章常用工具软件使用. pptx"打包为压缩文件"第 8 章常用工具软件使用. rar"，压缩方式为"标准"。

（2）将"第 8 章常用工具软件使用. rar"解压，解压到桌面。

（3）在下载链接地址 https://pc. qq. com/detail/8/detail_8. html 上，使用迅雷软件下载"QQ 影音"软件，存储在桌面上。

（4）把迅雷极速版软件设置为开机时不自动启动，指定下载目录设置为"桌面"。

⊕ 操作提示如下。

（1）选择待压缩的文件夹"第 8 章常用工具软件使用"和文件"第 8 章常用工具软件使用.pptx"，右击鼠标，在弹出的快捷菜单中选择"添加到压缩文件…"命令，在弹出的对话框中，将"压缩文件名"处填写"第 8 章常用工具软件使用.rar"，"压缩方式"选择为"标准"。

（2）选择要解压的"第 8 章常用工具软件使用.rar"文件，右击鼠标，在弹出的快捷菜单中选择"解压文件…"命令，在弹出的对话框中，将"目标路径"选取为"桌面"。

（3）在下载链接地址上单击鼠标右键，在弹出的快捷菜单中选择"使用迅雷下载"命令，将"存储路径"用鼠标选择为"桌面"。

（4）选择"开始"→"所有程序"→"迅雷软件"→"迅雷极速版"→"启动迅雷极速版"命令，在弹出的迅雷主界面上，通过"主菜单"的下拉菜单选择"系统设置"→"基本设置"→"常规设置"，在右侧的"启动设置"中取消勾选"开机自动启动迅雷极速版"复选框，在"常用目录：使用指定的迅雷下载目录"中指定选取目录为"桌面"，单击"确定"按钮。

3. 按要求完成操作

（1）使用 WinZip 将已经存在的文件夹"第 8 章常用工具软件使用"和文件"第 8 章常用工具软件使用.pptx"打包为压缩文件"第 8 章常用工具软件使用.zip"，压缩方式为"最好"。

（2）将"第 8 章常用工具软件使用.zip"解压，解压到 D 盘下。

（3）在下载链接地址 https://pc.qq.com/detail/8/detail_8.html 上，使用迅雷软件下载"QQ 影音"软件，存储在 D 盘下。

实验 16　电子文档阅读软件的使用

1. 实验目的

（1）掌握使用 Adobe Reader XI 11.0、CAJViewer 7.3 阅读 PDF 格式电子文档的基本操作方法。

（2）掌握使用 Adobe Acrobat 9.0 Pro 制作 PDF 格式电子文档的基本操作方法。

2. 实验内容

（1）使用 Adobe Reader XI 11.0 打开 PDF 文件"基于遗传算法的盲源信号分离.pdf"，进行文字识别，识别出"基于遗传算法的盲源信号分离"文本，复制该文本并粘贴到新建的空白 Word 文档中。

（2）使用 Adobe Acrobat 9.0 Pro 将已有的文件"毕业论文.docx"转换成 PDF 格式文件。

操作提示如下。

（1）用 Adobe Reader XI 11.0 打开已有的 PDF 文件"基于遗传算法的盲源信号分离.pdf"。

（2）选定"基于遗传算法的盲源信号分离"文本，执行"编辑"→"复制"菜单命令（或按 Ctrl＋C 组合键），将选定内容复制到剪贴板；在打开的空白 Word 文档中，执行"粘贴"命令（或按 Ctrl＋V 组合键），即可将 PDF 文件中复制的内容粘贴到 Word 文档中。

（3）在 Adobe Acrobat 9.0 Pro 中，单击工具栏中的"创建"按钮，在出现的下拉菜单中选择第一项"从文件创建 PDF"，出现"选择文件"对话框，选择已有的"毕业论文.docx"文件,单击"打开"按钮,开始转换。

3. 按要求完成操作

（1）使用 CAJViewer 7.3 打开 PDF 文件"基于遗传算法的盲源信号分离.pdf",进行文字识别,识别出"基于遗传算法的盲源信号分离"文本,复制该文本并粘贴到新建的空白 Word 文档中。

（2）使 Adobe Acrobat 9.0 Pro 将已有的文件"暑期社会实践报告.docx"转换成 PDF 格式文件。

参 考 答 案

第 1 章

1. 选择题

(1) D　(2) D　(3) A　(4) B　(5) A　(6) D　(7) B　(8) D

(9) C　(10) A　(11) A　(12) D　(13) D　(14) C　(15) A　(16) D

(17) A　(18) B　(19) B　(20) A　(21) D　(22) B　(23) A　(24) B

(25) A　(26) D　(27) B　(28) A　(29) A　(30) C　(31) D　(32) A

(33) D　(34) C　(35) A　(36) B　(37) D　(38) D　(39) D　(40) D

2. 判断题

(1) ×　(2) ×　(3) ×　(4) ×　(5) ×　(6) √　(7) √　(8) √

(9) ×　(10) √　(11) √　(12) ×　(13) √　(14) ×　(15) √　(16) √

(17) ×　(18) √　(19) ×　(20) √　(21) ×　(22) √　(23) √　(24) √

(25) √　(26) √　(27) √　(28) √　(29) √　(30) √

第 2 章

1. 填空题

(1) 1　　　　　　　　　　　　　(2) 文档

(3) 微软　　　　　　　　　　　(4) NTFS

(5) 复制　　　　　　　　　　　(6) 16

(7) 剪切　　　　　　　　　　　(8) 粘贴

(9) 多　　　　　　　　　　　　(10) 磁盘清理

2. 判断题

(1) ×　(2) ×　(3) √　(4) ×　(5) √　(6) √　(7) √　(8) ×　(9) √　(10) √

3. 选择题

(1) C　(2) B　(3) C　(4) B　(5) C　(6) A　(7) C　(8) A

(9) D　(10) B　(11) D　(12) D　(13) D　(14) B　(15) A　(16) D

(17) A　(18) A　(19) A　(20) C

第 3 章

1. 选择题

(1) A　(2) B　(3) A　(4) C　(5) D　(6) B　(7) B　(8) B

(9) C　(10) C　(11) B　(12) A　(13) D　(14) D　(15) B　(16) C

(17) D　(18) C　(19) B　(20) A

2. 填空题

(1) Ctrl＋X、Ctrl＋C、Ctrl＋V　　　(2) 打印预览

(3) 页眉　　　　　　　　　　　(4) 文档1

(5) 两端对齐　　　　　　　　　(6) 嵌入型

(7) enter　　　　　　　　　　　　　(8) docx

(9) Average( )　　　　　　　　　　 (10) 单倍行距

(11) 最大化　　　　　　　　　　　　(12) 符号

(13) Ctrl　　　　　　　　　　　　　(14) 页面

(15) Alt

3. 判断题

(1) ×　　　(2) √　　　(3) ×　　　(4) ×　　　(5) √

4. 操作题(略)

第 4 章

1. 简答题(略)

2. 选择题

(1) A　(2) B　(3) A　(4) C　(5) D　(6) B　(7) C　(8) A　(9) A　(10) B

(11) B　(12) A　(13) D　(14) B　(15) A　(16) B　(17) B　(18) B　(19) A

(20) A　(21) D　(22) D　(23) B　(24) A　(25) A

3. 操作题(略)

第 5 章

1. 选择题

(1) A　　　(2) C　　　(3) B　　　(4) D　　　(5) C　　　(6) D　　　(7) D　　　(8) B

(9) D　　(10) A　　(11) B　　(12) C　　(13) A　　(14) B　　(15) A

2. 填空题

(1) 普通视图、大纲视图、幻灯片浏览视图、备注页视图、阅读视图、幻灯片放映视图、母版视图

(2) 备注　　　　　　　　　　　　(3) 母版

(4) 模板　　　　　　　　　　　　(5) 新建幻灯片　　Ctrl＋M/m

(6) 超链接　　　　　　　　　　　(7) 文本框

(8) 设置自动换片时间　　　　　　(9) 不可以

(10) 动画窗格

3. 操作题

(1) 把演示文稿的第一张幻灯片版式设计为"内容与标题"。

选择第一张幻灯片,鼠标右键单击,选择"版式"→"内容与标题"命令。

(2) 把演示文稿的第一张幻灯片的"文本"动画效果设置为"阶梯状左上展开",速度为"慢速"。

选择要设置动画的"文本",单击"动画"→"高级动画"→"添加动画"→"更多进入效果",在"基本型"中选择"阶梯状",单击"确定"按钮。然后,单击"动画窗格"按钮,在弹出的"动画窗格"面板中,选择要设置动画的项,鼠标右键单击,选择"效果选项"命令。在弹出的"阶梯状"效果选项对话框中,选择"效果"选项卡→"设置"→"方向",在下拉选项中选择"左上";选择"计时"选项卡→"期间",在下拉选项卡中选择"慢速(3 秒)"。

(3) 在演示文稿的第二张幻灯片插入形状"棱台",用颜色渐变效果填充,效果为深色变体中心辐射。

选择第二张幻灯片,单击"插入"→"形状",在弹出的下拉选项中选择"基本形状"→"棱

台"。选择"棱台",单击"绘图工具"→"格式"→"形状样式"→"形状填充"→"渐变",在弹出的下拉菜单中选择"深色变体"→"从中心"。

(4) 将演示文稿的第三张幻灯片背景设置为"白色大理石纹理"。

选择第三张幻灯片,单击"设计"→"背景"→右下角"设置背景格式",在弹出的"设置背景格式"对话框中,选择"填充"→"图片或纹理填充"选项,在"纹理"下拉列表框中选择"白色大理石纹理"。

(5) 任意选取一张图片,设置为演示文稿的第四张幻灯片的背景。

选择第四张幻灯片,鼠标右键单击,选择"设置背景格式"命令,在弹出的"设置背景格式"对话框中选择"填充"→"图片或纹理填充"选项,在出现的"插入图片来自"处单击"文件"按钮。然后,在弹出"插入图片"对话框中选择要插入的图片,单击"插入"按钮。

(6) 在演示文稿的第五张幻灯片中插入艺术字"计算机等级考试",并设置成"填充-橙色,着色2,轮廓-着色2"样式。

选择第五张幻灯片,单击"插入"→"艺术字",输入"计算机等级考试"。选择"计算机等级考试"艺术字,单击"绘图工具"→"格式"→"艺术字样式"→"其他"按钮,选择"填充-橙色,着色2,轮廓-着色2"样式。

第6章

1. 简答题

(1) ① 将地理位置不同、具有独立功能的计算机或由计算机控制的外部设备,通过通信设备和线路连接起来,在网络操作系统的控制下,按照约定的通信协议进行信息交换,实现资源共享的系统称为计算机网络。

② 计算机网络的主要功能包括资源共享和数据通信。

(2) ① 网络拓扑结构是指用传输媒体互连各种设备的物理布局,就是用什么方式把网络中的计算机等设备连接起来,通常用不同的拓扑来描述物理设备不同的布局方案。

② 常见的网络拓扑结构分为5种,即总线型、环状、星状、树状、网状。

(3) 从计算机网络覆盖范围进行分类,可以分为局域网、城域网、广域网。

(4) 为网络中的数据传输和交换建立的规则、标准或约定,称为网络通信协议。

(5) IP地址和域名都具有唯一性,每个域名只对应一个唯一的IP地址,是Internet上主机的唯一标识,以区别不同的主机。但IP地址是用一串数字来表示的,难以记忆,而域名是一种字符型的主机命名机制,更容易记忆。

(6) ①数据加密;②身份验证;③建立完善的访问控制策略;④审计;⑤其他安全防护措施。

2. 选择题

(1) B (2) B (3) A (4) C (5) C (6) A (7) C (8) A (9) C (10) C

3. 填空题

(1) 双绞线、同轴电缆、光纤　　　(2) 总线型、环状、星状、树状、网状

(3) 主机号　　　　　　　　　　(4) 应用

(5) 网络层、传输层、应用层

(6) 物理层、数据链路层、网络层、传输层、会话层、表示层、应用层

(7) 32　　　　　　　　　　　　(8) ping

(9) cn　　　　　　　　　　　　(10) 254

第 7 章

1．选择题

(1) D　　(2) A　　(3) A　　(4) B　　(5) A　　(6) B　　(7) A　　(8) C

(9) C　　(10) B　　(11) D　　(12) A　　(13) A　　(14) B　　(15) B　　(16) A

(17) B　　(18) A　　(19) D　　(20) D　　(21) A　　(22) A　　(23) C　　(24) A

(25) B　　(26) D　　(27) D　　(28) B　　(29) C　　(30) A　　(31) C　　(32) D

(33) C　　(34) D　　(35) D　　(36) A　　(37) D　　(38) B　　(39) D　　(40) B

2．填空题

(1) 一对一、一对多

(2) 先移动栈顶指针，然后存入元素

(3) 顺序

(4) 2^{k-1}、2^k-1

(5) 插入

(6) $n-1$

(7) 逐步求精

(8) 继承

(9) 技术

(10) 公共耦合

(11) 静态测试

(12) 软件危机

(13) 工程管理

(14) 详细设计

(15) 数据控制、安全性、完整性

(16) 组织数据

(17) 逻辑独立性和物理独立性

(18) 数据之间的联系方式

(19) 数据共享性

(20) 数据操纵语言

第 8 章

简答题

(1) 简述使用 WinRAR 进行文件的压缩和解压缩的操作过程。

选择需要压缩的文件(或者文件夹)，鼠标右键单击，选择"添加到压缩文件"命令，弹出"压缩文件名和参数"设置对话框。在"压缩名"文本框中输入压缩文件名，扩展名为.rar，单击"确定"按钮进行文件压缩。

选择要解压缩文件，鼠标右键单击，选择"解压到"命令，会弹出"解压路径和选项"对话框，设置解压缩后文件的存储位置和文件名，单击"确定"按钮进行解压。

(2) 简述打开 PDF 文档的方法。

启动 Adobe Reader XI，单击"文件"→"打开"菜单命令，弹出"打开文件"对话框，选择要打开的 PDF 文件，单击"打开"按钮，就可以打开一个 PDF 文件了。或者，通过鼠标双击要打开的 PDF 格式的文件，也可以打开一个 PDF 文件。

(3) 简述使用迅雷下载文件的过程。

网络搜索到要下载文件的下载地址，鼠标右键单击该下载地址，在弹出的快捷菜单中选择"使用迅雷下载"命令，出现"下载"对话框。在"保存到"文本框中添加下载文件的保存目录，如果不想将文件存放在默认目录，可以单击"浏览文件夹"按钮，选择下载文件存放的目录，单击"立即下载"按钮开始下载文件。

(4) 简述使用 360 杀毒软件查杀全盘中病毒的操作步骤。

启动 360 杀毒软件，在 360 杀毒软件主界面上单击"全盘扫描"图标，可以对计算机系统中可能存在的病毒进行全面查杀。

参 考 文 献

[1] 李昌武,付歌,等.软件开发技术与应用[M].北京:清华大学出版社,2007.

[2] 孙志锋,徐镜春,厉小润.数据结构与数据库技术[M].杭州:浙江大学出版社,2004.

[3] 胡金柱,郑世钰,赵彤洲,等.大学计算机基础[M].北京:清华大学出版社,2007.

[4] 张莉.大学计算机基础教程[M].北京:清华大学出版社,2007.

[5] 杨振山,龚沛曾,杨志强,等.大学计算机基础简明教程[M].北京:高等教育出版社,2006.

[6] 陈贵平.大学计算机基础[M].杭州:浙江大学出版社,2007.

[7] 羊四清,刘泽平,易叶青,等.大学计算机基础[M].北京:中国水利水电出版社,2013.

[8] 尹建华,等.微型计算机原理与接口技术[M].北京:高等教育出版社,2003.

[9] 梁尧民,等.计算机应用基础教程[M].西安:西安电子科技大学出版社,2001.

[10] 龙马高新教育.Windows 10 使用方法与技巧从入门到精通[M].2 版.北京:北京大学出版社,2019.

[11] 刘晓明,崔立超.Windows 7 完全自学手册[M].北京:人民邮电出版社,2012.

[12] 陈桦,张振国.计算机基础教程[M].北京:机械工业出版社,2003.

[13] 唐加盛,等.计算机基础教程(Windows 版)[M].西安:西安交通大学出版社,2002.

[14] 全国计算机等级考试命题研究中心.全国计算机等级考试考点分析、题解与模拟二级公共基础知识[M].北京:电子工业出版社,2008.

[15] 全国计算机等级考试教材编写组.全国计算机等级考试教程二级公共基础知识[M].北京:人民邮电出版社,2009.

[16] 周明红.计算机基础[M].3 版.北京:人民邮电出版社,2013.

[17] 吴功宜.计算机网络[M].2 版.北京:清华大学出版社,2007.

[18] 郝兴伟.计算机网络技术及应用[M].北京:高等教育出版社,2006.

[19] PARKER T. TCP-IP 技术大全[M].前导工作室,译.北京:机械工业出版社,2000.

[20] CHESWICK W R.防火墙与因特网安全[M].戴宗坤,译.北京:机械工业出版社,2000.